国家"十三五"重点研发计划"渣土类等大宗建筑垃圾资源化处置关键技术与应用研究与示范"课题
（2017YFC0703307）资助项目

# 渣土类建筑垃圾资源化利用
# 关键技术与应用

Key Technologies and Applications of
Muck Construction Waste Resource Utilization

齐广华　鲁官友　张凯峰　主　编
董文红　覃　杰　张信龙　副主编

U0212391

中国建材工业出版社

图书在版编目（CIP）数据

渣土类建筑垃圾资源化利用关键技术与应用 / 齐广华，鲁官友，张凯峰主编. -- 北京：中国建材工业出版社，2021.12
ISBN 978-7-5160-3300-5

Ⅰ. ①渣… Ⅱ. ①齐… ②鲁… ③张… Ⅲ. ①建筑垃圾—废物综合利用 Ⅳ. ①X799. 1

中国版本图书馆 CIP 数据核字（2021）第 180037 号

## 内 容 简 介

本书系统介绍了渣土类建筑垃圾的资源化及减量化评价体系、理化性能数据库的建设与运行、资源化处理关键技术，并通过典型的案例对渣土类建筑垃圾在墙体材料、道路工程、回填工程、绿化工程和围填海工程中的应用技术进行了详尽介绍，为读者提供参考。

本书对渣土类建筑垃圾实现资源化利用具有重要意义，可为从事渣土类建筑垃圾资源化利用的管理人员、研究人员和工程技术人员提供借鉴和参考。

**渣土类建筑垃圾资源化利用关键技术与应用**

Zhatulei Jianzhu Laji Ziyuanhua Liyong Guanjian Jishu yu Yingyong

齐广华　鲁官友　张凯峰　主编

出版发行　中国建材工业出版社
地　　址：北京市海淀区三里河路 1 号
邮　　编：100044
经　　销：全国各地新华书店
印　　刷：北京印刷集团有限责任公司
开　　本：787mm×1092mm　1/16
印　　张：13.75
字　　数：330 千字
版　　次：2021 年 12 月第 1 版
印　　次：2021 年 12 月第 1 次
定　　价：88.00 元

# 本书编委会

**指导委员会** （按姓氏拼音排序）

鲍卫刚　崔庆怡　侯浩波　黄　靓　马合生　孙金桥
王　军　张云富

**主 编 单 位** 中建西部建设股份有限公司

中建工程产业技术研究院有限公司

**主　　　编** 齐广华　鲁官友　张凯峰

**副 主 编** 董文红　覃　杰　张信龙

**编 委 会** （按姓氏拼音排序）

陈　赤　陈　景　陈弃非　董　详　樊　斌　韩小龙
侯　磊　黄昆鹏　黄　宁　黄沛增　李怀伟　李　曦
李孝贤　李　阳　刘　彬　刘金艳　刘庆东　刘小琴
罗作球　吕　雄　孟　刚　秦文萍　饶　淇　石津金
孙照俊　王　迪　王展威　吴英彪　肖丽红　徐芬莲
严生军　尹　越　张肖明　张旭乔　张勇波　朱孝庆

# 编 写 人 员

**第 1 章　绪论**

中建西部建设北方有限公司：丁路静、王佳敏、张凯峰、姚源、李逸飞等

**第 2 章　渣土类建筑垃圾资源化与减量化及其评价方法**

深圳大学：段华波、周鼎、张宇、柏静、马艺等

**第 3 章　工程渣土理化性能数据库**

中建西部建设北方有限公司：陈全滨、孟刚、张凯峰；中国建筑东北设计研究院有限公司：张信龙、陈弃非等

**第 4 章　渣土类建筑垃圾资源化处理关键技术**

沧州市市政工程股份有限公司：石津金、孙超、杨晨芳、李秀显、张培良等

**第 5 章　渣土再生产品在墙体材料中的应用技术与典型案例**

中国建筑东北设计研究院有限公司：张信龙、刘庆东、郑圆维、秦文萍等

**第 6 章　渣土再生产品在道路工程中的应用技术及典型案例**

沧州市市政工程股份有限公司：赵雯、刘金艳、许淼、董继业、李洪胜、李胜强等

**第 7 章　工程渣土在回填工程中的应用技术及典型案例**

中建工程产业技术研究院有限公司：冯建华、耿冬青、晋玉洁；中国建筑第二工程局有限公司：平洋；北京地下空间工程技术有限公司：张志辉；CCPA岩土稳定与固化技术分会：周永祥；浙江江南工程管理股份有限公司：吴一民等

**第 8 章　渣土类建筑垃圾在绿化工程中的应用技术及典型案例**

上海同济工程咨询有限公司：胡柳超、曲慧磊、陈冬梅、王梦阳、冉子寒等

**第 9 章　渣土类建筑垃圾在围填海工程及其他项目中的应用技术及典型案例**

中交第四航务工程勘察设计院有限公司：覃杰、刘洋、安志晓、陶军、邬俊文、周维、刘根、韩磊、宓宝勇、张轩、麦宇雄、舒开连、侯勇、武警等

**第 10 章　结论与展望**

上海理工大学：黄蓓佳、王湘锦、刘卫东、徐苏云、迟琳；中建工程产业技术研究院有限公司：鲁官友、宋福渊、秦翠翠、赵丹青等


统稿：张凯峰

校订：徐芬莲、刘小琴、丁路静、王佳敏

# 前　　言

近年来，随着我国经济发展和城镇化进程的不断加快，建筑垃圾产生量急剧增长，许多地方甚至出现"建筑垃圾围城"现象。据统计，我国城市建筑垃圾年产生量超过35亿吨，存量200亿吨，已占到城市固体废弃物产生总量的一半以上，且呈逐年递增趋势，其中渣土类建筑垃圾约占70％，在建筑垃圾总量中所占比例最高。经调查，目前我国的建筑垃圾资源化利用率还不足5％，产业化水平较低，远低于发达国家和地区的70％～98％的资源化利用率。现有的建筑垃圾资源化利用技术，主要侧重于拆除类建筑垃圾、装修垃圾等制备再生建材。在建筑垃圾产生总量中占比过半的渣土类建筑垃圾没有得到很好的研究和开发，从而未得到有效处理和资源化利用，造成整体建筑垃圾总量持续增长，为城市管理带来诸多问题。

国家"十三五"重点研发计划项目《建筑垃圾资源化全产业链高效利用关键技术研究与应用》子课题七"渣土类等大宗建筑垃圾资源化处置关键技术与应用研究与示范"对渣土类建筑垃圾这种可以再生利用的宝贵资源的资源化利用技术及工艺开展了一系列系统研究，取得了大量研究成果，并将成果技术在实体工程中进行推广应用，积累了较深厚的理论基础和丰富的实践经验。

本书在总结项目科研成果及实践经验的基础上，结合当前该技术领域先进研究成果编写而成，重点介绍了渣土类建筑垃圾资源化利用的关键技术与应用。全书共分为10章：第1章阐述了渣土类建筑垃圾的定义、分类、资源化利用现状及行业发展趋势；第2章提出了一套系统针对工程渣土的资源化及减量化评价体系；第3章介绍了全国典型地区渣土理化特性数据库建立情况，为全国渣土资源化利用工作提供数据支撑；第 4 章分别介绍了建筑垃圾的处理工艺和渣土的产生及处理工艺；第 5 章至第 9 章分别从墙体材料、道路工程、回填工程、绿化工程及围填海工程 5 个领域介绍了渣土类建筑垃圾的应用技术及典型案例；第 10 章对工程渣土资源化技术体系进行了总结，并对工程渣土资源化、减量化、无害化目标进行了展望。

渣土是一种可以再生利用的宝贵资源，本书在详细阐述渣土类建筑垃圾资源化技术与应用的基础上，集成总结了渣土的资源化、减量化、无害化相关的理论技术和实践经验，为大量的渣土类建筑垃圾提供了多种科学、合理的消纳途径，不仅可以减少环境污染、发展循环经济，而且大大提高了建筑垃圾的资源化利用率，促进建筑垃圾全面、高效地再生利用。本书由多家单位的研究人员共同编写，他们来自本专业的各个领域，分别从不同角度介绍了渣土的资源化应用技术，在此对参与技术研究、推广应用和专著编写的人员以及所引用参考文献的诸位原作者，表示衷心的感谢。

本书可为从事渣土类建筑垃圾材料研究、设计、施工的工程技术人员提供技术参考，为各地主管部门提供管理依据，也可作为工程建设单位的工具书。同时，由于本书涉及的部分技术在国内尚处于起步阶段，尚未在全国广泛普及，其研究应用尚不丰富，因此本书中一些论述可能存在不成熟之处，敬请广大读者谅解，同时欢迎同行批评指正。

编　者

2021 年 12 月

# 目　　录

# 1 绪 论

## 1.1 渣土类建筑垃圾资源化利用现状

### 1.1.1 基本概念

建筑垃圾：根据住房城乡建设部批准的行业标准《建筑垃圾处理技术标准》（CJJ/T 134—2019），建筑垃圾是工程渣土、工程泥浆、工程垃圾、拆除垃圾和装修垃圾等的总称，包括新建、扩建、改建和拆除各类建筑物、构筑物、管网等以及居民装饰装修房屋过程中所产生的弃土、弃料及其他废弃物，不包括经检验、鉴定为危险废物的建筑垃圾。

工程渣土：各类建筑物、构筑物、管网等基础开挖过程中产生的弃土。

渣土按照来源不同可分为Ⅰ类渣土和Ⅱ类渣土两大类，Ⅰ类渣土为分离渣土，Ⅱ类渣土为工程渣土。由于我国建筑垃圾来源广泛、建筑形式多样等特点，建筑垃圾基本无源头分类，杂质含量较多，导致分离出的渣土成分复杂，变异性大。

工程泥浆：钻孔桩基施工、地下连续墙施工、泥水盾构施工、水平定向钻及泥水顶管等施工产生的泥浆。

渣土类建筑垃圾：指拆除垃圾处理过程中的分离渣土、工程渣土和工程泥浆。

资源化利用：建筑垃圾经处理转化成为有用物质的方法。

堆填：利用现有低洼地块或即将开发利用但地坪标高低于使用要求的地块，且地块经有关部门认可，用符合条件的建筑垃圾替代部分土石方进行回填或堆高的行为。

填埋处置：采取防渗、铺平、压实、覆盖等对建筑垃圾进行处理和对污水等进行治理的处理方式。

### 1.1.2 渣土类建筑垃圾资源化利用概述

近年来，随着我国城市化建设步伐的加快，地下空间利用突飞猛进，但在施工过程中会产生大量的渣土类建筑垃圾，这也使得作为工程建设"副产品"的渣土类建筑垃圾引起了越来越多的重视。据统计，我国在建的盾构隧道预计产生 2.25 亿 m³ 渣土类建筑垃圾，占到城市垃圾排放总量的 15%～20%[1-3]，这些渣土的处理费预计需要 582 亿元。渣土类建筑垃圾大部分未得到无害化处理和资源化利用，从国内主要城市盾构施工情况来看，除了泥水盾构及个别城市因环保要求对敏感区域的土压平衡盾构配置了筛分压滤装置，筛分出石块、砂，使部分渣土得到循环使用，渣土类建筑垃圾基本都直接消纳弃置处理。这种消纳弃置处理方式将造成较为明显的生态环保问题，同时还存在安全隐患问题。大量工程渣土的杂乱处理和无效利用还会制约城市发展。

因此，对渣土类建筑垃圾进行有效的环保处理及资源化利用显得尤为必要和迫切，开发渣土类建筑垃圾的资源化利用技术可以有效实现工程渣土的安全处理与资源循环利用，促进生态文明建设，对于减少占地、避免环境污染、建设美好城市、建设资源节约型社会都具有十分重要的意义。

### 1.1.2.1　世界主要国家渣土类建筑垃圾资源化利用现状

目前，渣土作为一种建筑垃圾在发达国家和地区得到了一定的资源化利用。世界上对建筑垃圾的资源化利用研究始于20世纪60年代，其中以美国、日本和欧洲等主要发达国家和地区为代表，建筑垃圾的资源化利用率已经达到了较高水平[4-5]。目前美国已基本实现了建筑垃圾"零排放"要求，日本建筑垃圾资源转化率达到了96%[6-8]，英国拆建产生的建筑垃圾循环利用率已达到90%[9]。整个欧洲对建筑垃圾再生资源化利用技术、法律法规和政策都十分重视，利用率均为80%以上[5,10-12]。

我国经济建设起步晚于西方发达国家，城市建筑垃圾如渣土等资源化利用率很低。据有关统计，我国2018年产生了超过17亿t建筑垃圾，到2020年我国还将新建住宅300亿m²时，建筑垃圾产生量将达到峰值，预计会突破30亿t[13-14]。从1995年起，我国逐渐重视建筑垃圾资源化利用技术的发展，并颁布了一系列政策法规，特别是近年来，颁布的关于建筑垃圾资源化法律法规已近百部，政府对节能减排和循环经济模式扶持力度越来越大，资源化利用技术得到较快发展，我国的建筑垃圾资源化利用水平正在稳步提升，但资源化利用率较低，目前我国建筑垃圾总体资源化利用率不足10%，处理方式仍主要处于粗放填埋和堆放阶段，有着较大的发展空间[15-17]。

### 1.1.2.2　渣土类建筑垃圾产生的主要危害

渣土类建筑垃圾作为施工过程中的生产物，已成为我国建筑垃圾中的主要部分，工程渣土直接排放主要产生以下危害[18]：

（1）占用土地，降低土壤质量。随着城市渣土量的增加，土地被占用面积也逐渐加大，大多数渣土以露天堆放为主，经长期日晒雨淋后，渣土类建筑垃圾中的有害物质渗入土壤中，造成土壤污染，降低土壤质量。

（2）污染水体。渣土类建筑垃圾中的泡沫剂未经环保处理进入收纳场，一旦泡沫剂进入水体，会污染水体，影响人们正常生产生活，同时，对水中微生物造成不良影响。

（3）破坏市容，恶化城市环境卫生。渣土外运过程破坏城市环境，污染道路，影响周边居民生活。同时，大多弃土场的渣土在风的作用下形成扬尘，影响空气质量，并使得周边建筑和设施积上厚厚的尘土，如果遇到雨天则会导致泥水四溢。渣土外运过程中的遗撒，不仅影响城市道路市容，而且在冲洗道路过程中产生的污水易堵塞城市排污系统。

（4）存在安全隐患。部分城市对建筑垃圾堆放未制定有效合理的方案，从而产生不同程度的安全隐患，渣土弃纳场溃坝滑坡时有发生，有的甚至会导致地表排水和泄洪能力的降低。如2000年菲律宾某渣土场发生滑坡，导致330人死亡；2005年印度尼西亚某渣土场滑坡，导致147人死亡；2015年深圳光明事件发生的主要原因是盾构渣土无序消纳，造成77人遇难，10万多m²的工业园区被吞噬[3]。大量工程渣土的杂乱处理和无效利用还会制约城市发展。

（5）影响水利设施。目前，堤塘、滩地、河道等处经常出现渣土乱倒现象，有些渣土不慎堵住行洪排涝的水利设施，严重影响了设施的正常运行，一些水利设施因此遭到不同程度的破坏。

（6）影响航运及道路交通安全。渣土倒入航道后，会形成淤泥，堵塞航道。此外，倒在路边和路面的渣土也影响了道路的通行功能，车辆因此发生打滑，甚至引发交通事故的现象时有发生，造成了严重的安全隐患。

## 1.1.3　存在问题

当前，大量渣土仍主要采用传统露天堆放或填埋的方式进行处理，仅有少部分通过筛分处理后用作同步注浆材料，制作浇筑建材产品、高强高密度陶粒、种植土等[18]。渣土类建筑垃圾的资源化利用目前存在如下问题：

（1）工程渣土处置和资源化利用处理场所紧缺。工程渣土的处置基本上是产出方（建设方或总包方）工程内部自行平衡或自主寻找临时消纳场所。由于尚未形成强制的渣土数量申报和监管机制，在渣土处置过程中，存在不同程度的随处乱放、乱倒现象，严重影响环境卫生和市容市貌。随着城市建设步伐的进一步加快，渣土量大而消纳场所少的矛盾将越来越突出，造成后续的环境风险加大。同时，由于缺乏资源化场所，无法解决渣土产出和利用之间时间、空间、土质性质的矛盾，部分可直接利用或稍微加工便能二次利用的土方没有得到充分利用，造成资源浪费[19]。

（2）源头分类标准缺乏，资源化技术有待提升。在建设施工过程中，产生的渣土仅采用简单的旋流处理和筛分设备进行分离，分离出的渣土含泥量高、含水量大，结构松散，伴随大量的弃浆，渣土颗粒分级不清，无法对渣土中有价值的组分进行资源化利用[16-17]。源头检测分类是分类处置、资源化利用的前提条件。废弃泥浆、工程渣土同时具有资源属性和污染属性，合理的分类可以减少处置量，合理有效利用资源属性。目前缺乏以资源化利用为导向的检测标准、分类标准以及针对分类后各种泥浆、渣土资源化的技术导则，同时符合当前生态环保政策要求的资源化利用技术储备不足。

（3）配套政策不足，转运体系不健全，未形成良好的市场运作机制。①一、二线城市，特别是北上广深等定位高端的城市，土地、人力、环保等成本高昂，导致资源化产品没有市场竞争力，政府需给予一定的土地、税收、补贴等方面政策支持；②渣土的运输需要形成一个统筹有序的运输、转运体系，城市水路、陆路运输市场也需进一步规范，陆路运输对城市道路资源占用大，严重影响城市环境；③公众对再生产品的认同度不高，想当然认为再生制品品质差，对再生制品持反感、抵制的态度，造成再生产品的销售和利用情况举步艰难。对于企业来讲，在决定废弃物是回收还是作为垃圾直接排放时，考虑的首要因素是能否带来收益或是降低成本，当回收的净成本低于作为垃圾排放时要支付的成本，会选择回收利用。

（4）综合服务监管平台功能待完善，区域运输存在壁垒。可以在网上建立功能完善的建筑垃圾综合服务监管平台[20-22]。①渣土信息未强制申报，导致众多渣土产出信息不完善，无法及时形成产出和需求之间的对接；②渣土的性质未分类，产出和需求之间的信息存在一定程度的不匹配；③各区之间工程渣土运输存在壁垒，不能形成资源的合理有效配置。

（5）监管力量分散。渣土的管理工作包括产生、运输、资源化利用和处置四个环节，涉及环卫、交通、土储、规划、环保、城管、海事、水务等多个部门。由于管理涉及部门较多，管理力量不集中，容易出现管理混乱，导致监管力量分散。

## 1.2 渣土类建筑垃圾资源化利用技术

### 1.2.1 预处理技术

目前，我国渣土类建筑垃圾资源化处理方式主要有固定式建筑垃圾处理方式、移动式建筑垃圾处理方式以及复合式建筑垃圾处理方式三种。三种处理方式的具体工艺流程和配套设备将在本书的第4章进行详细描述。这三种处理方式中涉及的具体预处理技术如下：

**1. 破碎技术**

破碎技术的关键在于破碎设备。破碎设备可分为固定式和移动式两大类。其中固定式破碎设备目前常见的有颚式破碎机、锤式破碎机、反击式破碎机、辊式破碎机、圆锥式破碎机等；移动式破碎设备是一款可以承载颚式破碎机反击式破碎机等诸多破碎设备以及振动筛、输送机等筛分输送设备的一体式移动设备，分为轮胎式移动破碎站和履带式移动破碎站。

**2. 筛分技术**

筛分技术的关键在于筛分设备的选择。筛分设备主要分为重型预筛分设备、圆振动筛分设备、滚筒筛分设备等几种类型。

**3. 分选技术**

在渣土类建筑垃圾处理过程中，对物料进行有效分选，将不符合处置工艺要求的物料分离出来尤为关键。渣土类建筑垃圾的分选除杂主要为机械分选。机械分选根据建筑垃圾中杂物在尺寸、磁性、相对密度等物理特性的不同进行高效分离，主要包括筛分、风选、水力浮选、磁选等。

**4. 环保技术**

渣土类建筑垃圾资源化处理过程中的环保技术主要包括除尘技术、抑尘技术及降噪技术。其中除尘技术主要包括脉冲式布袋除尘技术、静电除尘技术、湿式除尘技术。抑尘技术主要有喷雾抑尘技术、生物纳膜抑尘技术、干雾抑尘技术等。降噪技术主要是针对工业生产过程中产生的噪声进行控制，主要从声源、设计、安装厂房等几个方面实施降噪措施。

### 1.2.2 再生产品制备技术

工程渣土再生产品可用于墙体材料、道路工程、回填工程中，具体产品包括渣土类烧结砖、砌块，渣土类烧结陶粒，渣土类装配式墙板，水泥稳定渣土和综合稳定渣土，以及工程渣土再生新型填筑料。所涉及的再生产品技术主要是针对这些再生产品的生产工艺、技术参数、产品性能等方面的技术集成，本书将在后面的5、6、7章进行详细的介绍。

再生产品技术是各国建筑垃圾资源再利用的核心和难点[23]。使用工程渣土制备的再生粗细骨料可代替部分天然砂卵石料[24]。调查发现，目前西安及周边区县已有或大或小建筑垃圾处理企业40余家，均可生产各类绿色建筑材料，如道路砖、路沿石及各类砌块等，这些绿色建筑材料已在城市基础工程建设中得到广泛应用[25]。由此可以看出，这些再生材料的研制生产和工程应用将极大缓解部分工程建设消耗大量天然资源的现状，使得经济发展与资源环境更加健康协调。同时，各大城市陆续取缔和关停了部分砂石厂、砖厂等企业，这些举措将使企业减少消耗自然资源的建筑制品生产，从而促使建设单位选取符合质量的再生材料制品建设绿色工程。

## 1.3 渣土类建筑垃圾资源化政策解读与技术标准

### 1.3.1 国内外政策

#### 1.3.1.1 国内政策

**1. 国家及行业政策**

与发达国家相比，我国建筑垃圾再利用情况不容乐观，据不完全统计，我国渣土类建筑垃圾的利用率不足 5%，而欧盟国家超过 90%，日本、韩国等国家已超过 97%。在经济快速发展的同时，建筑垃圾排放量只会越来越多，这不仅会带来资源的浪费，还大大破坏了生态的平衡。因此我国加大了对建筑垃圾的关注，陆续出台了诸多相关法规政策，包括《城市建筑垃圾和工程渣土管理规定》和《城市建筑垃圾管理规定》，各省陆续出台《建筑垃圾管理条例》等。只有在法律层面建立健全完善的法律体系，才能为垃圾回收提供良好的保护机制[29]。

2003 年建设部发布的《城市建筑垃圾和工程渣土的管理规定》要求对城市形成区域内的建筑垃圾、工程渣土排放、运输、中转、回填、消纳、利用提出了管理规定，城市人民政府应当将建筑垃圾、工程渣土消纳、处置、综合利用等设施的设置，列入城市总体规划。

2009 年 1 月 1 日国务院发布的《循环经济促进法》要求建设单位应当对工程施工中产生的渣土类建筑垃圾进行综合利用；不具备综合利用条件的，应当委托具备条件的生产经营者进行综合利用或者无害化处理。

2011 年 12 月 10 日国家发展和改革委员会发布的《"十二五"资源综合利用指导意见》要求推广建筑和道路废弃物生产建材制品、筑路材料和回填利用、建立完善建筑和道路废物回收利用体系。其《大宗固体废弃物综合利用实施方案》要求全国大中城市渣土类建筑垃圾利用率提高到 30%，通过实施重点工程新增 4000 万 t 的年利用能力。

2015 年 8 月 31 日工业和信息化部与住房和城乡建设部联合发布的《促进绿色建材生产和应用行动方案》要求以建筑垃圾处理和再利用为重点，加强再生建材生产技术和工艺研发，提高渣土类建筑垃圾消纳量和产品质量。

2016 年 8 月国家发展和改革委员会的《循环发展引领计划》（征求意见稿）发布加强建筑垃圾管理及资源化利用工作的指导意见，制定渣土类建筑垃圾资源化利用行业规范条件。

2018 年 4 月住房城乡建设部发布的《住房和城乡建设部建筑节能与科技司 2018 年工作要点》要求深入推进建筑能效提升，提升建筑垃圾利用效能。

2020 年 5 月 8 日，住房城乡建设部发布《关于推进建筑垃圾减量化的指导意见》，意见明确，要系统推进建筑垃圾减量化工作，推行精细化设计和施工，实现施工现场建筑垃圾分类管控和再利用。意见要求，到 2025 年年底，各地区建筑垃圾减量化工作机制进一步完善，实现新建建筑施工现场渣土类建筑垃圾排放量不高于 300t/万 $m^2$，装配式建筑施工现场建筑垃圾排放量不高于 200t/万 $m^2$。

2020 年 10 月 14 日，住房城乡建设部组织编制了《施工现场建筑垃圾减量化指导图册》，要求各地结合实际，认真做好推广应用工作，有效减少施工现场建筑垃圾产生和排放。图册包括总体要求、施工现场建筑垃圾减量化策划、施工现场建筑垃圾的分类、施工现场建筑垃圾的源头减量、施工现场建筑垃圾的分类收集与存放、施工现场建筑垃圾的就地处置、施工现场建筑垃圾的排放控制 7 部分内容。

**2. 各省部分地区相关政策**

（1）安徽省

2020 年，安徽省住房和城乡建设厅下发《关于推进工程建设建筑垃圾减量化工作的通知》（以下简称《通知》），就加强省内建筑垃圾减量化工作提出要求。根据《通知》提出的总体目标，安徽省未来将遵循"政府引导、市场主导"和"源头减量、分类管理、就地处置、排放控制"的总体思路，到 2025 年，新建建筑施工现场建筑垃圾排放量不大于 300t/万 $m^2$，装配式建筑施工现场建筑垃圾排放量不大于 200t/万 $m^2$。

（2）甘肃省

2020 年 9 月，甘肃省住房和城乡建设厅下发了《甘肃省建筑垃圾减量化工作实施方案》的通知，通知内容如下：建立健全建筑垃圾减量化工作机制和政策措施，引导支持绿色发展，实施源头治理，推广绿色施工，加大政策宣传和推送力度，强化政策措施落实。实现到 2025 年底，各市州建筑垃圾减量化工作机制进一步完善，实现新建建筑工地现场建筑垃圾排放量不高于 300t/万 $m^2$，装配式建筑施工现场建筑垃圾排放量不高于 200t/万 $m^2$ 的目标。

（3）青海省

2020 年，青海省住房和城乡建设厅等十部门联合印发《关于推进建筑垃圾减量化促进资源化利用的实施意见》（以下简称《实施意见》），建立健全建筑垃圾减量化和资源化利用工作机制，有效减少工程全生命周期的建筑垃圾排放，不断改善城乡人居环境。《实施意见》从积极推进建筑垃圾减量化工作、推广绿色施工、促进建筑垃圾资源化利用等几方面对青海省推进建垃圾减量化促进资源化利用工作提出 12 条具体措施，从建筑垃圾资源化利用实行特许经营管理，开辟项目审批绿色通道，执行财政和税收优惠政策，推广使用建筑垃圾再生产品等几方面给予政策支持。《实施意见》提出，到 2020 年年底，各地区建筑垃圾减量化工作机制初步建立；到 2025 年年底，各地区建筑垃圾减量化工作机制进一步完善，建筑垃圾资源化综合利用率达 35％以上，基本形成建筑垃圾减量化、无害化、资源化利用和产业化发展体系。

（4）上海市

2018 年 1 月，上海市人民政府下发了《上海市建筑垃圾处理管理规定》（以下简称《规定》）。《规定》中首次以单章的形式明确对建筑垃圾资源化利用的相关要求，对建筑垃圾资源化产品标准、强制使用、技术革新、政策扶持等方面做了明文规定。同时，《规定》中也对工程渣土的分类处理给出了相应规定，要求工程渣土进入消纳场所进行消纳。根据目前调研实际情况来看，2014—2018 年上海市的工程渣土数量最多，约占建筑垃圾总量的 70％～90％，主要是因为城市建设产生大量渣土（轨道交通和高层建筑的建设需要挖出地铁隧道和高层深基坑）。而根据上海市的总体规划来看，未来上海市在城市建设中将继续保持较大规模的投入，所以工程渣土仍然是建筑垃圾的重要部分，且数量巨大。但是因为其成分单一，几乎没有污染，所以非常容易被再次利用。

**3. 政策趋势**

我国渣土类建筑垃圾资源化利用政策在数量上总体呈持续增长趋势。"十一五"之前是起步阶段，这一时期的政策是战略层面的。2006—2015 年政策颁布量占总政策数量的 48%，这一时期政府开始关注建筑垃圾资源化利用，提倡建筑垃圾再生产品的使用，指出政府会优先购买再生建筑产品，支持产业发展。"十二五"期间的政策数量达到了顶峰，这一时期建筑垃圾再生企业的发展备受关注，一个完整化、规模化的建筑垃圾资源化处理链条逐渐形成。"十三五"期间，政府致力于建立建筑垃圾回收再利用完整体系，关注垃圾处理技术的创新和改革，并且进一步规范源头和运输环节治理。

我国渣土类建筑垃圾资源化利用政策在"十一五"之前政策力度总体较低，大部分都属于战略层面上的，多含"鼓励""自愿""优先""应当"等自愿性词语。"十一五"期间是我国工业化和城镇化迅猛发展的时期，取得巨大成就的同时也付出了严重的环境代价，"减量化"成为建筑垃圾管理政策的首要目标。"十二五"期间是我国稳中求进、深化改革、转变经济发展方式的重要时期。1996 年之前我国各项有关建筑垃圾资源化利用的政策数量很少，但是政策级别普遍高、政策力度强，5 项政策中由国务院直接发布的就有 4 项，占总数量的 80%，表明国家已经开始从发展理念上重视环境卫生建设中建筑垃圾产生的影响，但政策多侧重于战略层面。1996 年之后是建筑垃圾备受关注的起点，2000 年建设部连发 6 条关于城市生活垃圾处理的规范。"十一五"期间政府开始发布具体的建筑垃圾管理办法，大部分政策都是由国务院以及建设部和财政部颁布。2010 年国家发展和改革委员会发布了《中国综合资源利用技术政策大纲》，鼓励研发相关技术来控制建筑垃圾增量，并且研发建筑垃圾再生产品应用于建筑工程的配套技术。这一时期政策发文的数量不多，但是政策更具体且具有可操作性。"十二五""十三五"至今，单位政策力度一直呈现出持续稳增的趋势，这是渣土类建筑垃圾资源化利用地位提升的体现，也意味着未来该领域的政策会逐步成体系化[30]。

### 1.3.1.2　国外政策

在国际上，一些国家对渣土处理的研究起步较早，方法技术相对较为成熟。但从核心技术而言，他们都是围绕渣土的源头减量化、资源化、无害化及产业化展开工作的，并配套出台了一系列的政策和管理办法，在此基础上还形成了一定的市场规模。

**1. 德国**

德国是世界上首个提出渣土回收再利用的国家，每个地区均有大型的建筑废弃物再加工综合工厂，德国研发的湿式自由沉降分级机（Akorel）目前在机制砂领域广泛应用。自 1970 年起德国已颁布超过 160 个与垃圾处理相关的法律法规，其中与渣土资源化相关的法规多达数十个。其出台的《废弃物限制处理法》第一次引入了"源头预防"的理念，并明确了必须优先预防建筑废弃物的产生及对其再生利用的原则；1994 年出台的《循环经济和废物管理法》规定了废弃物处理的"3R"原则，即减量化（Reduce）原则、再利用（Reuse）原则和再循环（Recycle）原则。该原则注重源头控制，并将避免渣土的产生放在首位，其次是考虑对其进行再利用和再循环，对于无法再利用和再循环的部分，最后才可考虑填埋或焚烧。目前，德国的建筑废弃物回收再利用率高达 86%[26]。

**2. 美国**

美国相当重视对渣土的利用与管理，并进行了长达一个多世纪的渣土法律法规建设，逐渐形成一系列可操作性强而又完整的管理措施及政策法规体系。美国对渣土综合利用的主要做法是：①综合利用，美国每年产生渣土 3.25 亿 t，占城市垃圾总量的 40%，经过分拣、加工，其再生利用量占 70% 左右，剩下 30% 的渣土"填埋"在有需求的地方。广义上讲，美国渣土 100% 得到了综合利用。②分层次综合利用，最低层次是"低级利用"，占渣土总量的 50%～60%，包含现场分拣利用及一般性回填（土材料）等；其次是"中级利用"，约占总量的 40%，其主要用作建材，如建筑物或道路的基础材料、各种建筑用砖等；最高层次是"高级利用"，该部分利用的比例不高，主要是将渣土"复原"成沥青、水泥等再利用。③"四化"管理，具体为"减量化""无害化""资源化"与综合利用"产业化"。此外，美国还将处理渣土作为一个新兴的产业发展领域，并对如何使渣土处理形成新的产业化进行探讨。

### 3. 荷兰

荷兰对渣土明确规定了中央政府、省级政府及市级政府负责的三级政府管理职责制，并制订了一系列法律法规，同时还创建了限制废弃物倾卸处理和强制再循环运转的质量控制制度，如渣土分拣公司负责按照其污染程度进行分类，并贮存干净的砂，同时清理受到污染的砂。目前荷兰市场已有 70% 的建筑废弃物可实现循环再利用。

### 4. 法国

法国普通工业垃圾处理站（BTP）每年处理的拆迁及工地建筑垃圾 3000 万 t 左右，其回收再利用率可达 60%～90%。法国专业化公司创建了渣土管理整体方案的两大目标：一是对新设计建筑产品进行环保特性研究，从源头控制工地废弃物的产量；二是在施工、改建及拆除工程中，预测评估工地废弃物的产生量与收集量，从而确定其回收利用程序。

### 5. 新加坡

新加坡推行垃圾处理"减量化、资源化及再循环利用"的原则，其对渣土的管理及综合利用举措主要如下：一是积极推进源头减量战略，并广泛推行绿色建筑理念，通过执行渣土处理收费减少渣土排放；二是实行渣土多级分类筛选和综合利用措施，以保证渣土实现最大化的循环利用；三是实行特许经营制度，同时政府出台"低租金、长租期"等相关配套政策进行扶持，并将渣土处置情况及其循环利用情况纳入工程工验收考核范围；四是利用渣土填海，其堆造的"实马高"岛屿形成了世界上第一个近乎全部为垃圾堆成的人工岛，该岛能够填埋垃圾 50 年，目前已形成一座"海上公园"。2006 年新加坡渣土产生量为 60 万 t 左右，日均产生量为 1600t 左右，其中 98% 均进行处理，50%～60% 完成了循环利用。目前，新加坡制作水沟的原材料 30% 使用了可再循环利用的混凝土[27]。

### 6. 日本

早在 20 世纪 90 年代初，日本地方政府相继通过颁布各自的渣土管理条例来对本辖区内的渣土进行管理。藤仓发现从 1997 年千叶县公布第 1 条渣土管理条例开始，共有 18 个都府县颁布了各自的渣土管理条例，适应当地处理渣土的问题，规定垃圾资源化回收方式，在分类拆除和资源化利用方面明确各个主体的责任。日本将渣土称为"建设副产物"，并对建设副产物以圆锥指数作为标准进行了具体的细分（一类、二类、三类、四类建设废弃土及泥土共 5 类），同时详细规定了各类废弃土的性质与用途去向；日本大力投入建设副产物处理利用的相关技术攻关研究，并形成了整套建设废弃土及泥土改良处理工法；日本还提出"土方银行"的概念，并由中央政府实施强权管控，从而实现了对渣土收运的灵活高效运作及管理[28]。

## 1.3.2 国内外技术标准

**1. 国内技术标准**

我国渣土类建筑垃圾资源化起步较晚,当前的渣土类建筑垃圾标准相对零散、未成体系,资源化标准体系尚在完善中。目前,国内有关渣土相关的标准较少,利用途径要求不高或者利用量较低,重视程度不高。目前,涉及建筑渣土的标准只有 2 个:《建筑垃圾处理技术标准》(CJJ/T 134—2019)和《宁波市建筑渣土资源化利用产品建筑工程应用技术标准》(甬 DX-04—2019)[34]。

2019 年,为了更好地适应建筑垃圾处理规范化,住房和城乡建设部批准《建筑垃圾处理技术标准》为行业标准,编号为 CJJ/T 134—2019,自 2019 年 11 月 1 日起实施,原行业标准《建筑垃圾处理技术规范》(CJJ 134—2009)同时废止。

该标准主要技术内容是 1. 总则;2. 术语;3. 基本规定;4. 产量、规模及特性分析;5. 厂(场)址选择;6. 总体设计;7. 收集运输与转运调配;8. 资源化利用;9. 堆填;10. 填埋处置;11. 公用工程;12. 环境保护与安全卫生。该标准修订的主要技术内容是:1. 增加了产量、规模及特性分析,厂址选择,总体设计,公用工程等章节;2. 更改了再生利用、处置章名,分别改为资源化利用、填埋处置;3. 合并了收集与运输、转运调配章节;4. 对原标准中各章节的有关内容作出了相应调整、补充和细化。

《建筑垃圾处理技术标准》(CJJ/T 134—2019)把渣土作为建筑垃圾的一部分进行了简单的介绍,规定的处理及利用优先次序是资源化利用,堆填,作为生活垃圾填埋场覆盖用土,填埋处置。在建筑垃圾资源化利用的规定中主要是作为土类建筑垃圾用于制砖和道路工程等用料。

2019 年,为贯彻执行国家节约能源,保护土地,资源综合利用和墙体材料改革政策,根据国家现行相关标准,结合近年来宁波市建筑渣土资源化利用产品生产和工程应用的实践经验,由宁波市房屋建筑设计研究院有限公司等单位编制的《宁波市建筑渣土资源化利用产品建筑工程应用技术标准》(编号为 2019 甬 DX—04),自 2019 年 5 月 1 日起执行。

该技术标准的主要内容包括:1. 总则;2. 术语;3. 产品性能;4. 建筑设计;5. 施工工艺;6. 质量验收。

《宁波市建筑渣土资源化利用产品建筑工程应用技术标准》主要是针对建筑渣土为主要原料制备的砖和砌块等的应用方面的技术要求。

**2. 国外技术标准**

为了渣土综合利用遵循相关的技术指南与准则,日本国土交通省在 1994 年、1999 年先后起草《余泥渣土利用基准》[31]与《建设污泥再生利用技术基准(适用范围建筑物回填,铁路路基,机场路基加建)》,并最终于 2004 年、2006 年分别颁布实施[32]。目前,日本渣土主要用作工程回填材料、公共以及民用工程基础基底材料、路基材料、河堤材料和填海材料等。

美国是最早研究和利用渣土类建筑垃圾的发达国家之一,于 1996 年制定了关于渣土类固体废弃物利用的技术标准。近些年来,美国住宅营造商协会开始推广一种"资源保护房屋",房屋建筑在设计阶段就已考虑再生利用。据统计,美国每年有 1 亿 t 废弃的建筑垃圾和废弃混凝土加工成骨料用于工程建设，基本实现了渣土类建筑垃圾资源化再利用。

德国为确保渣土类建筑废弃物再资源化后仍可再利用，建立了关于再资源化产品质量的标准及标志（"Reichs-Ausschuss fur Lieferbedingungen"简称："RAL"），要求再利用产品不仅要符合 RAL 质量标准，还需得到政府部门的质量验证，以及合格的再资源化产品标志[33]。

新加坡也制定了一个混凝土骨料的新标准《混凝土用骨料规范（Specification for aggregates for concrete)》（SSEN 12620），允许混凝土类建筑垃圾等废弃物用于制作混凝土骨料。

## 1.4 渣土类建筑垃圾资源化行业分析和发展趋势

### 1.4.1 行业分析

随着我国经济的快速发展，资源短缺和环境污染问题的日益突出，渣土类建筑垃圾作为影响人们生活和居住环境的重要因素被纳入城市垃圾管理范围。目前，我国对于渣土类建筑垃圾资源化的利用主要体现在以下两个方面：

（1）利用建筑垃圾造景。西安市内比较典型的代表是北郊文景公园的人造山，消化建筑垃圾 300 万 $m^3$。天津市最大规模的人造山，占地约 40 万 $m^3$，利用建筑垃圾 50 万 $m^3$。该市用 3 年时间完成了一个"山水相绕、移步换景"的特色景观，如今"垃圾山"已成为天津市民游览休闲的大型公共绿地[35]。

（2）作为填料物。建筑垃圾具有高强度、抗压、抗拉、耐水性较强等特性，我国很多地区已经开始采用将渣土类建筑垃圾作为建筑材料的填充物[36]。

但是由于渣土类建筑垃圾存在体量大、粉尘多、无法自然降解等特性，尽管国家陆续出台了一系列的政策措施，也取得了一定的成效，但是我国在渣土类建筑垃圾资源化方面仍然存在以下问题：

**1. 渣土类建筑垃圾产量大，危害环境严重**

我国的渣土类建筑垃圾不仅每年产量多，常年累计的存量更是巨大。这些建筑垃圾长期堆放不仅占用大量土地，造成资源浪费，也会严重污染和破坏社会环境。

**2. 资源化投资少，处理方式落后**

目前，我国对环境卫生的治理投资仅占环境治理总投资的 6% 左右，当年完成环保验收项目的环保投资占环境污染治理投资的 30% 左右。相对来说，在建筑垃圾资源化方面的投资更少。同时，我国渣土类建筑垃圾资源化利用的专用工艺、设备以及处理方式也相对单一落后[37]。

**3. 管理制度不完善，法律体系不健全**

我国对渣土类建筑垃圾的处理管理由于起步较晚，发展相对缓慢。尽管我国已经发布了一系列相关的法律法规，各地政府也陆续出台了鼓励建筑垃圾资源化的配套实施政策，但是现有的管理制度依然不够完善，相关法律体系也不够健全和合理，可操作性和实施性不强。

顶层设计和规划缺失：从现有标准、规范分析，我国已经制定了一些有关渣土类建筑垃圾的标准规范，但建筑垃圾综合利用顶层设计较为不足，未从建筑垃圾全生命周期出发形成系统的标准体系。顶层设计和规划的不足，导致建筑垃圾"产生—收集—运输—处置"全链条管理缺乏依据，严重影响建筑垃圾资源化工作的推进。

监测指标体系不健全：建筑垃圾理化指标体系是资源属性的重要体现，指标的合理性、准确性是保证建筑垃圾合理、安全处理的重要基础。从渣土类建筑垃圾发生源监测指标，到处理过程中产生的废渣的监测指标，再到最终再生产品出厂前监测质量指标、环境指标，建筑垃圾处置全链条监测体系是建立合理资源化体系及保证再生产品质量的基础。然而，我国目前建筑垃圾理化特性研究和资源化技术手段匹配不足，未形成系统、科学的指标体系，导致建筑垃圾处理技术受限，资源化利用效率不高。

再生产品安全性评估标准缺失：渣土类建筑垃圾成分复杂，可能含有对人体有危害的重金属、有机物等有害物质。当制成再生产品时，建筑垃圾中有害物质若未完全消除，存在安全隐患，可能对环境和人体造成一定危害，使得人们对再生产品的产品质量、安全性存在顾虑。再生产品制成全过程需要有相应的标准规范，严格管控可能存在的有毒有害物质的限值，确保再生产品的安全性，逐步推进再生产品市场化进程[38]。

**4. 渣土资源化利用率低，再生产品缺乏市场**

在美国、英国等一些发达国家，建筑垃圾的循环利用率大多都在85%以上，有些国家甚至接近100%，而我国建筑垃圾资源化再利用率仅为5%[39]。对于渣土类建筑垃圾资源化后的再生产品，因缺少详细的技术规范和安全认证标准，使得社会公众和建筑企业对再生产品的质量和安全性持怀疑态度，使用意愿较低，再生产品缺乏市场，再生利用率低。

## 1.4.2 未来发展趋势

城镇化建设为我国经济持续快速发展带来重要贡献的同时，也使城市发展面临着巨大的环境和资源压力。据行业调研报告预测，2020年我国的建筑垃圾产生量将达到39.66亿t，其中约2/3为渣土类建筑垃圾。目前，国内绝大部分的渣土不经任何处理便被运往郊区或码头，采取露天堆放、填埋或海洋倾倒等粗放式方法进行处理，不仅占用大量土地、污染环境，还存在着较大的安全隐患。这已成为制约城市可持续发展的重要问题，亟待解决[40]。

渣土类建筑垃圾资源化产业涉及专业和行业较多，需要政府的监督管理及支持引导，也需要建筑企业和社会大众等参与主体共同努力来推动建筑垃圾资源化产业。为了推进我国渣土类建筑垃圾资源化的长远发展，从以下四个方面提出未来的发展方向及其建议。

**1. 加强源头管控，落实核准制度**

建筑垃圾严重威胁着城市发展进程，需要建筑企业树立全生命周期的管理理念，从根源上控制和减少建筑垃圾产生量和排放量。同时，还应颁布和实施更加严格的垃圾处理程序和核准制度，从根本上解决建筑垃圾清运难、处置难的问题。

**2. 建立管理体系，完善法律制度**

为了保障建筑垃圾资源化工作的有序开展，政府应建立科学合理的管理体系和法律制度。同时，建立科学规范的资源化标准体系，如建筑垃圾资源化指标体系、考核监督管理体系等，确保每一个环节产生的建筑产品都有相应的考核依据和标准，使得建筑垃圾资源化过程有章可循。

首先，我国需制定自己的渣土分类标准，按照土质类型与组成成分进行分类，各地方政府针对自己辖区的土质类型与渣土产生量确定渣土回收工厂的种类与数量，然后建立相应的标准，并进行规划与投资，同时，制定指导性文件时不能限定具体的渣土综合利用后的产品，但要结合材料特性给出一定的方向，强调信息化管理在收集、运输和利用三者间的连贯性、及时性和目的性。其次，将其归纳为建筑废弃物的一种，建立激励机制，对渣土的综合利用采取补贴和税收减免政策，鼓励资本进入渣土综合利用领域；建立环境监测体系，渣土进行填埋检测，避免有害的渣土污染环境；国家通过立法的方式要求建设方、设计方、施工方从源头开始减量化和资源化处理余泥渣土，最终避免渣土运输企业将本地的渣土运往其他地方倾倒的"以邻为壑"做法。最后，建立区域性的、甚至跨区域性的渣土匹配系统来更好地进行资源的调配，出土方必须在出土前就将可能产出的渣土土质类型、组成成分、数量、出土时间和地点进行登记上报，收土方根据自身需求对渣土收纳进行报价，出土方根据最符合自己利益的情况选择收土方，从而促进全国范围内渣土的利用[41]。

**3. 重视企业工作，做好规划引导**

建筑垃圾资源化可采取"政府引导、社会参与、市场运作"的投资和运营方式，政府应当充分调研城市建筑垃圾的产生量、类别、分布位置等详细情况，在此基础上，合理布局垃圾处理厂的选址、数量等。同时，可以借鉴国外先进的建筑垃圾资源化理念和技术设备，采用先试点、再改进、再推行、再创新的模式，探索出一条适合我国国情的渣土类建筑垃圾资源化发展之路。

**4. 做好宣传教育，转变认知观念**

推动渣土建筑垃圾资源化发展，是一项较为长期、艰巨的工作，不但需要政府和企业的引导支持，更需要每个公民的积极参与。可以通过网络媒体、电台广播、微信和网络直播等新媒体平台进行宣传引导，强化渣土建筑垃圾管理的重要性和资源化利用的必要性，以此来提高人们对垃圾资源化的认知，加快建筑垃圾资源化的利用进程，同时激励高等院校和科研机构针对渣土的综合利用进行深入的探索和研究，开发关键的通用技术与设备，做到不同特性的渣土能在同一套设备上得到良好的综合利用[42]。

# 1.5  本章小结

近年来，随着我国城市化进程的不断加快，房屋建筑、市政工程等土木工程建设项目快速发展，施工过程中产生大量的渣土类建筑垃圾。目前，渣土类建筑垃圾存在回收利用率低，堆放安全与占用土地等问题，带来一系列生态环境问题，造成资源浪费，已引起相关部门的高度重视。本章介绍了渣土类建筑垃圾资源化利用现状以及存在的问题，总结了资源化利用的预处理技术和再生产品技术，介绍了国内外对渣土类建筑垃圾的政策和技术标准，分析了资源化行业的市场和发展趋势。

全书将用10章内容，在现有的渣土类建筑垃圾资源化利用技术现状基础上，梳理和分析渣土类建筑垃圾资源化及减量评价体系、理化性能数据库和渣土类建筑垃圾资源化处理关键技术，以及渣土类建筑垃圾在墙体材料、道路工程、回填工程、绿化工程和围填海工程中的应用技术与典型案例介绍。

本书将为渣土类建筑垃圾的资源化利用提供有效的技术参考。

## 参考文献

[1] LEE J Y, MOON S H, YI M J, et al. Groundwater contamination with petroleum hydrocarbons, chlorinated solvents and high pH: implications for multiple sources [J]. Quavterly Journal of Engineering Geology and Hydrogeol, 2008, 41: 35-47.

[2] KALBE U, BERGER W, ECKARDT J, et al. Evaluation of leaching and extraction procedures for soil and waste [J]. Waste Management, 2008, 28(6): 1027-1038.

[3] 中国应急管理编辑部. 广东深圳光明新区渣土受纳场"12·20"特别重大滑坡事故调查报告[J]. 中国应急管理, 2016(7): 77-85.

[4] 陈新, 徐涛, 李可, 等. 深圳市开发建设项目弃土管理现状与对策[J]. 中国水土保持, 2014(12): 22-24.

[5] 黄修林, 卞周宏, 彭波, 等. 建筑垃圾资源化利用现状分析及武汉市对策研究[J]. 湖北大学学报(自然科学版), 2017, 39(3): 285-290.

[6] 王秋菲, 王盛楠, 李学峰. 国内外建筑废弃物循环利用政策比较分析[J]. 建筑经济, 2015, 36(6): 95-99.

[7] 蒲云辉, 唐嘉陵. 日本建筑垃圾资源化对我国的启示[J]. 施工技术, 2012, 41(21): 43-45.

[8] 牛佳. 建筑垃圾资源化机制研究[D]. 西安: 西安建筑科技大学, 2008: 30.

[9] 张守城, 王巧稚. 英国建筑垃圾管理模式研究[J]. 再生资源与循环经济, 2017, 10(12): 38-41.

[10] 张小娟. 国内城市建筑垃圾资源化研究分析[D]. 西安: 西安建筑科技大学, 2013: 17.

[11] 李颖, 郑胤, 陈家珑. 北京市建筑垃圾资源化利用政策研究[J]. 建筑科学, 2008, 24(10): 4-7+10.

[12] 陈昌礼, 赵振华. 我国城市建筑垃圾减量化资源化的关键问题及对策分析[J]. 建筑技术, 2011, 42(9): 774-777+826.

[13] 魏雨露. 建筑垃圾再利用现状分析[J]. 海峡科技与产业, 2018(3): 12-13+16.

[14] 杨永山, 薄文斐. 建筑垃圾再利用现状[J]. 建材与装饰, 2018(46): 160-161.

[15] 朱考飞, 张云毅, 薛子斌, 等. 盾构渣土的环境问题与绿色处理[J]. 城市建筑, 2018(29): 108-110.

[16] 陈少锋. 泥水盾构渣土回收利用施工技术[J]. 建筑工程技术与设计, 2015(23): 24.

[17] 王鑫. 泥水盾构施工废弃泥浆的环保处理技术[J]. 四川建材, 2018, 44(11): 47-48.

[18] 郭卫社, 王百泉, 李沿宗, 等. 盾构渣土无害化处理、资源化利用现状与展望[J]. 隧道建设, 2020, 40(8): 1101-1112.

[19] 赵天彪, 季岚, 俞晓, 等. 上海市交通工程渣土处置政策及资源化利用技术探讨[C]. //中国环境科学学会环境工程分会. 中国环境科学学会2019年科学技术年会——环境工程技术创新与应用分论坛论文集(三). 西安: 环境工程, 2019: 7.

[20] 顾承华, 黄慧, 陈晓燕. 改进上海工程渣土管理的对策措施[J]. 上海城市发展, 2015(5): 24-27.

[21] 刘佳. 建筑垃圾综合管理及循环利用信息共享平台的设计与实现[D]. 北京: 北京工业大学, 2016.

[22] 赵宇晗, 史一凡, 娄坚, 等. 基于现代信息技术的渣土水陆联运系统[J]. 物流技术, 2013, 32(21): 402-404+408.

[23] 黄佳音, 马凯. 环保疏浚土资源化利用途径[J]. 水运工程, 2018, (S1): 135-140.

[24] 陈莹, 严捍东, 林建华, 等. 再生骨料基本性质及对混凝土性能影响的研究[J]. 再生资源研究, 2003(6): 34-37.

[25] 张利军. 西安市建筑垃圾渣土资源再利用研究[J]. 环境工程, 2017, 35(5): 122-124.

[26] 周丽娜, 张迎春. 国内建筑废弃物资源化现状利用探讨[J]. 建筑技术开发, 2018, 45(8): 119-120.

[27] 李思文, 王毅, 李师. 国外余泥渣土的处置方法及其借鉴作用[J]. 中国土地, 2020(12): 44-46.

[28] 杨彬新, 田竺鑫, 李吉榆. 我国的建筑垃圾资源化现状及对策研究[J]. 住宅与房地产, 2017(17): 277.

[29] 冷发光，何更新，张仁瑜，等. 国内外建筑垃圾资源化现状及发展趋势[J]. 环境卫生工程，2009，17(01)：33-35.

[30] 郝玲丽. 我国建筑垃圾资源化利用政策量化研究[J]. 经济研究导刊，2021(03)：140-142.

[31] 日本国土交通省. 建設発生土の官民有効利用マッチング運用マニュアル(案)[EB/OL]. [2020-03-31]. https：//www. mlit. go. jp/common/001301959. pdf.

[32] Katsumi T. Soil excavation and reclamation in civil engineering：Environmental aspects[J]. Soil Science and Plant Nutrition，2015，61(S1)：22-29.

[33] 李景茹，赫改红，钟喜增. 日本、德国、新加坡建筑废弃物资源化管理的政策工具选择研究[J]. 建筑经济，2017，38(05)：87-90.

[34] 贺深阳. 建筑渣土的资源化利用研究进展[J]. 砖瓦，2020(07)：58+62.

[35] 王楠. 上海市政协委员曾乐才建议把建筑垃圾变成景观[N]. 中国花卉报，2006-02-23(008).

[36] 赵纪飞. 建筑垃圾再生材料作为路基填料的适用性研究[D]. 西安：长安大学，2017.

[37] 杨静，刘燕丽. 我国城市建筑垃圾资源化现状及对策研究[J]. 中小企业管理与科技(中旬刊)，2021(02)：95-97.

[38] 杨彬新，田竺鑫，李吉榆. 我国的建筑垃圾资源化现状及对策研究[J]. 住宅与房地产，2017(17)：277.

[39] 周学胜，张树友，尚德磊. 科学构架建筑垃圾全链条闭合管理体系——北京市建筑垃圾治理经验介绍[J]. 城市管理与科技，2018，20(5)：44-47.

[40] 郑晓光，水亮亮，任奇. 工程渣土在道路工程中的资源化利用与性能分析[J]. 上海公路，2020(04)：65-67+150.

[41] 陈少燕. 城市建筑垃圾资源化多元协作性治理研究[J]. 粘接，2021，45(01)：171-174.

[42] 李国遵，郭昊茹，闫丞佑，等. 建筑垃圾资源化利用研究现状、问题及建议[J]. 砖瓦，2020(10)：45-46.

# 2 渣土类建筑垃圾资源化与减量化及其评价方法

城市建设持续深入进行，特别是大规模、深层次、多功能的地下空间开发与利用，产生了数量庞大的工程渣土。目前工程渣土处置以简单粗犷的堆放、填埋方式为主，相应的环境与安全问题也逐步凸显[1]。鉴于工程渣土本身的物质组成（砂、石、土等），采取资源化利用可以减少废物排放，并且能够减少对自然资源的过度开发，实现一定的资源能源节约[2-3]。工程渣土作为主要类型建筑垃圾，针对其开展环境影响评价、安全风险评价和减量化潜力与技术评价工作，能够助推循环经济发展，深化"无废城市"建设，并有效促进建筑行业的可持续发展。

## 2.1 产生特性简述

根据国家统计局数据，近 10 年来，建筑业总产值始终保持递增态势。2019 年全国建筑业总产值达到 24.8 万亿元，约占国内生产总值的 25%，且相比 2010 年增长约 15 万亿元，支柱产业地位稳固。我国建筑业持续快速发展，城市建设不断扩张，建筑高度和密度不断提升，城市发展逐步由增量扩张转向存量优化。2018 年和 2019 年，我国 35 个建筑垃圾治理试点城市（区）建筑垃圾产生量分别达到 13.1 亿 t 和 13.7 亿 t，由此推算全国建筑垃圾年产生总量不低于 35 亿 t[4]。大规模城市建设和更新改造活动产生的大量建筑垃圾，是城市固废管理面临的突出难题[5]。其中，渣土类建筑垃圾占很大比例，往往只能采取回填、填埋等传统处置方式，或外运至周边城市、地区进行消纳排放，处置不可持续且资源化利用率低，具体见表 2-1。

表 2-1 我国部分城市工程渣土产生及处置情况

| 城市 | 年均渣土产生量（万 m³）（按 1.5t/m³ 换算） | 主要处置方式 |
| --- | --- | --- |
| 深圳 | 9000(1.4 亿 t) | 外运、回填基坑、洼地、露天堆放 |
| 上海 | 5000(0.8 亿 t) | 外运、滩涂圈围、低洼回填、临时堆放 |
| 武汉 | 2100(0.3 亿 t) | 矿坑回填、低洼回填 |
| 杭州 | 8000(1.2 亿 t) | 水路外运、低洼回填 |
| 太原 | 2000～3500(0.3～0.5 亿 t) | 填埋 |

注：表中信息参考文献[6]，基于各城市政府主管部门或规划设计单位公布的相关数据资料整理所得。

依据《建筑垃圾处理技术标准》（CJJ/T 134—2019），工程渣土是各类建筑物、构筑物、管网等基础开挖过程中产生的弃土的总称。按产生源划分，工程渣土一般可分为道路建设弃土与地下空间开挖弃土两类，其中道路建设弃土主要来自道路新建、道路改造、隧道工程等，地下空间开挖弃土主要来自基坑开挖、轨道系统建设、管网敷设、综合管廊建设等。由于工程渣土产生来源广泛且分散，难以对其产出量进行统计与估算，因此目前尚无全国层面的工程渣土产生量数据公布，而区域级数据基本从渣土运输端及处置终端的记录获取，准确度往往无法保证，如可能会漏算偷倒、乱倒部分。

城市化进程中，城市轨道交通扮演着不可或缺的角色，其中地铁系统是城市轨道交通的骨干，疏缓地面交通压力且相对低碳环保。根据交通运输部公布数据，截至 2020 年 12 月 31 日，全国（不含港澳台）共有 44 个城市开通运营城市轨道交通线路 233 条，总运营里程为 7545.5km，车站 4660 座。综合城市轨道交通相关文献资料，获得我国 2012—2018 年不同区域的地铁工程建设发展情况[7]。由图 2-1 可知，2012—2018 年间，各地区地铁运营里程逐年增加，但区域发展存在明显的不均现象。华东地区地铁运营里程量呈现线性增长的趋势，而西北地区与东北地区发展缓慢，仅个别省会城市具有运营中的地铁线路。华东、华北、华南等地区聚集了主要的一线与新一线城市，地铁建设发展迅速，而我国众多城市的轨道交通系统仍处于未规划或规划建设阶段。

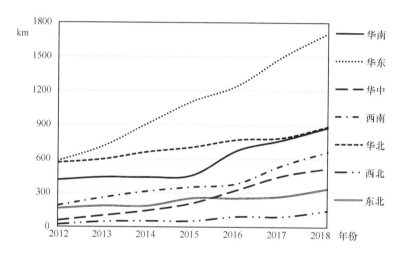

图 2-1　我国各地区地铁工程运营里程量统计数据（2012—2018 年）

进一步构建地铁工程的渣土产生量估算模型，对我国城市轨道交通系统中地铁工程建设产生的渣土量进行估算。通过调研与文献、报告等获取基础数据，并依据每年新建的地铁工程隧道长度和车站数量来量化地铁工程渣土的产生量，结果如图 2-2 所示。可以看到，自 1965 年我国第一条地铁线路建成以来，全国地铁余泥渣土产生量随时间显著增长，1965—2018 年渣土年均产生量达到 857 万 m³。

对工程渣土组分特征进行分析与研究，能够明晰其物质组成，进而有针对性地开展渣土后续排放与利用工作。通过选取不同地区的典型城市开展调研与访谈工作，分析我国地铁工程渣土的组成。从图 2-3 可知，几乎所有区域的渣土都含有杂填土组分，其他组分具有明显地域差异性。北方地区（东北、西北和华北地区）渣土主要组分为砂土、粉土及岩石类；西南地区城市，岩石与卵石等是主要组分；华中地区主要以砂、粉土为主；对于华南和华东地区，黏土是沿海地区的主要组分。这可能受到地质条件和气候等因素的影响。此外，不同的开挖深度也会导致渣土组分的差异。

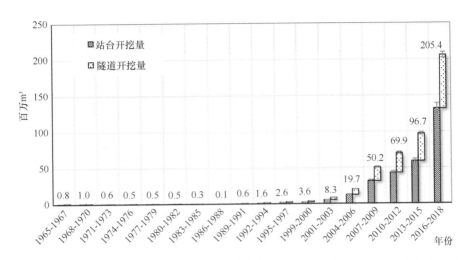

数据来源：地铁工程余泥渣土产生量估算方法及其优化管理方案研究[7]，总共将 26 个省/直辖市的 40 个市（不包括香港、澳门、台湾）纳入考虑

图 2-2　我国地铁工程建设渣土产生量（1965—2018 年）

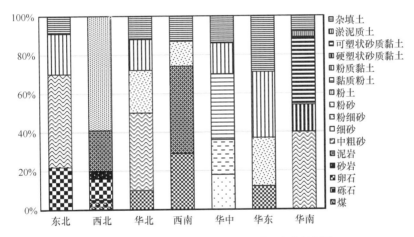

数据来源：地铁工程余泥渣土产生量估算方法及其优化管理方案研究[7]

图 2-3　我国地铁工程渣土组分分布

与世界其他发达国家或地区的官方公布数据（图 2-4）相比，我国工程渣土产出量巨大，而渣土主要以简易堆填处置为主，回用率仅为 13%，远低于其他国家。

## 2.2　资源化理论与方法

资源化是固体废物污染防治三大原则之一，同时也是循环经济核心原则之一。根据《中华人民共和国循环经济促进法》，所称资源化，指将废物直接作为原料进行利用或者对废物进行再生利用。与减少产生量不同，资源化是在废物产生后所开展的相关活动，能够减少废物排放，极高的资源化率情景下，还可以实现废物零排放，提高废物（也可视作"资源"）利用率。

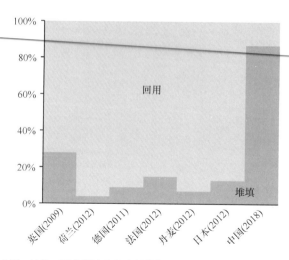

数据来源：地铁工程余泥渣土产生量估算方法及其优化管理方案研究[7]

图 2-4  各国工程余泥渣土处置流向对比

### 2.2.1  直接法

资源化评估在建筑垃圾产生后进行。资源化评价直接法是以建筑垃圾产生量与资源化利用量为基础进行的。如式（2-1）所示，相应阶段的渣土资源化量（以质量或体积计）可表示为 $U_{ESR}$（ESR，Excavated Soil & Rock），其资源化率（$P_U$）则可表示为渣土类建筑垃圾的资源化量与实际产生量（$A_G$）的比值。

$$P_U = U_{ESR}/A_G \tag{2-1}$$

### 2.2.2  间接法

直接评价主要基于渣土资源化利用量（以质量或体积计）。此外，还可以通过一系列间接因素进行资源化评价，如通过从渣土处置（传统处置与资源化处理）的成本收益、环境排放、土地资源占用等角度进行量化评价；专家打分与层次分析法等半定量的分析方法也可以用于渣土类建筑垃圾资源化间接评价。

## 2.3  减量化理论与方法

《中华人民共和国固体废物污染环境防治法》规定固体废物污染环境防治应坚持减量化、资源化和无害化的原则，但并未对其给出明确与具体的定义。此外，减量化也是循环经济活动的行为准则（减量化、再利用、资源化）之一，属源头控制法，即要求投入尽可能少的原料和能源达到既定的生产或消费目的，注意资源节约与废物减排[8]。从源头实现废物减量是极其关键与重要的环节，可以减少或规避后续处理处置产生的相应环境、经济和社会影响。

对于渣土类建筑垃圾而言，其产生往往不会投入额外产品原料。因此，应在废物产生源头进行施工建设方案规划设计与比选，减少产生量，并控制投入尽可能少的资源与能源。但是，渣土来源广泛，不同的工程建设项目在具体的减量方法和途径上存在一定的差异；另外，不同的地质条件也会对渣土产出率有所影响。

## 2.3.1 直接法

工程渣土一般直接来源于地面及地下工程施工建设阶段。减量化评价直接法旨在通过渣土类建筑垃圾理论产生量与实际减少量进行计算。如式（2-2）和式（2-3）所示，相应阶段的渣土减量（以质量或体积计，$R_{ESR}$）可表示为渣土的理论产生量（$T_G$）与实际产生量（$A_G$）的差值；其减量化率（$P_R$）则可表示为渣土类建筑垃圾的减少量与实际产生量的比值。

$$R_{ESR} = T_G - A_G \tag{2-2}$$

$$P_R = R_{ESR} / A_G \tag{2-3}$$

## 2.3.2 间接法

直接法主要基于渣土减少量（以质量或体积计）。间接法是通过一系列间接因素进行减量化评价，如工程各阶段的成本投入与工程预算，或从环境影响角度进行评价；同样，专家打分法与层次分析法等半定量分析方法也可用于渣土类建筑垃圾减量化间接评价。

# 2.4 主要评价方法

## 2.4.1 生命周期评价法

我国大中城市和特大城市数量快速增长，大规模的城市建设产生了巨量工程渣土，而在渣土产出、运输及处置消纳环节，都会造成相应环境污染。合理评价其环境影响是渣土处理管理的重要板块。生命周期评价法是目前主要应用的方法之一。

根据《环境管理 生命周期评价 原则与框架》（ISO 14040），生命周期评价（Life cycle assessment，LCA）是一种科学、系统地对环境影响进行量化研究的国际标准方法，它能够对产品（废物）系统在整个生命周期内的投入、产出和潜在的环境影响进行汇编和评估，可用于企业决策、商业推广和政府环境监管。此外，LCA 可有效避免环境影响度量片面化或环境问题的转移，并可用归一化指标进行对比分析，且评价对象具有普适性。

基于 LCA 方法，收集城市固废从产生到处理的每个阶段及其所包括的每步操作或单元过程的物质和能量的利用及相应的环境排放，识别和量化其输入（原材料、资源与能源）和输出（环境排放物）关联数据，评估各个阶段物质（资源）能源利用效率以及所排放的废水、废气和其他固体废物的环境影响，并通过加强可回收物的循环再利用、处理工艺的优化设计等措施，将整个过程的环境影响降至最小，从而设计出环境有效、经济可行及社会可接纳的城市垃圾综合管理系统。

总体而言，生命周期评价能够考虑垃圾处理各个阶段对环境影响的平衡，而不是某一阶段或工艺的环境最优。为优化固体废弃物管理系统，避免不合理的固体废弃物处理管理途径，开展固体废弃物生命周期管理显得尤为重要。因此针对工程渣土利用与处理开展基于 LCA 的环境影响评价和对比分析较为可行。

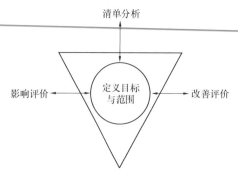

图 2-5　SETAC 生命周期评价技术框架图

国际环境毒理学和化学学会（SETAC）将生命周期评价的基本结构划分为 4 个关联部分，包括目标与范围的确定（Goal and Scope Definition）、清单分析（Inventory Analysis）、影响评价（Impact Assessment）以及改善评价（Improvement Assessment）。其组成部分间相互关系如图 2-5 所示。

国际标准化组织（ISO）确定了生命周期评价的基本步骤，即目的与范围确定、清单分析、影响评价和结果解释，4 个步骤互相联系，并不断重复进行[9]。与 SETAC 框架相比，ISO 细化了评价步骤，去掉改善评价阶段并增加生命周期结果解释环节，更利于开展生命周期评价的研究与应用。其评价框架如图 2-6 所示。

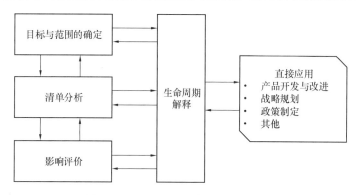

图 2-6　ISO 14040 生命周期评价框架

**1. 目标与范围的确定**

研究目标与研究范围的确定是生命周期评价的第一步。研究目标应包括进行生命周期评价的原因说明和结果应用。研究范围需要详细定义所研究的产品系统、边界、数据要求、假设及限制条件等，保证研究深度与广度以满足预定目标。由于生命周期评价过程的反复性，在某些情况下，可能会对研究目标与范围进行修正。

在渣土类建筑垃圾减量化及资源化评价中，采用生命周期评价进行环境影响评估，首先需要确定渣土从产生到处置阶段的评估系统，并针对各阶段收集所要研究的数据，其中收集的数据应具有代表性、准确性、完整性。同时，应确定产品的功能单位，以便在后续阶段中对产品系统的输入和输出进行标准化。

**2. 清单分析**

清单分析是进行生命周期影响评价的基础，是对所研究产品系统生命周期的输入、输出进行收集、汇编与量化的阶段。通常系统输入的是原材料和能源，输出的是产品和向空气、水体以及土壤等排放的废弃物（如废气、废水、废渣、噪声等）。清单分析的核心是建立以产品功能单位表示的产品系统的输入和输出的数据清单。

清单分析的具体步骤包括数据收集的准备、数据收集、计算程序、清单分析中的分配方法及清单分析结果等。清单分析可以对所研究产品系统的每一过程单元的输入与输出进行详细清查，为诊断工艺流程物质流、能量流和废物流提供详细的数据支持。清单分析的方法论已在世界范围内进行了大量研究与讨论，是目前生命周期评价组成部分中发展最为完善的一部分。

**3. 影响评价**

影响评价建立在清单分析基础上，将清单分析数据与具体的环境影响联系起来，对产品生命周期各阶段所涉及的潜在环境影响进行评估。研究的深度、环境影响的类别以及评价方法的选择均取决于生命周期评价研究的目的与范围。在生命周期评价中，全球变暖潜力（Global warming potential，GWP）、富营养化（Eutrophication potential，EP）、酸化（Acidification potential，AP）、臭氧消耗潜值（Ozone depletion potential，ODP）等作为主要评价指标，皆具有对综合环境影响进行评估的功能。

**4. 结果解释**

结果解释是将清单分析和影响评价的结果与研究目的、范围进行综合分析形成结果及建议的过程。结果解释与清单分析和影响评估过程是紧密关联的。前三个阶段中任一阶段完成后即应进行结果讨论，考察初始确定的研究范围是否合适，是否需要作出必要调整，所收集的数据是否符合研究的目的，哪些数据对结果的影响最灵敏等。结果解释中得到的结论和建议将提供给生命周期评价研究的委托方，作为决策和行动依据。

## 2.4.2 层次分析法（AHP）

层次分析法（Analytic hierarchy process，AHP）由美国运筹学家、匹茨堡大学教授萨蒂（A. L. Saaty）于20世纪70年代初提出，是系统分析中的一种简洁实用的决策方法。层次分析法的基本原理主要是把复杂系统问题中的各类因素划分为相互关联的有序层次，并在每一层根据某一规则对该层次中各要素进行逐对比较，构造判断矩阵，然后计算该层各要素对于该准则的相对重要性次序的权重以及对于总体目标的组合权重，并进行排序，最后基于排序结果对问题进行分析和决策，总体思路如图2-7所示。

**1. 建立层次分析结构**

应用层次分析法解决问题时，首先应根据问题的性质和要达到的目的，将问题条理化、层次化，建立层次结构模型。具体而言，将复杂问题分解为元素的组成部分，这些元素按属性及关系形成若干层次，同时下一层次元素受上一层次元素支配，继而形成一个递阶层次。其中，最高层为目标层，是指决策的目的、要解决的问题；中间层为准则层或指标层，包括需要考虑的因素、决策的准则；最低层为方案层，是指决策时的备选方案。

**2. 构造两两比较的判断矩阵**

递阶层次结构建立以后，上下层次元素间的隶属关系即被明确。下一步需要确定各层次各因素之间的权重。AHP通过给出判断矩阵的方法导出元素的权重，即采用相对尺度进行元素间的两两比较，并将两两比较结果形成矩阵形式。

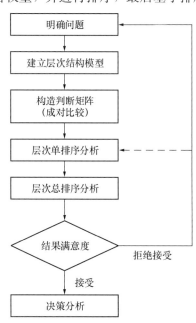

图2-7 层次分析法（AHP）总体思路

记准则层元素 H 所支配的下一层次的元素为 $A_1$，$A_2$，$\cdots$，$A_n$。在准则 H 之下，按元素的重要性程度赋予 $A_1$，$A_2$，$\cdots$，$A_n$ 相应的权重，并根据比较结果形成判断矩阵 $A = (a_{ij})_{n \times n}$，其中 $a_{ij}$ 为元素 $A_i$ 与元素 $A_j$ 相对于准则 H 的重要性比较结果。在对各指标重要程度进行判断时，采用 Saaty 的 1—9 比例标度法，对重要程度标度划分为 1、3、5、7、9 共 5 个，将 2、4、6、8 作为中间值，并遵循一致性原则，具体见表 2-2。而对于判断矩阵 $A$，具有如下性质：（1）$a_{ij} > 0$；（2）$a_{ij} = \dfrac{1}{a_{ji}}$；（3）$a_{ii} = 1$。

表 2-2　层次分析法（AHP）的比例标度

| 相对重要性的权数 | 定义 | 解释 |
| --- | --- | --- |
| 1 | 同等重要 | 对于目标两个活动的贡献是相等的 |
| 3 | 稍微重要 | 经验和判断明显偏向一个活动 |
| 5 | 明显重要 | 一个活动明显地受到偏向 |
| 7 | 强烈重要 | 一个活动强烈地受到偏向 |
| 9 | 极端重要 | 一个活动极端地受到偏向 |
| 2、4、6、8 | 两相邻判断的中间值 | — |

**3. 层次单排序及一次性检验**

这一步需要解决在准则 H 之下，$n$ 个元素 $A_1$，$A_2$，$\cdots$，$A_n$ 的排序权重计算问题，并进行一致性检验。

（1）将判断矩阵 $A$ 中的各元素按列作归一化处理，得另一矩阵 $B = (b_{ij})_{n \times n}$，其元素一般项可表达为：

$$b_{ij} = \frac{a_{ij}}{\sum_{j=1}^{n} b_{ij}} (i,j = 1,2,\cdots,n) \tag{2-4}$$

（2）将矩阵 $B$ 中各元素按行分别相加，其和为：

$$r_i = \sum_{j=1}^{n} b_{ij} (i = 1,2,\cdots,n) \tag{2-5}$$

（3）对向量 $r = (r_1,r_2,\cdots,r_n)^T$ 作归一化处理，即获得各元素相对权重的计算：

$$w_i = \frac{r_i}{\sum_{j=1}^{n} r_j} \tag{2-6}$$

（4）计算 $A$ 的最大特征根 $\lambda_{\max}$：

$$\lambda \frac{1}{n} \left[ \frac{\sum_{j=1}^{n} a_{1j} w_j}{w_1} + \frac{\sum_{j=1}^{n} a_{2j} w_j}{w_2} + \cdots + \frac{\sum_{j=1}^{n} a_{nj} w_j}{w_n} \right]_{\max} \tag{2-7}$$

（5）相容指标的计算

在判断矩阵的构造中，要求判断有大体的一致性。因为出现甲比乙极端重要，乙比丙极端重要，而丙比甲极端重要的情况总是违反常识的。而且，当判断偏离一致性过大时，排序权向量计算结果作为决策依据将出现某些问题。因此在获得判断矩阵后，需要进行一致性检验。一致性检验通过，则说明矩阵可行，否则，说明矩阵不可行，需要重新构建判断矩阵。通常认为矩阵的一致性比率 $CR < 0.10$ 时，判断矩阵具有可以接受的一致性。一致性比率计算公式如式（2-8）和式（2-9）所示。其中，一致性指标用 $CI$ 表示，若 $CI = 0$，表示有

完全的一致性；$CI$ 接近于 0，有满意的一致性；$CI$ 越大，不一致越严重。另引进平均随机一致性指标 $RI$，$RI$ 和判断矩阵的阶数有关，一般情况下，矩阵阶数越大，则出现一致性随机偏离的可能性也越大，其对应关系如表 2-3 所示。

$$CR = \frac{CI}{RI} \tag{2-8}$$

$$CI = \frac{\lambda_{\max} - n}{n - 1} \tag{2-9}$$

表 2-3　$RI$ 的取值

| $n$ | 1 | 2 | 3 | 4 | 5 | 6 | 7 | 8 | 9 | 10 | 11 |
|---|---|---|---|---|---|---|---|---|---|---|---|
| $RI$ | 0.00 | 0.00 | 0.58 | 0.90 | 1.12 | 1.24 | 1.32 | 1.41 | 1.45 | 1.49 | 1.51 |

**4. 层次总排序及一致性检验**

层次总排序即计算同一层次上所有元素对于最高层相对重要性的排序权值。若上一层次 $A$ 包含 $m$ 个元素 $A_1$, $A_2$, ⋯, $A_m$，其层次总排序权值分别为 $a_1$, $a_2$, ⋯, $a_m$，下一层次 $B$ 包含 $n$ 个元素 $B_1$, $B_2$, ⋯, $B_n$，它们对于 $A_j$ 的层次单排序权值分别为 $b_{1j}$, $b_{2j}$, ⋯, $b_{nj}$（当 $B_K$ 与 $A_j$ 无关系时，$b_{kj} = 0$），此时 B 层次总排序见表 2-4。

表 2-4　总排序表

| 层次 | $A_1$ | $A_2$ | ⋯ | $A_m$ | B 层次总排序值 |
|---|---|---|---|---|---|
| | $a_1$ | $a_2$ | ⋯ | $a_m$ | |
| $B_1$ | $b_{11}$ | $b_{12}$ | ⋯ | $b_{1m}$ | $\sum_{j=1}^{m} a_j b_{1j}$ |
| $B_2$ | $b_{21}$ | $b_{22}$ | ⋯ | $b_{2m}$ | $\sum_{j=1}^{m} a_j b_{2j}$ |
| ⋮ | ⋮ | ⋮ | ⋮ | ⋮ | ⋮ |
| $B_n$ | $b_{n1}$ | $b_{n2}$ | ⋯ | $b_{nm}$ | $\sum_{j=1}^{m} a_j b_{nj}$ |

如果 B 层次某些因素对于 $A_j$ 的一致性指标为 $CI_j$，相应地，平均随机一致性指标为 $RI_j$，则 B 层次总排序一致性比例为

$$CR = \frac{\sum_{j=1}^{m} a_j CI_j}{\sum_{j=1}^{m} a_j RI_j} \tag{2-10}$$

## 2.5　工程渣土堆填环境及安全评价

"渣土围城"困境凸显，国内对工程渣土的处理逐渐向资源化方向发展，但处理量有限，传统的堆填处置仍然是工程渣土的主要处置方式。工程渣土来源于城市工程建设活动，经人工挖运后，不像天然土方开挖那样"干净"，往往会夹杂着其他杂质物，直接堆填处置会对周边自然或城市生态系统带来不确定性的负面影响。与其他垃圾填埋场类似，渣土受纳场会造成相关的生态环境问题，包括对周围生物或者空气、水体及土壤等带来影响。此外，国内外多次严重的渣土场滑坡事故早已向社会敲响了警钟，因此，要高度重视渣土受纳场的安全

问题，避免重大灾害的再次发生。

对于工程渣土堆填环境及安全评价，在宏观层面上，可采用专家调查法确定渣土填埋对周边环境及安全影响的监测指标。监测指标一般可以比较明显地反映填埋场的变化情况，如填埋场面积或数量变化。指标权重的确定采用德尔菲法（也称专家调查法）。

德尔菲法是一种定性的评估方法，依靠专家的知识和经验，并通过调查研究作出分析和预测。该方法选择并确定了几个主要指标及其影响特性，同时给出了大概的评价步骤。需要明确的是，所确定的全部检测指标权重之和应等于 1，具体如表 2-5 所示。

**表 2-5　建筑垃圾填埋对城市生态环境影响评价指标及权重**

| 指标 | 权重 | | 影响 |
|---|---|---|---|
| 填埋场面积变化率（$Y_1$） | $R_1$ | | 负 |
| 饮用水域变化率（$Y_2$） | $R_2$ | | 正 |
| 景观破碎度变化（$Y_3$） | $R_3$ | $R_1+R_2+R_3+R_4+\cdots=1$ | 负 |
| 归一化植被指数变化（$Y_4$） | $R_4$ | | 正 |
| ... | ... | | ... |

垃圾填埋对城市生态环境影响指数（Impact index of CDW landfill on urban ecological environment，$I_{UEE}$）可通过式（2-11）进行计算。最后，应根据指数结果进行影响分级判断。

$$I_{UEE} = Y_1 \times (-R_1) + Y_2 \times R_2 + Y_3 \times (-R_3) + Y_4 \times R_4 + \cdots \qquad (2-11)$$

式中，$Y_1$、$Y_2$、$Y_3$、$Y_4$、$\cdots$分别为各个指标的变化值，$R_1$、$R_2$、$R_3$、$R_4\cdots$为相应指标的权重值。

## 2.5.1　土壤毒害性污染

建筑垃圾本身存在一定的环境污染特性，无论是惰性垃圾还是非惰性类垃圾都可能含有危害组分。工程渣土产自地面或地下工程，一般不含有害成分，但建设项目所用地的土壤污染特性依然存在极大不确定性。这可能是由于城市土地在历史使用以及土层自身演化进程中受到污染，或是在渣土产生及处置过程中掺入了其他添加剂而未进行无害化处理。对受纳场土壤污染情况进行检测，结果显示，土壤重金属污染严重，对周围居民的生命健康存在一定影响[10]。若将工程渣土直接堆填弃置，将潜存较大环境问题。因此，开展渣土及渣土受纳场场地土壤环境重金属污染检测与评估工作显得尤为重要。

目前，针对土壤重金属检测技术与方法众多，主流技术方法可大致归为三类，即化学分析法、物理技术与生物检测[11]。化学分析法是最基础的土壤重金属检测方法，可以通过不同酸体系来对土壤当中的矿物晶格进行破坏，同时运用多种技术进行成分分析与检测。物理技术则是基于待检测土壤样本的物理性质，了解样本的基态原子所产生的特征谱线，以此对重金属元素进行分析。生物检测是从生物角度对土壤污染程度进行评估，依据的是生物个体或种群在面对重金属元素时的反应情况。对于土壤中重金属的检测，应根据实际需求选择不同的检测方法。

## 2.5.2　空气污染

工程渣土往往在产生、临时堆放、运输、消纳处置阶段存在扬尘污染，其中运输过程往往往造成了比较明显的扬尘污染问题，是城市管理的"顽疾"之一[12-13]。根据北京环保部门的监测和分析，扬尘污染约占 PM2.5 来源的 16%，主要来自建筑工地的施工扬尘与道路扬尘。

环境空气质量评价方法很多，包括模糊数学法、空气质量指数法、密切值法、物元分析法、聚类分析法、主成分分析法等。考虑到空气环境的各种不确定性因素与模糊性，模糊综合评价是现在常用的空气质量数学评价法。使用该方法进行环境质量评价的时候，一般按照如下步骤进行。

首先，确定评价集 $U = \{u_1, u_2, \cdots, u_n\}$；其次，依照《环境空气质量标准》，选取 $SO_2$、$NO_2$、PM10、PM2.5、CO 及 $O_3$ 因子，根据《环境空气质量技术规范（试行）》，利用日均浓度的百分位数进行评价；再次，将各污染因子对大气环境的污染程度分为四个等级，优、良、轻度污染和中度污染，即 $U=\{$优，良，轻度污染，中度污染$\}$，空气质量评价因子为数值越大污染程度越大，选用降半梯形函数建立隶属函数[14]；最后，按照隶属度原则确定空气质量等级。

## 2.5.3 水体污染

垃圾经填埋处理后，垃圾中所含有的有机、无机污染物会随着水的流动形成垃圾渗滤液，对周围地表水和地下水环境造成严重污染。工程渣土不像其他类建筑垃圾具有显著污染特征，如废砂浆和混凝土块、废石膏、废金属料等所形成的渗滤液呈强碱性且含有大量重金属离子、硫化氢以及一定量有机物。但渣土来源广泛，其中盾构渣土/泥浆为隧道盾构施工产生，在施工过程中为确保盾构掘进顺利、平稳，会进行渣土改良工作，即根据不同地层添加不同类型与数量的改良材料，这些改良剂会对水体产生不良影响[15-16]。

根据《环境影响评价技术导则 地下水环境》（HJ 160—2011）中相关规定，首先应确定建筑垃圾填埋场项目所属的地下水环境影响评价项目类别，再结合项目地下水环境敏感程度（表2-6），确定评价工作等级，并按一、二、三等级评价要求进行地下水环境影响评价工作（表2-7）。建筑垃圾填埋场项目应按工业固体废物处置并确定其评价项目类别，其中一类固废为Ⅱ类评价项目，二类固废为Ⅰ类评价项目。地下水水质现状监测因子一般包括两类：一类是基本水质因子，它能反映区域地下水一般状况；另一类为特征因子，根据建设项目废水污染因子、液体物料成分、固废浸出污染因子等污水特点确定。

**表 2-6　地下水环境敏感程度分级表**

| 敏感程度 | 地下水环境敏感特征 |
| --- | --- |
| 敏感 | 集中式饮用水水源（包括已建成的在用、备用、应急水源，在建和规划的饮用水水源）准保护区；除集中式饮用水水源以外的国家或地方政府设定的与地下水环境相关的其他保护区，如热水、矿泉水、温泉等特殊地下水资源保护区 |
| 较敏感 | 集中式饮用水水源（包括已建成的在用、备用、应急水源，在建和规划的饮用水水源）准保护区以外的补给径流区；未划定准保护区的饮用水水源，其保护区以外的补给径流区；分散式饮用水水源地；特殊地下水资源（如矿泉水、温泉等）保护区以外的分布区等其他未列入上述敏感分级的环境敏感区[a] |
| 不敏感 | 上述地区之外的其他地区 |

注：[a]"环境敏感区"是指《建设项目环境影响评价分类管理名录》中所界定的涉及地下水的环境敏感区。

表 2-7　评价工作等级分级表

| 环境敏感程度 | 项目类别 | | |
| --- | --- | --- | --- |
| | Ⅰ类项目 | Ⅱ类项目 | Ⅲ类项目 |
| 敏感 | 一 | 一 | 二 |
| 较敏感 | 一 | 一 | 二 |
| 不敏感 | 二 | 三 | 三 |

## 2.5.4　安全风险评价

工程渣土填埋存在安全隐患，主要以滑坡、崩塌、泥石流等地质灾害为主。近年来，在我国影响较大的事故应属深圳光明新区红坳受纳场滑坡事故，造成了极为严重的生命财产损失。

根据专家调查，认定深圳市渣土受纳场滑坡事故系受纳场渣土堆填体滑动所致，是一起生产安全事故，其直接原因主要有：受纳场未建设有效的导排水系统，场内原有积水并未排出，形成底部软弱滑动带，加之持续流入场内的水分以及高含水率渣土的直接受纳，堆填体含水饱和；该受纳场规划库容为 400 万 $m^3$，封场标高 95m，而实际堆填量达到 583$m^3$，实际标高达到 160m，超量超高堆填[17]。

目前大多数城市建筑垃圾堆放地的选址在很大程度上具有随意性，且建设、运营及管理都不规范，留下了不少安全隐患。在外界因素，如降雨或其他地质自然灾害的影响下，建筑垃圾受纳场极易出现崩塌，带来安全问题。此外，在郊区堆填建筑垃圾的场地以坑塘沟渠居多，这导致了地表排水和泄洪能力的降低，严重影响水体的调蓄能力和生态安全。

随着城市建筑垃圾量的增加，垃圾堆放点数量也在不断增加，堆放场面积也逐渐扩大。填埋场中垃圾堆埋体的稳定性极其重要，其稳定性差是填埋场的主要安全隐患。影响垃圾堆体稳定性的因素很多，填埋场作业不规范、垃圾填埋场产生的渗滤液不能及时导排而在垃圾堆体中形成含水层、填埋场设计缺陷、地表径流或持续暴雨的冲刷都可降低垃圾堆体的稳定性。

对建筑垃圾堆场进行安全评价的目的是查找、分析和预测工程、系统存在的危险、有害因素及危险、危害程度，提出合理可行的安全对策措施，指导危险源监控和事故预防，以达到最低事故率、最少损失和最优的安全投资权益。

目前国内外常用的安全评价方法有数十种，主要评价方法有概率评价法、安全检查法、事故分析法及综合评价法。

（1）概率评价法：一种精度较高的定量安全评价方法。此类方法通过综合分析系统最基本单元元件的性能及其致灾结构关系，推算整个系统发生事故的概率，通过对灾害后果的估计，来综合反映系统的危险程度，并同既定的目标相比较，判定其是否达到预期的安全要求；或者将危险概率值划分为若干等级，作为系统安全评价及制定安全措施的依据。

（2）安全检查法：对系统进行科学分析，将一切可能导致事故发生的不安全因素和岗位的全部职责列表，对系统进行逐一检查评分。

（3）事故分析法：在逻辑推理方法的基础上找出系统中的不安全因素和各种事故的原因。具有如下特点：能详细描述事故原因及其相互之间的逻辑关系，便于发现系统中存在的潜在危险和状态，通过分析，能寻找出控制事故的要素和不安全状态的关键环节，易于进行数理逻辑运算和定量计算，并实现分析计算机化。

（4）综合评价法：因为被评价系统多数为模糊对象，广泛应用的综合评价法是模糊综合评价法。模糊综合评价法是在模糊数学的基础上逐渐形成，并在与工程技术整合中不断完善起来的一种科学研究方法。由于其具有适应性强的特点，能很好处理复杂系统的安全评价问题，成为目前应用最为广泛的评价方法。模糊综合安全评价是借助模糊变换原理和最大隶属度原则，考虑与被评价系统相关的各个因素，对系统安全性作出综合评判[18]。模糊综合评价可以进行多层次的评价，它根据影响安全因素的层次关系和因素的危险度值，能清晰地反映出多因素的危险状态。

## 2.6  资源化与减量化潜力评价

城市渣土产生量大但消纳处置能力极为有限，"渣土围城"困扰着城市管理者们。我国固体废物污染防治遵循"3R"的基本原则，即资源化、减量化、无害化。其中，无害化指借助相关的措施与方法降低废物的危害性，往往不会对渣土产生及排放量有较大影响，因而不是本章节所关注和讨论的内容。

对于城市建设中产出的大体量工程渣土，其传统消纳方式如表 2-8 所示，主要包括工程回填、低洼填埋、矿山回填、竖向消纳等，处置方式较简单，可以实现一定程度的源头减量，但处置、消纳量有限且存在不可持续性。而渣土资源化利用具有良好环境效益，可以节约原生材料，降低能源消耗，减少温室气体排放与土地资源占用。

**表 2-8  工程渣土传统消纳方式及优缺点[6]**

| 消纳方式 | 特点 | 优点 | 缺点 |
| --- | --- | --- | --- |
| 工程回填 | 作为建设工程的回填土，例如基坑或场地回填 | 就地利用，源头减量 | 消纳量较为有限，含水率要求较高 |
| 竖向消纳 | 利用整体开发或旧城改造时机，提高低洼地带或现状涝区设计地面标高 | 消纳量较大，经济性较好 | 实施难度较大，面临较多现实问题 |
| 堆山造景 | 结合公园堆土造景 | 经济性较好 | 消纳量较为有限，对公园形式要求高 |
| 矿山回填 | 作为采空区治理填料 | 消纳量大，对环境影响较小，经济性好 | 现存采空矿山逐渐减少，平原城市不适用 |
| 低洼填埋 | 利用山谷、平地、鱼塘等地形堆填土方，简单方便 | 简单方便，受纳点分布较广 | 面临水源保护、生态保护等诸多限制 |
| 滩涂圈围 | 利用渣土代替吹沙造田 | 对环境影响少，消纳潜力大 | 技术要求较高，内陆城市不适用 |

### 2.6.1  减量化评价

渣土减量一般指源头减量，可以在规划设计、施工等阶段开展相应减量工作。工程渣土一般来源于土方工程，往往不需要投入另外的建筑材料，仅涉及土（石）方的挖、填、运等工作。因此，为了便于工程渣土减量评价，将设计阶段与施工阶段结合起来进行评价。施工阶段应按规划设计阶段所提出的减量方案进行，并在施工过程中遵循减量化原则，避免因人员及施工工艺问题而产生额外渣土。设计阶段渣土减量及控制方案主要依赖于设计方的意识，相关人员应尽可能结合各方面影响因素进行综合考虑，以实现渣土源头减量的最大化。

城市建设中产生大量余土的原因是多层次的，因此提出了城市土石方平衡的分级控制要求（表2-9）。宏观层面，重在引导，结合城市地形设置渣土回填场地，并在城市层面建立土方调配系统，统筹协调土方跨区调配；中观层面，统筹安排土方区内调配，减少外运渣土；微观层面强调地块土方的精细控制。

表 2-9　城市土方平衡层级控制表[19]

| 控制阶段 | 侧重点 | 控制手段 |
|---|---|---|
| 城市层面的土方平衡引导 | 宏观引导，明确控规单元土方平衡类型，统筹协调土方跨区调配 | 明确市域层面渣土回填场地，引导渣土在大面积低洼地区回填消纳 |
| 控规层面的土方平衡控制 | 中观控制，统筹安排土方区内调配，尽可能减少外运渣土 | 控规单元明确填挖区域，合理设置回填场地，并作为控规编制或竖向专项规划的强制性内容 |
| 地块层面的土方工程计算 | 微观精算，落实上位规划的竖向控制要求，精准把控地形改造方式 | 经济成本和环境成本逆向影响地块开发建设，保障源头减量，奖励渣土吸纳 |

## 2.6.2　资源化评价

资源化评价属于渣土产出后的末端减量评价。资源化技术方面，建筑垃圾资源化技术研究与应用较早开始并日趋成熟，而工程渣土资源化技术研究尚处于初步探索阶段。现阶段工程渣土资源化技术主要发展及应用方向有泥砂分离技术、免烧结（冷烧结）与环保烧结（热烧结、制砖、陶粒等）技术。

泥砂分离工艺指对工程渣土或泥浆进行水洗筛分等预处理，实现砂石与泥的分离，分离出的砂石骨料作为建筑材料回用市场，泥饼可作为免烧结或烧结制砖原料，或用于土地整理、生态修复等工程利用及其他用途；免烧结技术主要通过拌料及压制等过程，形成适合强度的块类建材，可生产透水路面砖、环保空心砌块等；环保烧结则需要通过烧结设备进行制砖，并控制过程的废物排放或使用清洁燃料供热。

各类综合利用技术及其特点分析如表2-10所示。由表2-10可知，工程渣土综合利用受多因素影响，技术是硬性要求，其余因素还有处理成本、再生产品性能以及市场环境等。综合比较来看，泥砂分离技术减量效益显著但投入运营成本高，产品附加值低；免烧结技术对环境污染小，但成本高，产品应用范围低；对于渣土烧结制砖，受环保限量排放控制，但其处置成本低，产品性能高，具有显著效益。

表 2-10　工程渣土综合利用技术及特点分析

| 处理利用技术 | 适用渣土类别 | 主要步骤 | 特点 |
|---|---|---|---|
| 泥砂分离技术 | 砂质黏土；细砂、粉砂等（含砂量高） | 经筛选预处理后进行泥浆调理，进入除砂机中进行砂和砾石的分选，分离后砂的含泥量一般须小于3%，并符合《建设用砂》（GB/T 14684）标准，分选后的泥浆经压缩脱水后进行处置；尾水循环利用或待处理达标后排放 | 减量化显著，再生砂产品销路较好 |

续表

| 处理利用技术 | 适用渣土类别 | 主要步骤 | 特点 |
|---|---|---|---|
| 免烧结技术 | 粉质黏土 | 以粉质黏土为主要原料，水泥为胶凝材料，细砂为级配增强材料制备渣土免烧砖，并符合《非烧结垃圾尾矿砖》（JC/T 422）标准[20-21] | 产品应用有限，能耗和排放限制要求低 |
| 烧结技术-陶粒/制砖 | 黏土、页岩 | 主要包括原材料预处理、坯体制备和砖样烧结三个主要步骤，影响因素主要包括：泥料含水率、成型压力、煅烧温度、保温时间以及冷却方式等[22]，产品须符合《烧结砖瓦工厂设计规范》（GB 50701）和《烧结普通砖》（GB/T 5101）或《烧结空心砖和空心砌块》（GB/T 13545） | 产品质量较高，但受能耗和污染排放限制 |
| 烧结技术-烧陶 | 具有良好可塑性的黏土，矿物成分以蒙脱石、高岭土为主 | 主要包括泥浆制备、釉料制备、成型、干燥、施釉及装饰、烧成和冷加工以及性能测试等[23-24]，选用渣土或泥饼须符合《日用陶瓷用高岭土》（QB/T 1635）或《精细高岭土》（JC/T 2370） | 产品质量较高，但对土要求较高 |

## 2.6.3 资源化利用环境影响评价

### 1. 评价步骤

为对比工程渣土多种资源化利用途径在综合环境影响方面的优劣，需要开展全面分析，重点通过对比不同处理方式所产生的环境效益或影响，提出基于环境与经济综合考虑的优化处理方案，为相关管理部门提供可靠的政策性建议。研究步骤主要包括：通过系列调研与采样工作，掌握工程渣土的产生量及组分特性，为渣土产生特性及污染特性研究提供数据支撑；调研总结现实情境下工程渣土的主要处理方式，研究其渣土不同组分的流向情况，为后续优化处置分析提供可靠性的实际依据；对多种处理方式的污染物产生、排放情况以及污染控制措施进行环境影响评估，构建"从摇篮到大门"的生命周期清单，用于评价多种处理方式的环境影响，并就可能存在的问题进行分析以提出相应的解决方案；最后针对目前的渣土处置管理缺陷提出基于成本、风险与环境考量上的最优处理方案。

### 2. 评价对象及范围

面向工程渣土资源化利用的环境效益评价主要对象及范围如表 2-11 所示，环境影响评价工作侧重在处置利用过程中资源、能源消耗以及环境污染排放产生的综合环境影响，并可以选择温室气体排放、酸化、富营养化和光化学臭氧合成等归一化指标进行定量化比较。

**表 2-11　工程渣土资源化环境影响评价主要对象及范围**

| 评价对象 | 研究范围 |
|---|---|
| 填埋（回填） | 回填/填埋作业机械能耗；惰性废弃物填埋环境影响 |
| 泥砂分离 | 泥砂分离（洗砂、脱水等）主要机械设备能耗；原辅料物耗；替代其他类似砂石等建筑材料进行抵扣产生的环境正效益 |
| 环保烧结、免烧 | 再生烧结砖能耗、再生压制砖制造机械设备能耗；原辅料物耗；替代其他类似烧结红砖以及水泥砖（砌块）等建筑材料进行抵扣产生的环境正效益 |

### 3. 数据质量要求

根据评价目的和范围，在限定的时间与预算下，用于构建生命周期清单和评价模型的数据应具有准确性、完整性、一致性和代表性，且需要尽可能地提高收集数据的透明度。与渣土资源化处置相关的原始数据被认为是最高精度的数据，其次是计算数据、文献数据和估算数据；完整性是根据每个单元过程的输入和输出的完整性以及单元过程本身的完整性来判断的；一致性指的是建模选择和数据源的一致性，目的是确保反映产品系统之间实际差异所引起的结果差异，而不是由于模型选择、数据源、排放因子或其他因素产生的不一致；代表性表明了数据与研究目的和范围中所明确的地域、时间和技术要求的匹配程度，其目的是对所有前景工艺使用最具代表性的原始数据，对所有背景工艺使用最具代表性的行业平均数据，当缺乏背景数据时（例如几乎没有行业平均数据可用），则使用可获得的最佳替代数据。

### 4. 数据来源

工程渣土资源化处置环境影响研究包括了从企业收集的前景数据及数据库配套的背景数据。从相关资源化企业调研所获得的数据包括：原料（渣土）和辅料的投入以及能耗（燃料和能源）和水耗，主要产出——再生建材，以及环境排放（废水、废气和废渣）。所用到的环境影响因子可通过软件和数据库获得，如 CLCD（中国生命周期参考数据库）和 GaBi 数据库。其中，GaBi 是一款用于开展 LCA 研究的国际化商业软件，其数据库是目前世界上认可度最高的 LCA 数据库之一，包括来自中国、欧洲和世界其他国家地区的 1000 多个单元过程数据，也包含各类主要建材的单元过程数据（如砂、水泥砌块、砖石等）。工程渣土利用与处置过程的"原料"即为渣土，泥砂分离和烧结利用等过程将会消耗多种辅料或添加剂。燃料和能源是重要的辅助性投入，一般来说，能源主要是电力，燃料则有可能包括天然气、煤、柴油等，不同工艺环节燃料类别和用量也不同。

## 2.7　本章小结

城市建设与更新改造仍将持续展开，短期内难以实现建筑废弃物，特别是工程渣土的绝对减排或"趋零"排放。"无废城市"在其提出时，就代表着一种先进的城市发展模式与城市管理理念，旨在通过源头减量与资源化利用，实现固废"归零"处理。在建设领域，主要是推动绿色和智能建造，持续实现源头大幅减量，最大程度地实现建筑废弃物综合利用，并最大限度地减少受纳填埋量，将建筑废弃物对生态环境与安全的影响降到最低。

因此，解决工程渣土问题需持续注重源头减量，优化工程设计方案。如通过合理设计基坑支护方案来减少土方开挖量和外运量，合理利用地势抬升设计标高，并增加绿化面积以及覆土厚度和进行局部堆坡造景，进而提高渣土回填量。进一步拓展多种消纳方式，如通过跨区和跨市的渣土交换和共享提高回填比例，其中表层耕植土可用于场地绿化栽植用土，满足填料性能要求的深层土和固化泥浆，可作为填料用作回填。此外，在符合环保要求或严格执行相关的排放标准基础上，鼓励推广烧结技术和规模化应用：生产高附加值或高品质的陶粒和砌块，包括探索烧结制品在装配式建筑上的应用，进行城市工业固废和燃煤电厂炉渣的共处置利用等。总体而言，仍需要系统分析渣土的产生特性与趋势、提出完善的管理政策与标准体系、创新综合利用工艺技术与设备等，以切实解决城市工程渣土处置消纳问题。

对于各个城市而言，应建立本市工程渣土处理利用一般模式，以多途径消纳、利用渣土，提高本市渣土自消纳能力与资源化利用水平，有效解决"围城"难题。此外，在一般模式构建基础上配套完善管理政策与相应工艺、产品、环境监控等标准体系，规范渣土处理利用过程，并持续探索更为有效的渣土处理方式，进行城市间废弃物（渣土）资源优化配置，推进城市建设的"无废"进程。

**参考文献**

[1] 陈蕊，杨凯，肖为，等．工程渣土的资源化处理处置分析[J]．环境工程，2020，38(03)：22-26．

[2] 陈发滨．深圳市余泥渣土资源化利用试验研究[D]．青岛：青岛理工大学，2019．

[3] 贺深阳．建筑渣土的资源化利用研究进展[J]．砖瓦，2020(07)：58＋62．

[4] 陈家珑．加强建筑垃圾综合利用缓解砂石供应紧张局面[N]．中国建设报，2020-04-08(002)．

[5] Duan H B, Miller T R, Liu G, et al. Construction debris becomes growing concern of growing cities [J]. Waste Management, 2019, 83: 1-5.

[6] 陈盛达，张文琦，李孝安，等．快速城市化背景下工程渣土处置与再利用[A]．//中国城市规划学会、重庆市人民政府．活力城乡美好人居——2019中国城市规划年会论文集(03城市工程规划)[C]．中国城市规划学会、重庆市人民政府：中国城市规划学会，2019：7．

[7] 张宁．地铁工程余泥渣土产生量估算方法及其优化管理方案研究[D]．深圳：深圳大学，2020．

[8] 诸大建．可持续发展呼唤循环经济[J]．科技导报，1998(09)：39-42＋26．

[9] ISO/DIS 14040. Environment Management-Life Cycle Assessment-Part: Principles and Framework [S]. 1997.

[10] 王婧，冯春华，曾庆军，等．深圳红坳渣土受纳场污染及人体健康风险评价[J]．环境科学与技术，2019，42(07)：213-218．

[11] 段文峰．土壤重金属检测技术现状及发展趋势[J]．云南化工，2020，47(10)：27-29．

[12] 周莹．渣土运输不妨加个"盖"[N]．连云港日报，2019-07-01(004)．

[13] 吴绍文．福建三明标准化治理渣土运输扬尘污染[N]．中国建设报，2019-06-06(003)．

[14] 罗运成．基于模糊综合评价模型的城市空气质量评价研究[J]．环境影响评价，2018，40(05)：79-83＋87．

[15] 余承晔，余洪强，邱紫迪，等．盾构泥浆现场处理技术效果分析[J]．广东化工，2020，47(16)：71-74．

[16] 郭卫社，王百泉，李沿宗，等．盾构渣土无害化处理、资源化利用现状与展望[J]．隧道建设(中英文)，2020，40(08)：1101-1112．

[17] 本刊编辑部．广东深圳光明新区渣土受纳场"12·20"特别重大滑坡事故调查报告[J]．中国应急管理，2016(07)：77-85．

[18] 张德华．模糊综合安全评价中初始软划分矩阵的确定[J]．武汉工业大学学报，1997(01)：92-95．

[19] 徐淳．城市规划设计各阶段土方控制方法探讨[J]．江苏城市规划，2020(05)：44-46．

[20] 江朝华，潘跃鹏，冷杰，等．砂性弃土制备免烧砖试验研究[J]．硅酸盐通报，2015，34(11)：3116-3121．

[21] 姚清松，蔡坤坤，刘超，等．粉质黏土地层基坑渣土免烧砖配比及力学性能研究[J]．隧道建设(中英文)，2020，40(S1)：145-151．

[22] 吴学东．如何用工业废渣、建筑渣土、污淤泥生产合格的烧结砖[J]．砖瓦世界，2020，(01)：50-51＋36

[23] 刘阳，陈子升．高岭土的改性及其应用研究[J]．中国陶瓷，2020，56(03)：74-78．

[24] 张灵．利用建筑垃圾和工业废渣制备新型烧结砖及其性能研究[D]．郑州：郑州大学，2019．

# 3 工程渣土理化性能数据库

目前，我国工程渣土未得到有效处理和处置，其中理化特性的地域化差异是制约工程渣土资源化的重要因素，现阶段我国在该领域的成果较为匮乏，因此建立起较为完善的工程渣土性能等级评价体系和完整的理化特性及资源化利用数据库具有重要意义。首先，本章介绍了渣土数据库领域的研究现状，基于文献资料分析了国内外的研究阶段；其次，基于数据库的建设思路，确立建设方案，包括渣土样本取样区域的选择思路、取样方法、确立相关性能指标、数据资源的获取方式；再次，笔者以西安市数据库建设为试点开展介绍，包括西安市渣土样本点的选取、方案的选择、数据收集、明晰建设流程；最后，建立全国典型地区渣土理化特性数据库，形成软件开发与数据运行，包括 12 个典型地区城市，为全国渣土资源化利用工作提供数据支撑。

## 3.1 工程渣土数据库研究现状

### 3.1.1 国内研究现状

我国在 2003 年 1 月颁布了《城市建筑垃圾和工程渣土管理规定》。2004 年 5 月 12 日，南京市施行《南京建筑垃圾和渣土处置管理规定》。我国各城市在工程渣土资源分类和综合利用上做了很多工作，并明确了建筑垃圾和渣土处置实行"谁产生、谁负责处置"和"统一管理、资源利用"的原则。2011 年 8 月施行《固体废物污染防治法》。

目前，工程渣土还占整个城市垃圾总量的 40% 以上，绝大多数工程渣土未进行必要分类，而是直接进行填埋，占用大量土地资源，同时，运输过程中产生的抛洒滴漏和粉尘等次生问题，给城市环境造成严重的环境灾害；而且，由于工程渣土运输造成的交通事故正呈现逐年上升趋势，此类交通事故成为城市管理者和市民关注的重要舆情。虽然目前部分城市开始着手验收工程渣土资源的分类和综合应用[1-3]，但该工作仍然处于探索和研究阶段，全国缺乏统一的相关法规保障，各地没有统一标准，各自为政。如武汉市采取堆山造景方式消纳工程渣土，邯郸市用工程渣土开发新型节能墙体材料，南京市将工程渣土填埋以前的矿坑等。目前国内在渣土数据库方面的研究较少，鲜有报道。

### 3.1.2 国外研究现状

发达国家[4]主要采取的方法是"工程渣土源头消减策略"，对工程渣土控制主要以事前为主，通过科学管理和有效控制措施，在工程渣土形成之前，进行减量化；并对工程渣土采取科学方法，使其变成再生资源。各国做法不尽相同，如德国在 20 世纪 90 年代颁布了《循环经济与废物管理办法》，对废物处理理念是：减量产生→循环利用→最终处理，将废物产生和消纳规划为一套完整的循环经济体系；工程渣土利用主要采取步骤是：粉碎→用磁铁除去金属杂质→铺路。在 20 世纪 70 年代，日本政府制定了《再生骨料和再生混凝土使用规范》，20 世纪 90 年代，又制定了《资源重新利用促进法》，这些法规指导方针是建筑渣土尽可能不出施工现场，尽可能重新利用，重新利用有困难的则缴纳必要的处置费。日本建筑渣土资源化率已达到 98%。美国在 20 世纪 70 年代制定了《固体废弃物处置法》，各州根据自身情况制定了相应的再生资源循环利用法规，美国政府还在《超级基金法》中规定"任何生产有工业废弃物的企业，必须自行妥善处理，不得擅自随意倾卸"；对直接填埋处理的企业，收取高额的处置费用。美国建筑渣土资源化率超过 90% 以上。但目前国外并没有渣土数据库方面的研究与报道。

## 3.2 工程渣土数据库建设方案

### 3.2.1 工程渣土样本的取样区域

我国地域广阔，不同区域、同一区域的不同城市、同一城市的不同位置、同一位置的不同深度，其渣土性能各不相同，因此，渣土样本的取样对于渣土数据库的建立尤为重要。

**1. 确定工程渣土样本取样城市**

渣土样本取样城市的选择以我国典型地质地区划分为基础，优先考虑建筑垃圾迫切需要资源化的城市。经过仔细甄选，征求相关领域专家的意见，在全国范围内遴选出 12 个典型代表城市，各典型城市具体见表 3-1 所示。

表 3-1　典型取样城市

| 序号 | 取样区域 | 取样典型城市 |
| --- | --- | --- |
| 1 | 沿海地区 | 天津 |
| 2 | 新疆地区 | 乌鲁木齐 |
| 3 | 西北地区 | 西安 |
| 4 | 西南地区 | 成都 |
| 5 | | 昆明 |
| 6 | 华北地区 | 北京 |
| 7 | | 沧州 |
| 8 | | 郑州 |
| 9 | | 徐州 |
| 10 | 华中地区 | 武汉 |
| 11 | 华南地区 | 深圳 |
| 12 | 东北地区 | 沈阳 |

**2. 各城市渣土样本取样点的确定方法**

分析各城市地质状况，在每个城市的取样点以"地质分布＋行政区域"相结合的原则进行选择，确保取样点具有代表性和全面性。另外，针对各个城市的具体情况，选取部分特殊的具有典型代表性的位置进行取样，最终以"地质分布＋行政区域＋特殊化"的原则进行各个城市渣土样本的取样。

**3. 渣土样本取样点的取样采集深度**

渣土的物理化学性能还与渣土深度有关，取样深度采用"固定化＋特殊化"的原则进行选取。其中固定化为常规取样，取四种不同深度的渣土样本：（1）取样深度为地面以下 0～2m；（2）取样深度为地面以下 2～4m；（3）取样深度为地面以下 4～6m；（4）取样深度为地面以下＞6m。特殊化取样根据各个城市地质条件确定取样深度。

## 3.2.2 工程渣土样本的取样方法

根据"地质分布＋行政区域＋特殊化"原则，确定城市取样点，然后进行取样。经过咨询和调研，可采用 3 种取样方法用于渣土样本的取样。

**1. 实际工程取样法**

在确定的取样点附近，选取一个在建的工程，在工程施工开挖过程中取样。该取样方法操作简单，无需专门的取样工具，但需要和施工单位进行充分沟通协调，花费时间可能较长，且应特别注意取样过程中的人身安全。

**2. 岩土勘察法取样**

参考岩土勘察相关规范，采用岩土勘察取样工具和相关方法进行取样，具体为：（1）探井法，采用机械洛阳铲，在井壁人工刻取；（2）钻探法，采用车载钻机进行钻探。该取样方法需要专门的取样工具，同时取样操作复杂，需要专门学习和培训，且取样过程中需要多人配合共同作业。但该方法取样不需要外单位过多协助，沟通协调工作量小，且可以集中在 1～2 周内连续取样，所用取样点的取样可以在较短的时间内完成。

**3. 委托取样**

选定取样地点，并与取样点单位沟通完成后，委托具有钻探取样能力的勘察单位，进行专业钻探取样。该方法取样工作任务较少，且取样较为专业，取得的渣土样本更加具有代表性，但该方法可能需要花费一定的委托费用。

取样应保证在 4 种不同深度内均匀取样，每个取样点每个取样深度范围取样质量不少于 1～20kg（根据不同渣土的类别确定取样质量）。应该标明取样城市、取样具体位置、取样深度等具体信息，具体见表 3-2 所示。

表 3-2　渣土样品备注单

| 取样城市 | 取样位置 | 取样处工程名称 | 取样深度 | 取样时间 | 取样人 | 取样单位 |
|---|---|---|---|---|---|---|
|  |  |  |  |  |  |  |

## 3.2.3 工程渣土样本的理化性能检测指标

建立的渣土理化性能指标数据库应该具有普遍适用性，但由于不同类型渣土可以资源化利用的途径不尽相同，需要针对不同类型渣土突出重点指标，以期为其最终资源化利用提供更加有利的技术支持。

由于土的种类繁多，性能也各不相同，用途各不相同，同时土的物理性能指标、力学性能指标、化学性能指标多达五六十项。如果检测每一种类的渣土的全部指标，那么由于渣土资源化利用的途径限制，许多指标无法为最终利用提供任何参考价值，这会导致检测大量无用指标，造成人力物力的极大浪费。同时，土的部分指标具有针对性，比如液塑限指标，该指标是针对粉土、黏性土和特殊土的专门性指标，岩石、碎石土、砂土根本无法进行检测。因此，应从不同种类土固有属性的角度考虑，制定检测指标。

工程渣土物理化学性能指标的检测按以下步骤进行。

**1. 渣土种类的初步判断**

土的种类繁多，具体可分为岩石、碎石土、砂土、粉土、黏性土和特殊土（如淤泥和淤泥质土、泥碳、人工填土等）。建筑中产生的渣土大多为砂土、粉土、黏性土和特殊土。其中砂土又分为砾砂、粗砂、中砂、细砂和粉砂以及密实、中密、稍密和松散砂土；黏性土又可分为黏土、粉质黏土以及坚硬、硬塑、可塑、软塑和流塑等黏性土。同时黏性土之外的土又可统称为无黏性土。

通过渣土样品的外观和颗粒状态，初步判断渣土为岩石、碎石土、砂土、粉土、黏性土和特殊土中的哪一类土，然后针对渣土样品的具体类型开展具体性能检测。

**2. 不同种类渣土检测指标的选取**

（1）岩石、碎石土、砂土

砂土可以直接作为骨料用于生产混凝土、稳定土基层、石灰稳定土（石灰土、石灰稳定砂砾土、石灰碎石土等），也可以直接作为回填材料。岩石、碎石土需要破碎后使用，具体用途同砂土。

通过渣土样品外观检测，确定渣土为砂土（或破碎后的岩石、碎石土）后，可参照《建设用卵石、碎石》（GB/T 14685—2011）、《建设用砂》（GB/T 14684—2011）、《普通混凝土用砂、石质量及检验方法标准》（JGJ 52—2006）、《公路工程集料试验规程》（JTG E42—2005）等相关标准开展物理性能检测。具体检测指标见表 3-3。

表 3-3 岩石、碎石土、砂土物理性能指标

| 含水率 | 表观密度 | 松散堆积密度 | 紧密堆积密度 | 空隙率 | 吸水率 | 含泥量 | 泥块含量 | 压碎值 | 针片状 | 细度模数 | 颗粒级配 | 最大粒径 |
|---|---|---|---|---|---|---|---|---|---|---|---|---|
| | | | | | | | | | | | | |

备注：针片状指标只针对于砂土中颗粒粒径>5mm 的部分；细度模数指标只针对于砂土中颗粒粒径<5mm 的部分。

（2）粉土、黏性土和特殊土

粉土、黏性土和特殊土中的部分土可以用于生产稳定土基层、石灰稳定土，也可以直接作为回填土，部分土还可以用来烧结制品。因此，针对这些渣土，需要检测其物理指标、力学性能指标和化学指标，具体指标见表 3-4、表 3-5 所示。

表 3-4 粉土、黏性土和特殊土物理力学性能指标

| 质量密度 $\rho$ (g/cm³) | 天然含水量 $\omega$ (%) | 土粒相对密度 $G_s$ | 天然孔隙比 $e$ | 重力密度 $\gamma$ (kN/m³) | 饱和度 $S_r$ (%) | 干密度 $\rho_d$ (g/cm³) | 饱和密度 $\rho_{sat}$ (g/cm³) | 液限 $\omega_L$ (%) | 塑限 $\omega_p$ (%) | 液性指数 IL | 塑性指数 IP | 直剪 | | 压缩系数 | | 压缩模量 | |
|---|---|---|---|---|---|---|---|---|---|---|---|---|---|---|---|---|---|
| | | | | | | | | | | | | 内摩擦角 $\varphi_c$ (度) (固快) | 粘聚力 $C_c$ (kPa) (固快) | $\alpha$ 0.1～0.2 (1/MPa) | $\alpha$ 0.2～0.3 (1/MPa) | $E_s$ 0.1～0.2 (MPa) | $E_s$ 0.2～0.3 (MPa) |

表 3-5  粉土、黏性土和特殊土化学性能指标

| $SiO_2$ | $Fe_2O_3$ | $Al_2O_3$ | CaO | MgO | 酸碱度 | 含硫量 | 烧失量 |
|---------|-----------|-----------|-----|-----|--------|--------|--------|
| — | — | — | — | — | — | — | — |

### 3.2.4  工程渣土理化性能数据的获取方式

1. 利用文献调研法进行部分理化性能指标的收集整理。根据各典型城市确定的取样位置，收集相关文献资料，例如岩土工程勘察报告等。

2. 采用样本取样检测的方式确定其他的物理及力学性能指标、化学性能指标。在文献资料收集的物理性能、力学性能及化学指标的基础之上，查缺补漏，对未收集到的物理性能、力学性能及化学指标进行补充检测，最终完成数据库数据的收集。

## 3.3  数据库建设试点

为了保证渣土样品位置选取和渣土取样的有效性和科学合理性，前期在陕西省西安市开展工程渣土样本取样试点研究。在西安市试点研究的基础上，完善工程渣土样本取样方案，其他 11 个城市按照该完善后方案开展渣土取样点的布置和选取。这样可以避免同时开展取样带来的人力、物力、时间的浪费。

### 3.3.1  西安市工程渣土样本点的选择

**1. 城市的行政区划信息**

西安市下辖 11 个区（新城区、碑林区、莲湖区、雁塔区、灞桥区、未央区、阎良区、临潼区、长安区、高陵区、鄠邑区）、2 个县（蓝田县、周至县），西安市行政区划图和各行政区面积分别见图 3-1 和表 3-6 所示。而根据方案要求及实际情况，需要对样本点的选择进行部分区域的取舍。

图 3-1  西安市行政区划图

表 3-6　西安市行政区名称、面积

| 行政区 | 面积（km²） | 区（县）政府驻地 |
|---|---|---|
| 未央区 | 264.41 | 张家堡街道 |
| 新城区 | 30.13 | 西一路街道 |
| 碑林区 | 23.37 | 张家村街道 |
| 莲湖区 | 38.32 | 北院门街道 |
| 灞桥区 | 324.50 | 纺织城街道 |
| 雁塔区 | 151.44 | 小寨路街道 |
| 阎良区 | 244.55 | 凤凰路街道 |
| 临潼区 | 915.97 | 骊山街道 |
| 长安区 | 1588.53 | 韦曲街道 |
| 高陵区 | 285.03 | 鹿苑街道 |
| 鄠邑区 | 1279.42 | 甘亭街道 |
| 蓝田县 | 2005.95 | 蓝关街道 |
| 周至县 | 2945.20 | 二曲街道 |

（1）根据西安市行政区划图和西安市各行政区面积可知，新城区、碑林区、莲湖区三区紧邻，均位居西安市中心区域，城市建设量较大，因此在三个区各选取一个点为取样布置点。

（2）鄠邑区、周至县相邻，距离西安市区较远，且均位于西安市区的西南方，因此，2个区域中选取距离西安更近的、作为西安城市副中心的鄠邑区作为渣土样本取样点。

（3）阎良区、高陵区相邻，距离西安市区均较远，因此，2个区域各选择其中一个点作为渣土样本取样点。

（4）其他重要区域均选择一个渣土样本取样点。

综合分析，最终在西安市内选取 11 个渣土样本取样点，分别布置在新城区、雁塔区、灞桥区、未央区、阎良区、临潼区、长安区、莲湖区、鄠邑区、碑林区、高陵区。

**2. 城市重点工程调研**

收集西安市在建的一些重大工程如表 3-7 所示，结合各区的在建工程，选择各行政区内的重大工程、典型工程。另外，西安市还有一些跨区的重点工程，主要有：地铁 5 号线、地铁 5 号线二期、地铁 6 号线、地铁 6 号线二期、地铁 1 号线二期、地铁 9 号线、地铁 13 号线、地铁 14 号线；西银高铁、西安至韩城城际铁路、西安至法门寺城际铁路等重大工程。表 3-8 为西安市各行政区渣土取样地点。

表 3-7　西安市各行政区重点工程汇总表

| 行政区 | 工程 | 建设地址 | 建设规模及主要建设内容 | 建设起止年限 | 总投资（亿） | 项目类型 |
|---|---|---|---|---|---|---|
| 未央区 | 未央华侨城汉城湖主题文化综合项目 | 南临北二环，东临朱宏路，内侧与汉城湖公园相接，西至北二环与西二环交界处 | 地上约 54 万 m²，地下约 60 万 m²，主要建设双创街区及总部基地 | 2018—2023 | 200.0 | 服务业 |

| 行政区 | 工程 | 建设地址 | 建设规模及主要建设内容 | 建设起止年限 | 总投资（亿） | 项目类型 |
|---|---|---|---|---|---|---|
| 未央区 | 西安市未央区徐家湾地区综合改造项目 | 北至绕城高速，东至北辰大道，南至凤城五路，西至经开区东界 | 占地面积约 12km²，其中一期规划面积约 406 万 m² | 2018—2025 | 130.0 | 城棚改项目 |
| | 碧桂园·凤凰城建设项目 | 北辰大道与北三环立交西北角 | 总占地 143.7 万 m²，本期建筑面积 52 万 m²，主要建设 24 栋商业住宅楼 | 2010—2020 | 50.0 | 房地产 |
| 新城区 | 幸福林带建设工程 | 北起华清路，南至西影路，西起万寿路，东至幸福路 | 占地 75.6 万 m²，建设面积 91 万 m²，包括综合管廊、地铁 8 号线区间、市政道路、地下空间开发、地上景观等 | 2016—2019 | 200.0 | 市政 |
| | 西安市体育场改造 | 东起尚德路，西至皇城东路，北起西五路，南至人民大厦 | 占地约 14.1 万 m²，建筑面积约 19.34 万 m² | 2017—2020 | 32.0 | 文化体育 |
| | 西安火车站改扩建工程 | 东起太华路，西至西安车辆段家属院，北起自强东路，南至陇海铁路线 | 完成火车站北广场、枢纽配套、地下停车场建设，还建铁路局相关设施 | 2018—2022 | 50.0 | 铁路 |
| | 韩南、韩北城中村改造 | 韩南村、韩北村 | 占地 36.3 万 m²，建筑面积约 100 万 m² | 2012—2022 | 110.0 | 城中村改造 |
| 灞桥区 | 西安奥林匹克体育中心 | 西安国际港务区 | 总规划面积约 400 万 m²，总建筑面积约 300 万 m² | 2017—2020 | 170.0 | 文化体育 |
| | 西安丝路国际会展中心 | 灞河东路与世博大道之间，包含世博园及东三环 | 占地 86.7 万 m²，总建筑面积约 60 万 m²，203 个重大项目 | 2017—2020（一期） | 1600.0（一期 53.0） | 文化体育 |
| | 高科绿水东城 | 项目东至纺渭路，西至纺桥路，南至灞瑞二路，北至西临高速 | 项目占地面积 16.9 万 m²，建筑总面积 80 万 m² 的房地产住宅及商业配套设施 | 2014—2019 | 40.0 | 房地产 |
| 雁塔区 | 西沣路地区城市综合改造金地城改项目 | 西沣路东、南三环南、子午大道西 | 占地 80.9 万 m²，总建筑面积 337 万 m²，其中商业面积 44 万 m² | 2011—2020 | 150.0 | 城改 |
| | 西八里地区综合改造 | 长安南路西，健康东路南 | 占地约 17.8 万 m²，总建筑面积 135 万 m² | 2017—2026 | 180.0 | 城改 |
| | 西安国际中心 | 长安南路 | 占地 13.8 万 m²，总建筑面积 117 万 m²，其中商业面积 50 万 m² | 2014—2018 | 70.0 | 文化体育 |

| 行政区 | 工程 | 建设地址 | 建设规模及主要建设内容 | 建设起止年限 | 总投资（亿） | 项目类型 |
|---|---|---|---|---|---|---|
| 阎良区 | 汉能移动能源产业园 | — | — | — | — | 新能源 |
| | 航空城大道地下综合管廊项目 | — | — | — | — | 市政 |
| | 大飞机关联厂房建设项目 | — | — | — | — | 制造 |
| 临潼区 | 秦王水景公园 | 渭水二路以南，渭北商务国际以东，湖东路以西 | 总规划用地面积约50.6万m²，项目总建筑面积约33700m² | 2017—2019 | 6.5 | 文化旅游 |
| | 恒大临潼温泉小镇项目 | — | | | 16.0 | 特色小镇 |
| 长安区 | 西安美院长安校区 | — | 总建面30.8万m² | — | 16.07 | 文化体育 |
| | 丝路艺术特色小镇 | 常宁新区主轴线子午大道以东、神禾二路以南 | — | | | 特色小镇 |
| | 昆明池工程 | — | 面积10.4km²，总库容4600万m²（一期已完工） | — | — | 水利 |
| 鄠邑区 | 荣华田园综合体项 | — | | 2018—2020 | 50.0 | 特色小镇 |
| | 祖庵镇重阳东市及美丽镇街项目 | — | | 2018—2020 | 10.0 | 特色小镇 |
| | 西安体育学院鄠邑校区一期工程 | 北起吕公路，南至黑牛机械有限公司北界和甘亭街办东马营村庄用地北界，西起规划路，东至潭峪河 | 新校区校园占地67.4万m²、总建筑面积36.5万m² | 2018—2020 | 23.1 | 文化体育 |
| 蓝田县 | 秦岭国际生态旅游一期项目 | — | 主要建设管理中心、休闲庭院、酒店示范区、森林公园、最美小径、区内道路、热井开采工程 | 2018—2022 | 39.05 | 文化旅游 |

续表

| 行政区 | 工程 | 建设地址 | 建设规模及主要建设内容 | 建设起止年限 | 总投资（亿） | 项目类型 |
|---|---|---|---|---|---|---|
| 蓝田县 | 绿城桃花源 | — | 项目占地 80 万 m²，主要建设旅游片区、民宿片区及片区内相关配套设施 | 2018—2020 | 30.0 | 房地产 |
| | 玉山田园综合体项目 | 玉山、九间房镇 | 以连片种植中草药为产业基础，配套冰雪运动及户外休闲运动，民宿等 | 2018—2020 | 50.0 | 文化旅游 |

表 3-8　西安市各行政区渣土取样地点

| 行政区 | 工程 | 建设单位 | 地点 |
|---|---|---|---|
| 未央区 | 西安市未央区徐家湾地区综合改造项目 | 中建方程投资发展有限公司 | 北至绕城高速，东至北辰大道，南至凤城五路，西至经开区东界 |
| 新城区 | 幸福林带建设工程 | 中建丝路投资集团 | 北起华清路，南至西影路，西起万寿路，东至幸福路 |
| 灞桥区 | 西安奥林匹克体育中心 | 华润集团 | 西安国际港务区 |
| 雁塔区 | 西安国际中心 | 陕西华侨城商业有限公司 | 长安南路 |
| 阎良区 | 汉能移动能源产业园 | 汉能集团 | — |
| 临潼区 | 地铁 9 号线 | — | — |
| 长安区 | 西安美院长安校区 | 西安美术学院 | — |
| 鄠邑区 | 西安体育学院鄠邑校区一期工程 | — | 北起吕公路，南至黑牛机械有限公司北界和甘亭街办东马营村庄用地北界，西起规划路，东至潭峪河 |
| 蓝田县 | 秦岭国际生态旅游一期项目 | | |
| 西咸新区 | 丝路国际中心 | 绿地集团 | 沣东新城 |

**3. 工程方的沟通**

在确定取样地点后，与取样地单位进行沟通，在取得取样点管理单位允许后，进行取样。

## 3.3.2　西安市工程渣土建设方案

按照"整体部署，分步实施"的原则推进工作，从西安地区地质特征、西安市建设规划调研、渣土信息数据收集、渣土取样试验等方面开展工作，具体如表 3-9 所示。

**表 3-9　西安市渣土数据库建设方案**

| 项目 | 具体内容 |
|---|---|
| 西安地区地质特征 | 从西安地区的水系、山脉、地质等形成的年代变化等演变特征方面，收集、分析、整理出西安地区各区、县的地质分布概况，并以地质分布图表现出来 |
| 西安市建设规划调研 | 收集西安市建设规划资料，分析、整理出西安市近、中和长期的城市建设规划发展情况 |
| 渣土信息数据收集 | ①收集历年的地勘报告，进行信息筛选、整理和汇总，尽可能收集齐全 |
| | ②收集其历年的地勘报告或报告中工程概况和渣土相关的部分内容 |
| 渣土取样试验 | ①取样试点：选择 3 个工程项目进行渣土取样，1 个现场机械钻探取样项目，2 个已开挖或正在开挖的项目，每项目选择 1 个取样点，每取样点选取 4 个不同深度的样品（0～2m、2～4m、4～6m 和 6m 以下），每个样品取 3 个样块 |
| | ②样品测试：送第三方检测机构开展检测 |
| | ③ 通过第 1、2 部分研究，总结出城市建设渣土取样代表性原则，并结合取样试点工作，确定西安地区渣土取样分布 |
| | ④完成渣土取样和测试工作 |
| | ⑤完成渣土数据收集，根据城市建设渣土取样代表性的原则，必要时取样补充渣土性能测试，充实数据库 |
| 建立数据库 | 建立西安市渣土数据库 |

## 3.3.3　西安市工程渣土数据收集

通过文献资料，主要以收集地勘报告等的形式获取物理力学性能，如图 3-2 所示。

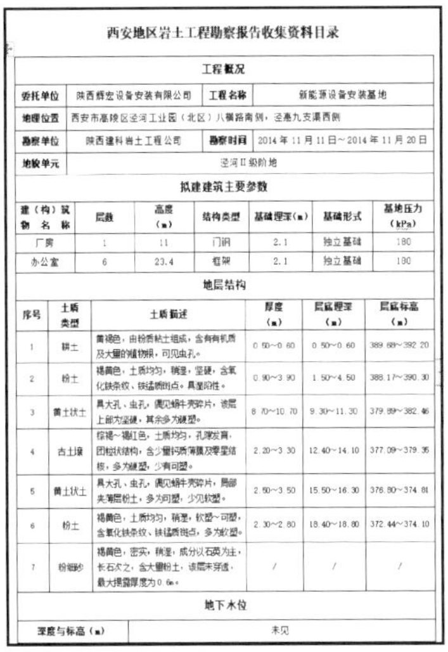

西安地区岩土工程勘察报告收集资料目录

| 工程概况 | | | |
|---|---|---|---|
| 委托单位 | 陕西辉宏设备安装有限公司 | 工程名称 | 新能源设备安装基地 |
| 地理位置 | 西安市高陵区泾河工业园（北区）八横路南侧，泾惠九支渠西侧 | | |
| 勘察单位 | 陕西建科岩土工程公司 | 勘察时间 | 2014 年 11 月 11 日～2014 年 11 月 20 日 |
| 地貌单元 | 泾河Ⅱ级阶地 | | |

拟建建筑主要参数

| 建（构）筑物名称 | 层数 | 高度（m） | 结构类型 | 基础埋深（m） | 基础形式 | 基地压力（kPa） |
|---|---|---|---|---|---|---|
| 厂房 | 1 | 11 | 门钢 | 2.1 | 独立基础 | 180 |
| 办公室 | 6 | 23.4 | 框架 | 2.1 | 独立基础 | 180 |

地层结构

| 序号 | 土质类型 | 土质描述 | 厚度（m） | 层底埋深（m） | 层底标高（m） |
|---|---|---|---|---|---|
| 1 | 耕土 | 黄褐色，由粉质粘土组成，含有有机质及大量的植物根，可见虫孔。 | 0.50～0.60 | 0.50～0.60 | 389.68～392.20 |
| 2 | 粉土 | 褐黄色，土质均匀，稍湿，坚硬，含氧化铁条纹、铁锰质斑点。具湿陷性。 | 0.90～3.90 | 1.50～4.50 | 388.17～390.30 |
| 3 | 黄土状土 | 具大孔、虫孔，偶见蜗牛壳碎片，该层上部为坚硬，其余多为硬塑。 | 8.70～10.70 | 9.30～11.30 | 379.89～382.46 |
| 4 | 古土壤 | 棕褐～褐红色，土质均匀，孔隙发育，团粒状结构，含少量钙质薄膜及零星结核，多为硬塑，少有可塑。 | 2.20～3.30 | 12.40～14.10 | 377.09～379.35 |
| 5 | 黄土状土 | 具大孔、虫孔，偶见蜗牛壳碎片，局部夹薄层粉土，多为可塑，少见软塑。 | 2.50～3.50 | 15.50～16.30 | 376.80～374.81 |
| 6 | 粉土 | 褐黄色，土质均匀，稍湿，软塑～可塑，含氧化铁条纹、铁锰质斑点，多为软塑。 | 2.30～2.80 | 18.40～18.80 | 372.44～374.10 |
| 7 | 粉细砂 | 褐黄色，密实，稍湿，成分以石英为主，长石次之，含大量粉土，该层未穿透，最大揭露厚度为 0.6m。 | / | / | / |

| 地下水位 | |
|---|---|
| 深度与标高（m） | 未见 |

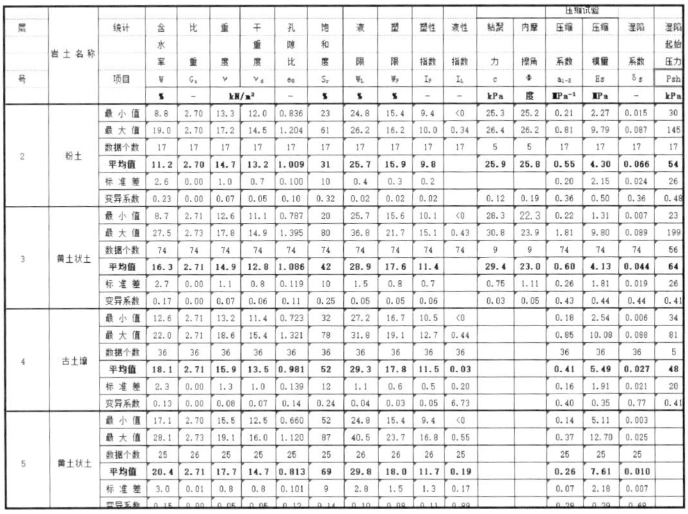

| 层号 | 岩土名称 | 统计项目 | 含水率 W | 比重 $G_s$ | 重度 γ | 干重度 $γ_d$ | 孔隙比 $e_0$ | 饱和度 $S_r$ | 液限 $W_L$ | 塑限 $W_P$ | 塑性指数 $I_P$ | 液性指数 $I_L$ | 粘聚力 c | 内摩擦角 Φ | 压缩试验 压缩系数 $a_{1-2}$ | 压缩试验 压缩模量 Es | 湿陷系数 $δ_s$ | 湿陷起始压力 Psh |
|---|---|---|---|---|---|---|---|---|---|---|---|---|---|---|---|---|---|---|
| | | | % | – | kN/m³ | kN/m³ | – | % | % | % | – | – | kPa | 度 | $MPa^{-1}$ | MPa | – | kPa |
| 2 | 粉土 | 最小值 | 8.8 | 2.70 | 13.3 | 12.0 | 0.836 | 23 | 24.8 | 15.4 | 9.4 | <0 | 25.3 | 25.2 | 0.21 | 2.27 | 0.015 | 30 |
| | | 最大值 | 19.0 | 2.70 | 17.2 | 14.5 | 1.204 | 61 | 26.2 | 16.2 | 10.0 | 0.34 | 26.4 | 26.2 | 0.81 | 9.79 | 0.087 | 145 |
| | | 数据个数 | 17 | 17 | 17 | 17 | 17 | 17 | 17 | 17 | 17 | 17 | 5 | 5 | 17 | 17 | 17 | 17 |
| | | **平均值** | **11.2** | **2.70** | **14.7** | **13.2** | **1.009** | **31** | **25.7** | **15.9** | **9.8** | | **25.9** | **25.8** | **0.55** | **4.30** | **0.066** | **54** |
| | | 标准差 | 2.6 | 0.00 | 1.0 | 0.7 | 0.100 | 10 | 0.4 | 0.3 | 0.2 | | | | 0.20 | 2.15 | 0.024 | 26 |
| | | 变异系数 | 0.23 | 0.00 | 0.07 | 0.05 | 0.10 | 0.32 | 0.02 | 0.02 | 0.02 | | 0.12 | 0.19 | 0.36 | 0.50 | 0.36 | 0.48 |
| 3 | 黄土状土 | 最小值 | 8.7 | 2.71 | 12.6 | 11.1 | 0.787 | 20 | 25.7 | 15.6 | 10.1 | <0 | 28.3 | 22.3 | 0.22 | 1.31 | 0.007 | 23 |
| | | 最大值 | 27.5 | 2.73 | 17.8 | 14.9 | 1.395 | 80 | 36.8 | 21.7 | 15.1 | 0.43 | 30.8 | 23.9 | 1.81 | 9.80 | 0.089 | 199 |
| | | 数据个数 | 74 | 74 | 74 | 74 | 74 | 74 | 74 | 74 | 74 | 74 | 9 | 9 | 74 | 74 | 74 | 56 |
| | | **平均值** | **16.3** | **2.71** | **14.9** | **12.8** | **1.086** | **42** | **28.9** | **17.6** | **11.4** | | **29.4** | **23.0** | **0.60** | **4.13** | **0.044** | **64** |
| | | 标准差 | 2.7 | 0.00 | 1.1 | 0.8 | 0.119 | 10 | 1.5 | 0.8 | 0.7 | | 0.75 | 1.11 | 0.26 | 1.81 | 0.019 | 26 |
| | | 变异系数 | 0.17 | 0.00 | 0.07 | 0.06 | 0.11 | 0.25 | 0.05 | 0.05 | 0.06 | | 0.03 | 0.05 | 0.43 | 0.44 | 0.44 | 0.41 |
| 4 | 古土壤 | 最小值 | 12.6 | 2.71 | 13.2 | 11.4 | 0.723 | 32 | 27.2 | 16.7 | 10.5 | <0 | | | 0.18 | 2.54 | 0.006 | 34 |
| | | 最大值 | 22.0 | 2.71 | 18.6 | 15.4 | 1.321 | 78 | 31.8 | 19.1 | 12.7 | 0.44 | | | 0.85 | 10.08 | 0.088 | 81 |
| | | 数据个数 | 36 | 36 | 36 | 36 | 36 | 36 | 36 | 36 | 36 | 36 | | | 36 | 36 | 36 | 5 |
| | | **平均值** | **18.1** | **2.71** | **15.9** | **13.5** | **0.981** | **52** | **29.3** | **17.8** | **11.5** | **0.03** | | | **0.41** | **5.49** | **0.027** | **48** |
| | | 标准差 | 2.3 | 0.00 | 1.3 | 1.0 | 0.139 | 12 | 1.1 | 0.6 | 0.5 | 0.20 | | | 0.16 | 1.91 | 0.021 | 20 |
| | | 变异系数 | 0.13 | 0.00 | 0.08 | 0.07 | 0.14 | 0.24 | 0.04 | 0.03 | 0.05 | 6.73 | | | 0.40 | 0.35 | 0.77 | 0.41 |
| 5 | 黄土状土 | 最小值 | 17.1 | 2.70 | 15.5 | 12.5 | 0.660 | 52 | 24.8 | 15.4 | 9.4 | <0 | | | 0.14 | 5.11 | 0.003 | |
| | | 最大值 | 28.1 | 2.73 | 19.1 | 16.0 | 1.120 | 87 | 40.5 | 23.7 | 16.8 | 0.55 | | | 0.37 | 12.70 | 0.025 | |
| | | 数据个数 | 25 | 26 | 25 | 25 | 25 | 25 | 26 | 26 | 26 | 25 | | | 25 | 25 | 25 | |
| | | **平均值** | **20.4** | **2.71** | **17.7** | **14.7** | **0.813** | **69** | **29.8** | **18.0** | **11.7** | **0.19** | | | **0.26** | **7.61** | **0.010** | |
| | | 标准差 | 3.0 | 0.01 | 0.8 | 0.8 | 0.101 | 9 | 2.8 | 1.5 | 1.3 | 0.17 | | | 0.07 | 2.18 | 0.007 | |
| | | 变异系数 | 0.15 | 0.00 | 0.05 | 0.05 | 0.12 | 0.14 | 0.10 | 0.08 | 0.11 | 0.89 | | | 0.28 | 0.29 | 0.68 | |

图 3-2　渣土理化性能数据收集

## 3.3.4　西安市工程渣土取样及检测

根据数据库的要求，对于通过文献资料未收集到的数据，采用取样、送检的方式获取数据，补充完善数据库。

**1. 渣土的取样**

渣土现场取样及样品处理如图 3-3 和图 3-4 所示。

图 3-3　渣土现场取样

图 3-4　渣土样品处理

**2. 渣土的数据检测**

渣土的物理力学性能和化学性能检测数据如图 3-5 和图 3-6 所示。

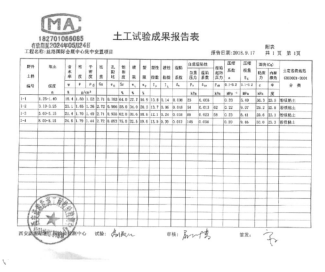

图 3-5　物理力学性能检测数据

# 检 测 报 告
## Test Report

西测检 第 20E087 号

产品名称：　　　　土壤样　　
Product　Name

委托单位：　陕西省建筑科学研究院有限公司
Trust　Enterprise

检测类别：　　　委托检测　　
Test　Category

报告日期：　2020 年 7 月 29 日
Report Date

**国土资源部西安矿产资源监督检测中心**
检 测 报 告

| | | | 第 1 页 共 2 页 |
|---|---|---|---|
| 委托单位：陕西省建筑科学研究院有限公司 | | | |
| 产品名称 | 土壤样 | 样品状态 | 固体颗粒 |
| 样品数量 | 16 | 送样日期 | 2020 年 7 月 16 日 |
| 检测编号 | 20E087-0001~0016 | 检测依据 | HJ 780-2015 LY/T 1239-1999 LY/T 1253-1999 DZ/T 0279.28-2016 |
| 检测项目 | Al₂O₃、CaO、LOI、MgO、pH、S、SiO₂、TFe₂O₃ | | |
| 主要仪器 | 仪器名称 X 射线荧光光谱仪 | 环境条件 | 温度(℃) 24 |
| 测仪器 | 仪器型号 ZSX PrimusIV | | 湿度(%) 60 |

数据报告

（数据报告见下页）

签发日期：2020 年 7 月 23 日

批准：　　审核：　　主检：

备注：由于样品编号中包含标准物质样品，与委托编号对应的样品编号不连续。

**国土资源部西安矿产资源监督检测中心**
检 测 报 告

送样单位：陕西省建筑科学研究院有限公司　　　　　第2页共2页

| 检测编号 | 送样编号 | Al₂O₃ % | CaO % | LOI % | MgO % | pH / | S mg/kg | SiO₂ % | TFe₂O₃ % |
|---|---|---|---|---|---|---|---|---|---|
| 20E087-0001 | 长安区-1 | 13.09 | 8.11 | 8.98 | 2.17 | 8.52 | 127 | 55.42 | 4.80 |
| 20E087-0002 | 长安区-3 | 13.37 | 6.98 | 9.05 | 2.14 | 8.55 | 127 | 56.55 | 5.10 |
| 20E087-0003 | 长安区-5 | 13.20 | 7.72 | 8.83 | 2.21 | 8.55 | 127 | 55.83 | 4.91 |
| 20E087-0004 | 长安区-7 | 16.06 | 1.56 | 6.16 | 2.22 | 8.17 | 137 | 60.88 | 6.35 |
| 20E087-0005 | 未央区-1 | 15.02 | 1.72 | 5.34 | 2.04 | 8.46 | 98.4 | 63.49 | 5.47 |
| 20E087-0006 | 未央区-3 | 15.13 | 1.47 | 5.29 | 2.05 | 8.41 | 90.1 | 63.61 | 5.50 |
| 20E087-0007 | 未央区-5 | 13.00 | 7.99 | 9.08 | 2.14 | 8.51 | 121 | 55.94 | 4.72 |
| 20E087-0008 | 未央区-7 | 13.66 | 6.14 | 8.44 | 2.18 | 8.59 | 117 | 57.47 | 5.17 |
| 20E087-0009 | 碑林区-1 | 15.10 | 1.78 | 5.65 | 1.99 | 8.40 | 83.5 | 63.25 | 5.49 |
| 20E087-0010 | 碑林区-3 | 15.14 | 1.63 | 5.39 | 2.03 | 8.33 | 85.9 | 63.36 | 5.50 |
| 20E087-0011 | 碑林区-5 | 13.15 | 7.73 | 9.31 | 2.17 | 8.55 | 116 | 56.09 | 4.87 |
| 20E087-0012 | 碑林区-7 | 13.11 | 7.68 | 8.92 | 2.15 | 8.57 | 132 | 56.16 | 4.83 |
| 20E087-0013 | 阎良区-1 | 12.62 | 9.31 | 10.10 | 2.55 | 8.70 | 196 | 53.51 | 4.52 |
| 20E087-0014 | 阎良区-3 | 12.54 | 8.78 | 9.69 | 2.23 | 8.70 | 153 | 54.57 | 4.43 |
| 20E087-0015 | 阎良区-5 | 12.35 | 9.44 | 10.09 | 2.24 | 8.73 | 138 | 53.64 | 4.38 |
| 20E087-0016 | 阎良区-7 | 12.89 | 8.05 | 9.27 | 2.53 | 8.91 | 164 | 55.48 | 4.61 |

制表：　　　　　　校核：

图 3-6　化学性能检测数据

### 3.3.5　西安市工程渣土数据库的建立

最终，通过"文献资料收集＋取样检测"的方式，完成西安地区渣土数据库的建立，如图 3-7 所示。

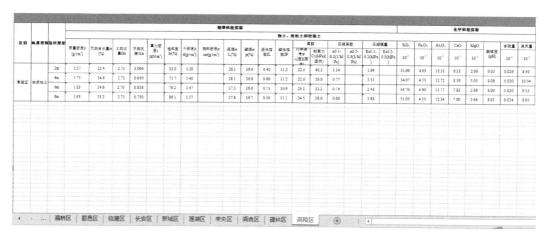

图 3-7　西安地区渣土数据库

## 3.3.6　案例分析

以西安市临潼区某绿色混凝土综合产业园项目、陕西省某勘察项目作为案列，介绍以地勘形式获取工程渣土数据的情况。

**1. 西安市临潼区某绿色混凝土综合产业园项目**

西安市临潼区某绿色混凝土综合产业园岩土工程详细勘察工作，是受中建西部建设北方有限公司委托，根据构筑物布置情况，由陕西西安建材地质工程勘察院于 2017 年 1 月完成。

1）基本概况

（1）工程概况

拟建建筑物设计参数列于表 3-10。

**表 3-10　建筑物有关设计参数**

| 建(构)筑物名称 | 层数 | 高度 (m) | 结构类型 | 建(构)筑物及主要设备基础 | | | |
|---|---|---|---|---|---|---|---|
| | | | | 基础形式 | 尺寸 (m×m) | 埋置深度 (m) | 基底荷载值标准值(kPa)(满堂) |
| 综合料仓 | 2F/1F | 15.0 | 网架 | 柱下独立基础 | 125×96 | -1.8 | 200 |
| 综合办公楼 | 2F | 7.2 | 框架 | 柱下独立基础 | 37.5×13.2 | -1.8 | 200 |
| 生活辅助楼 | 3F | 10.8 | 框架 | 柱下独立基础 | 42×18 | -1.8 | 200 |
| 汽修间及汽修库 | 1F | 10 | 门刚 | 柱下独立基础 | 20×10 | -1.8 | 200 |
| 材料库房 | 1F | 3.6 | 砌体 | 条基 | 10×4 | -1.5 | 180 |
| 搅拌楼 | 2F | 10 | 框架 | 桩基/独基 | 24×10 | -2.5 | 300 |
| 外加剂办公区 | 1F | 3.6 | 砌体 | 条基 | 42×4 | -1.5 | 180 |

| 建(构)筑物名称 | 层数 | 高度(m) | 结构类型 | 建(构)筑物及主要设备基础 | | | |
|---|---|---|---|---|---|---|---|
| | | | | 基础形式 | 尺寸(m×m) | 埋置深度(m) | 基底荷载值标准值(kPa)(满堂) |
| 外加剂合成车间 | 1F | 10 | 门刚 | 独立基础 | 62×25 | −1.8 | 200 |
| 外加剂原料仓库 | 1F | 8 | 门刚 | 独立基础 | 36×25 | −1.8 | 200 |
| 调度中心 | 2F | 7.2 | 砌体 | 条基 | 12×5 | −1.5 | 200 |
| 化验室 | 1F | 3.6 | 砌体 | 条基 | 21×6 | −1.5 | 180 |
| 变电站 | 1F | 3.6 | 砌体 | 条基 | 10×4 | −1.5 | 180 |
| 材料科办公室 | 1F | 3.6 | 砌体 | 条基 | 14×6 | −1.5 | 180 |

（2）勘察目的与任务要求

根据设计方提供的《建(构)筑物地基岩土工程勘察任务委托书》，参照有关技术规范、规程的要求，本次岩土工程勘察以获得施工图设计阶段所需岩土工程资料为目的，其具体技术要求如下。

① 查明拟建场地地形、地貌；

② 查明拟建场地的地层结构，提供各层地基土的主要物理力学性质指标；

③ 查明拟建场地地下水类型、埋藏条件，评价其对工程建设的影响；

④ 查明场地内有无不良工程地质现象，提出评价和防治方案建议；

⑤ 评价拟建场地的稳定性、建筑适宜性；

⑥ 查明场地湿陷性黄土的分布、厚度，评价场地的湿陷类型及地基土的湿陷等级；

⑦ 评价地基土的强度，提供承载力特征值；

⑧ 评价地基土、地下水对地基基础的腐蚀性；

⑨ 评价场地土类型、建筑场地类别及地震稳定性；

⑩ 提出合理的地基处理措施与建议。

（3）勘察技术依据

本次勘察主要依据拟建建筑物布置平面图、设计单位提供的《建(构)筑物地基岩土工程勘察任务委托书》及下列规范、规程、标准及手册等。

①《岩土工程勘察规范（2009 年版）》（GB 50021—2001）；

②《建筑地基基础设计规范》（GB 50007—2011）；

③《湿陷性黄土地区建筑标准》（GB 50025—2018）；

④《建筑抗震设计规范（2016 年版）》（GB 50011—2010）；

⑤《建筑工程抗震设防分类标准》（GB 50223—2008）；

⑥《建筑与市政地基基础通用规范》（GB 55003—2021）；

⑦《土工试验方法标准》（GB/T 50123—2019）；

⑧《工程地质手册（第四版）》。

（4）勘察等级

依据《建筑工程抗震设防分类标准》（GB 50223—2008），拟建建（构）筑物抗震设防类别属丙类；依据《湿陷性黄土地区建筑标准》（GB 50025—2018），拟建建（构）筑物属丙类建筑；依据《建筑地基基础设计规范》（GB 50007—2011），拟建建（构）筑物地基基础设计等级除搅拌楼为乙级外，其余均为丙级。

依据《岩土工程勘察规范（2009年版）》（GB 50021—2001），拟建（构）建筑物工程重要性等级为二级，场地的复杂程度等级为三级，地基的复杂程度等级为一级，故拟建建（构）筑物岩土工程勘察等级为甲级。

2）勘察工作量布置与完成情况

（1）勘察工作量布置

根据《湿陷性黄土地区建筑规范》（GB 50025—2018）及设计方提供的拟建建（构）筑物平面布置图，沿拟建建（构）筑物轮廓线及中轴线布设勘探点，共布设勘探点44个，勘探线29条，勘探深度为15.0～40.0m，勘探点间距为10.0～49.1m。

（2）勘察工作方法

本次勘察主要采用钻探、井探、原位测试及室内土工试验等综合手段完成。

共布置探井9个，探井采用机械洛阳铲挖掘，深度为15.0～20.0m，土试样采用人工井壁刻槽法采取不扰动土样，试样质量等级为Ⅰ级。

共布置钻孔35个，其中取土试样钻孔16个，孔深15.0～40.0m；标准贯入试验孔8个，孔深15.0～40.0m；鉴别孔11个，孔深15.0～30.0m。钻孔采用DPP-100型汽车钻机螺旋钻具无水钻进，开孔孔径$\phi$150mm，终孔孔径$\phi$130mm，共投入2台汽车钻。地下水位以上用$\phi$127mm黄土薄壁取土器，静压法采取不扰动土样，试样质量等级为Ⅰ～Ⅱ级。

原位测试主要进行了标准贯入试验。

室内土工试验除进行了土的常规项目试验外，还做了黄土湿陷性试验、直剪试验、土壤腐蚀性分析试验等特殊项目试验。

（3）勘察工作完成情况

勘探点的施放是以设计单位提供的拟建建（构）筑物平面布置图为准，根据现场已有BM$_1$（$x$＝17973.765，$y$＝27091.865）、BM$_2$（$x$＝17931.227，$y$＝27225.165）坐标为准，采用全站仪施放完成的，高程采用假设高程基准，假设BM$_1$高程为$H_0$＝400.00m。

本次勘察完成的工作量详见勘察完成实物工作量表（表3-11）。

表3-11 勘察完成实物工作量表

| 序号 | 工作内容 | 单 位 | 工作量 |
|---|---|---|---|
| 1 | 勘探点测放 | 个 | 44 |
| 2 | 探井 | m/个 | 160/9 |
| 3 | 钻孔 | m/个 | 820/35 |
| 4 | 取样 | 组 | 381 |
| | 常规项目 | 组 | 381 |
| 5 | 土工试验湿陷性 | 组 | 371 |
| | 直剪 | 组 | 9 |
| 6 | 土壤腐蚀性分析 | 组 | 9 |

3）场地工程地质条件

（1）场地位置及地形、地貌

拟建工程场地位于西安市临潼区熊家湾村，有公路到达，交通较为便利。

勘察场地地貌单元属灞河三级阶地，该区地势平坦，视野开阔，周围多是村庄及田地，局部有黄土陡坎。拟建场地总体较为平整，西侧拆除场地与东侧和南侧场地存在陡坎，除综合料仓、汽修间及汽修库所在场地为田地外，其余是在拆除的物流公司和养殖场的场地上新建，高差介于 1～4m 之间（图 3-8）。

图 3-8　拟建场地地形地貌

（2）地层结构

据钻孔、探井揭露，结合区域地质、野外特征及室内土工试验成果，本次详勘在 40.0m 深度范围内，场地内地层自上而下由①杂填土、②素填土、③黄土、④古土壤、⑤老黄土及⑥粉质黏土组成，各层土的野外特征分述如下：

① 杂填土：杂色，主要为水泥块、砖块等建筑垃圾，局部为煤渣、卵石。层厚 0.30～1.00m，层底标高 399.41～402.67m。

② 素填土：黄褐、灰褐色，土质较均，孔隙较发育，偶见砖瓦块，见白色菌丝状条纹，稍湿，硬塑，具湿陷性。层厚 0.50～6.10m，层底标高 396.29～400.11m。

③ 黄土：黄褐色、褐黄色，土质较均，虫孔、针孔发育，见白色菌丝状条纹、钙质结核、蜗牛碎壳。稍湿，硬塑，具湿陷性。其中局部表层为耕植土，含大量植物根系。层厚 9.30～14.40m，层底标高 385.00～387.96m。

④ 古土壤：棕红色，土质较均，虫孔、针孔较发育，含大量白色菌丝状条纹，含钙质结核，局部富集。潮湿，硬塑，具湿陷性。最大揭露厚度 3.6m。

⑤ 老黄土：褐黄色，土质较均，虫孔不甚发育，含白色菌丝状条纹，含少量钙质结核。稍湿，硬塑，上部具湿陷性。最大揭露厚度 12.50m。

⑥ 粉质黏土：褐红色，土质较匀，含铁锰质斑点，见小砾石，局部夹细砂薄层，偶见蜗牛壳，湿，可塑。最大揭露厚度 9.50m。

（3）地下水

勘察期间，在勘探深度范围内未见地下水。因此，可不考虑地下水对拟建建筑物基础的影响。

（4）不良地质现象

据勘探揭露及现场调查结果，拟建场地地貌较为单一，地基土不均匀，水文地质条件简单，未发现影响场地稳定性的不良工程地质现象，场地稳定性较好。但场地有尚未完全拆除的建筑，需完全清除建筑垃圾。

4）场地岩土工程性能评价

（1）地基土的物理力学性质

为了解场地地基土的基本物理力学性质，本次勘察对所取不扰动土样均进行了室内土常规试验和湿陷性试验，部分试样进行了直剪试验，同时，对各层地基土的物理力学性质指标进行了分层统计。

（2）地基土的湿陷性评价

据室内土工试验成果，场地②～④层土具湿陷性，⑤层土的上部具湿陷性。按《湿陷性黄土地区建筑标准》（GB 50025—2018），对场地地基土进行了自重湿陷量 $\Delta zs$ 和湿陷量 $\Delta s$ 的计算。

（3）地基土承载力评价

根据野外钻探、室内土工试验并结合当地工程经验，综合分析后给出场区各层地基土的承载力特征值 $f_{ak}$ 的建议值如表 3-12 所示。

表 3-12　地基土承载力一览表

| 地层编号 | 地层名称 | 承载力特征值(kPa) |
|---|---|---|
| ① | 杂填土 | 100 |
| ② | 素填土 | 100 |
| ③ | 黄土 | 140 |
| ④ | 古土壤 | 145 |
| ⑤ | 老黄土 | 150 |
| ⑥ | 粉质黏土 | 160 |

（4）地基土的压缩性评价

根据物理力学性质指标统计表，地基土的压缩性指标平均值如下：

① 杂填土：$a_{0.1-0.2}=0.49\text{MPa}^{-1}$，$Es_{0.1-0.2}=4.3\text{MPa}$，属中压缩性土（a 指压缩系数，Es 指压缩模量）；

② 素填土：$a_{0.1-0.2}=0.49\text{MPa}^{-1}$，$Es_{0.1-0.2}=4.8\text{MPa}$，属中压缩性土；

③ 黄土：$a_{0.1-0.2}=0.49\text{MPa}^{-1}$，$Es_{0.1-0.2}=5.9\text{MPa}$，属中压缩性土；

④ 古土壤：$a_{0.1-0.2}=0.33\text{MPa}^{-1}$，$Es_{0.1-0.2}=6.5\text{MPa}$，属中压缩性土；

⑤ 老黄土：$a_{0.1-0.2}=0.25\text{MPa}^{-1}$，$Es_{0.1-0.2}=8.2\text{MPa}$，属中压缩性土；

⑥ 粉质黏土：$a_{0.1-0.2}=0.30\text{MPa}^{-1}$，$Es_{0.1-0.2}=6.2\text{MPa}$，属中压缩性土。

（5）地基土的均匀性评价

本次勘察深度 40.0m 范围内所揭露的土层，自上而下由①杂填土（$Q_4^{ml}$）、②素填土（$Q_4^{ml}$）、③黄土（$Q_3^{eol}$）、④古土壤（$Q_3^{el}$）、⑤老黄土（$Q_2^{eol}$）、⑥粉质黏土（$Q_2^{al+pl}$）构成。本场地地基土种类较少，地层较为稳定，除西侧拆除场地上的拟建建（构）筑物综合办公楼、生活辅助楼、外加剂办公区和外加剂合成车间的地基土属不均匀地基土外，各拟建建（构）筑物的地基土属均匀地基土。

（6）地基土的腐蚀性评价

依据《岩土工程勘察规范（2009 年版）》（GB 50021—2001）附录 G，拟建场地环境类型为Ⅲ类。

依据地基土《易溶盐分析报告表》，按《岩土工程勘察规范（2009 年版）》（GB 50021—2001）第十二章相关条款判定，本场地地基土对混凝土结构具微腐蚀性，对钢筋混凝土结构中的钢筋具微腐蚀性，对钢结构具微腐蚀性（仅以 pH 值判定）。

（7）标准冻深

依据《建筑地基基础设计规范（2009 年版）》（GB 50007—2011）附录 F 中国季节性冻土标准冻深线图查得：场地土层标准冻结深度不大于 0.60m。

**2. 陕西省某勘察项目**

1）基本概况

（1）工程概况

受中国气象局气象探测中心的委托，对其拟建的 90m/s 风洞实验室建设项目进行岩土工程详细勘察工作。于 2015 年 10 月 18 日进场，2015 年 10 月 20 日完成外业钻探、取样、测量等工作，2015 年 10 月 27 日提出本报告。

90m/s 风洞实验室建设项目主要情况简介如下：

拟建建筑物地上 1 层，高度 6.6m，基础埋深为－2.2m，设计拟采用的基础类型为独立基础，基础尺寸 2m×2m，结构形式为框架，基底压力标准组合为 180kPa，对差异沉降敏感。

建筑物的平面位置等详见"勘探点平面布置图"及"建（构）筑物地基岩土工程勘察任务书"。

该建筑根据《建筑地基基础设计规范》（GB 50007—2011）属丙类建筑；根据《建筑工程抗震设防分类标准》（GB 50223—2008）该建筑的抗震设防类别为标准设防类别；根据《岩土工程勘察规范（2009 年版）》（GB 50021—2001）该场地的岩土工程勘察等级为乙级。

（2）勘察目的

根据建筑物结构特征，设计提供的"建（构）筑物地基岩土工程勘察任务书"，以及现行技术标准，本次勘察的主要目的如下：

① 评价场地的稳定性、建筑适宜性；

② 查明地层结构和岩土工程特性；

③ 查明地下水埋藏条件和对工程建设的影响；

④ 评价环境水、土对建筑材料的腐蚀性；

⑤ 划分抗震地段和建筑场地类别，评价场地地震效应；

⑥ 评价地基均匀性，提供地基承载能力等参数；

⑦ 查明黄土场地湿陷类型及地基湿陷等级；

⑧ 提出地基处理方案的建议；

⑨ 评价桩基可行性，提供桩基设计的岩土参数；

⑩ 提供基坑开挖和支护方案的建议和岩土设计参数；

⑪ 提供工程降水方案建议和水文地质参数；

⑫ 提供不良地质现象防治措施建议和岩土参数。

（3）勘察工作依据

本次勘察工作主要依据设计提供的建筑物总平面图及"建（构）筑物地基岩土工程勘察任务书"，按下列技术标准执行：

①《岩土工程勘察规范（2009 年版)》（GB 50021—2001）；

②《湿陷性黄土地区建筑标准》（GB 50025—2018）；

③《建筑地基基础设计规范》（GB 50007—2011）；

④《建筑抗震设计规范》（2016 年版）（GB 50011—2010）；

⑤《建筑工程抗震设防分类标准》（GB 50223—2008）；

⑥《建筑地基处理技术规范》（JGJ 79—2012）；

⑦《建筑基坑支护技术规程》（JGJ 120—2012）；

⑧《湿陷性黄土地区建筑基坑工程安全技术规程》（JGJ 167—2009）；

⑨《岩土工程勘察报告编制标准》（CECS 99：98）；

（4）工作方法及手段

本次勘察工作主要采用以下工作方法及手段：

① 探井：采用机械洛阳铲，在井壁人工刻取不扰动土样，取土试样质量等级为Ⅰ级。

② 钻探：钻探采用 DPP-100 型车载钻机，土层采用螺纹钻具无水钻进，钻孔开孔孔径 $\phi146mm$，终孔孔径 $\phi127mm$，取土试样质量等级 Ⅰ～Ⅱ级。

③ 土工试验：进行了常规项目试验，黄土湿陷性试验以及固结快剪试验。

为评价地基土对建筑材料的腐蚀性，做了土壤腐蚀性分析。

（5）勘察完成的工作量

本次勘察工作量是根据有关勘察技术标准与设计提出的"建（构）筑物地基岩土工程勘察任务书"，以及建筑物平面布置图等进行布置的，勘探点间距为 21.78～25.26m。具体完成的工作量见表 3-13。

表 3-13　勘探工作量汇总表

| 序号 | 工作项目 | 工作量 |
|---|---|---|
| 1 | 勘探点测放(点) | 6 |
| 2 | 取土孔/钻孔深度(m) | 2/36 |
| 3 | 探井总进深(m) | 40.00 |
| 4 | 采取原状土试样(件) | 84 |
| 5 | 室内常规土工试验 | 76 |
| 6 | 黄土湿陷性试验(组) | 76 |
| 7 | 固结快剪试验(组) | 8 |
| 8 | 地基土的腐蚀性分析(件) | 2 |

（6）有关情况说明

本次勘察勘探点位置是依据设计单位提供的建筑总平面图，以及建设单位提供的场地附近坐标点 $A_1$、$A_2$ 为基准点，采用全站仪进行施放并测量孔口高程，（点 $A_1$：$X=29249.589$，$Y=14921.086$，$H=100.00$；点 $A_2$：$X=29248.704$，$Y=14929.191$），本报告涉及的高程均为假设高程。

2）场地岩土条件

（1）位置地形与地貌

拟建建筑场地位于西安市高陵区马家湾乡泾渭南路与泾渭一路十字西北角，西距包茂高速约 180m，东临泾河管委会，南邻马家湾供电站，北临滨河御园小区，交通便利。

场地地形总体平坦。各勘探点的地面标高介于 99.56～99.94m 之间，最大高差为 0.38m。

地貌单元属黄土台塬。

（2）地层结构

根据勘探深度范围内地层，自上而下分为 5 层，用①～⑤表示，现简述如下：

① 素填土①层（$Q_4^{ml}$）：褐黄色，土质不均匀，松散，以粉质黏土为主，少见砖瓦碎渣块。

该层分布连续，厚度 0.70～1.70m，层底高程介于 97.92～99.24m 之间。

② 黄土②层（$Q_4^{eol}$）：褐黄色，坚硬，具大孔隙，见虫孔及钙质条纹及钙质结核，可见蜗牛壳及其碎片。

该层厚度为 4.20～6.50m，层底埋深 5.00～8.00m，层底高程介于 91.67～94.90m 之间。

③ 黄土③层（$Q_3^{eol}$）：褐黄色，坚硬，局部硬塑，具大孔隙，见虫孔及钙质条纹及钙质结核，可见蜗牛壳及其碎片。

该层厚度为 5.20～7.70m，层底埋深 12.40～13.20m，层底高程介于 86.47～87.46m 之间。

④ 古土壤④层（$Q_3^{el}$）：红褐色，坚硬，团块状结构，见大量钙质条纹、钙质结核及蜗牛壳及碎片，在 TJ1（15.10～15.30m）、ZK1（15.50～15.80m）、ZK4（15.60～15.90m）处钙质结核含量较高。

该层有 ZK2、ZK3 未穿透，厚度介于 2.80～3.10m 之间，层底埋深介于 15.30～16.00m，层底高程为 83.67～84.56m。

⑤ 黄土⑤层（$Q_2^{eol}$）：褐黄色，坚硬，局部可塑，见蜗牛壳碎片与钙质结核。

该层未穿透，最大揭露厚度 4.70m。

（3）地下水

本次勘察期间，各钻孔均未遇见地下水，由于水位埋深较大，可不考虑地下水对建筑物的影响。

（4）地基土的腐蚀性

为评价地基土的腐蚀性，做了 2 件土质腐蚀性试验。根据土质腐蚀性分析结果，按《岩土工程勘察规范（2009 年版）》（GB 50021—2001）附录 G 的规定，该场地环境类型为Ⅲ类。按规范第 12 章第 2 节的规定，对地基土的腐蚀性做如下评价：

① 该地基土对混凝土有微腐蚀性；

② 该地基土对钢筋混凝土结构中的钢筋有微腐蚀性。

（5）其他不良地质作用

根据现场勘察及外围调查，未发现有其他影响建筑物稳定性的不良地质现象，所以该场地可不考虑不良地质的影响，为可以建设的一般场地。

3) 场地地基土工程性质分析与评价

（1）地基土物理力学性质

① 地基土一般物理力学性质

根据室内土工试验结果报告，用戈罗伯斯（Grubbs）方法（计算检验临界值的置信度取0.05），对各层土的物理力学性质指标进行筛选，将筛选后的指标进行统计。

② 直接剪切试验

为了给设计提供有关地基土的抗剪强度指标，室内对8组土试样做了固结快剪试验。现将试验所得的抗剪强度指标进行统计和计算，其结果见表3-14。

表3-14　直剪试验指标统计结果表

| 试验项目 | 土层编号 | 指标 | 统计数 | 范围值 | 平均值 | 标准差 | 变异系数 | 修正系数 | 标准值 | 建议值 |
|---|---|---|---|---|---|---|---|---|---|---|
| 直剪 | 黄土②层 | $c$(kPa) | 8 | 26.3～30.3 | 28.4 | 1.274 | 0.045 | 0.970 | 27.6 | 25.0 |
| 试验 | | $\varphi$(°) | 8 | 17.5～19.6 | 18.5 | 0.809 | 0.044 | 0.971 | 18.0 | 18.0 |

③ 黄土的湿陷性试验

为评价拟建场地黄土的湿陷性，进行了室内黄土湿陷性试验，试验结果详见表3-15的统计值。

表3-15　湿陷量（$\Delta_s$）计算表

| 计算井孔号 | 计算范围<br>（m） | 计算厚度<br>（mm） | 湿陷系数<br>$\delta_s$ | 修正系数<br>$\beta$ | 湿陷量<br>$\Delta_s$(mm) | 湿陷等级 | 起算标高<br>（m） |
|---|---|---|---|---|---|---|---|
| TJ1 | 2.06～2.50 | 440 | 0.095 | 1.5 | 1128.92 | Ⅳ | 99.85 |
| | 2.50～3.50 | 1000 | 0.080 | | | | |
| | 3.50～4.50 | 1000 | 0.093 | | | | |
| | 4.50～5.50 | 1000 | 0.078 | | | | |
| | 5.50～6.50 | 1000 | 0.084 | | | | |
| | 6.50～7.06 | 560 | 0.077 | | | | |
| | 7.06～7.50 | 440 | 0.077 | 1.0 | | | |
| | 7.50～8.50 | 1000 | 0.068 | | | | |
| | 8.50～9.50 | 1000 | 0.079 | | | | |
| | 9.50～10.50 | 1000 | 0.062 | | | | |
| | 10.50～11.50 | 1000 | 0.053 | | | | |
| | 11.50～12.06 | 560 | 0.060 | | | | |
| | 12.06～12.50 | 440 | 0.060 | | | | |
| | 12.50～13.50 | 1000 | 0.065 | | | | |
| | 13.50～14.50 | 1000 | 0.037 | 0.9 | | | |
| | 14.50～15.50 | 1000 | 0.038 | | | | |
| | 17.50～18.50 | 1000 | 0.022 | | | | |
| ZK1 | 2.10～2.50 | 400 | 0.094 | 1.5 | 1379.44 | Ⅳ | 99.85 |
| | 2.50～3.50 | 1000 | 0.090 | | | | |
| | 3.50～4.50 | 1000 | 0.098 | | | | |
| | 4.50～5.50 | 1000 | 0.089 | | | | |
| | 5.50～6.50 | 1000 | 0.091 | | | | |
| | 6.50～7.10 | 600 | 0.096 | | | | |

| 计算井孔号 | 计算范围<br>（m） | 计算厚度<br>（mm） | 湿陷系数<br>$\delta_s$ | 修正系数<br>$\beta$ | 湿陷量<br>$\Delta_s$(mm) | 湿陷等级 | 起算标高<br>（m） |
|---|---|---|---|---|---|---|---|
| ZK1 | 7.10～7.50 | 400 | 0.096 | 1.0 | 1379.44 | Ⅳ | 99.85 |
| | 7.50～8.50 | 1000 | 0.090 | | | | |
| | 8.50～9.50 | 1000 | 0.086 | | | | |
| | 9.50～10.50 | 1000 | 0.090 | | | | |
| | 10.50～11.50 | 1000 | 0.066 | | | | |
| | 11.50～12.10 | 1600 | 0.074 | | | | |
| | 12.10～12.50 | 400 | 0.074 | 0.9 | | | |
| | 12.50～13.50 | 1000 | 0.058 | | | | |
| | 13.50～14.50 | 1000 | 0.032 | | | | |
| | 14.50～15.50 | 1000 | 0.048 | | | | |
| | 15.50～16.50 | 1000 | 0.028 | | | | |
| | 16.50～17.50 | 1000 | 0.022 | | | | |
| TJ2 | 1.87～2.50 | 630 | 0.082 | 1.5 | 1454.01 | Ⅳ | 99.85 |
| | 2.50～3.50 | 1000 | 0.093 | | | | |
| | 3.50～4.50 | 1000 | 0.083 | | | | |
| | 4.50～5.50 | 1000 | 0.096 | | | | |
| | 5.50～6.50 | 1000 | 0.095 | | | | |
| | 6.50～6.87 | 370 | 0.082 | | | | |
| | 6.87～7.50 | 630 | 0.082 | 1.0 | | | |
| | 7.50～8.50 | 1000 | 0.090 | | | | |
| | 8.50～9.50 | 1000 | 0.085 | | | | |
| | 9.50～10.50 | 1000 | 0.096 | | | | |
| | 10.50～11.50 | 1000 | 0.083 | | | | |
| | 11.50～11.87 | 370 | 0.085 | | | | |
| | 11.87～12.50 | 630 | 0.085 | 0.9 | | | |
| | 12.50～13.50 | 1000 | 0.074 | | | | |
| | 13.50～14.50 | 1000 | 0.072 | | | | |
| | 14.50～15.50 | 1000 | 0.097 | | | | |
| | 15.50～16.50 | 1000 | 0.060 | | | | |
| | 17.50～18.50 | 1000 | 0.025 | | | | |
| ZK4 | 1.76～2.50 | 740 | 0.097 | 1.5 | 1253.66 | Ⅳ | 99.85 |
| | 2.50～3.50 | 1000 | 0.082 | | | | |
| | 3.50～4.50 | 1000 | 0.092 | | | | |
| | 4.50～5.50 | 1000 | 0.084 | | | | |
| | 5.50～6.50 | 1000 | 0.094 | | | | |
| | 6.50～6.76 | 260 | 0.080 | | | | |
| | 6.76～7.50 | 740 | 0.080 | 10.0 | | | |
| | 7.50～8.50 | 1000 | 0.078 | | | | |
| | 8.50～9.50 | 1000 | 0.074 | | | | |
| | 9.50～10.50 | 1000 | 0.045 | | | | |
| | 10.50～11.50 | 1000 | 0.066 | | | | |
| | 11.50～11.76 | 260 | 0.069 | | | | |
| | 11.76～12.50 | 740 | 0.069 | 0.9 | | | |
| | 12.50～13.50 | 1000 | 0.063 | | | | |
| | 13.50～14.50 | 1000 | 0.049 | | | | |
| | 14.50～15.50 | 1000 | 0.069 | | | | |
| | 15.50～16.50 | 1000 | 0.022 | | | | |
| | 16.50～18.50 | 1000 | 0.020 | | | | |

（2）地基的均匀性与地基土的压缩均匀性评价

① 建筑地基的均匀性评价

根据勘察试验结果及"工程地质剖面图"，以及建筑物的设计要求等，基底位于②层黄土上部，主要压缩层范围内的各层地基土在水平方向上分布连续，厚度稳定，建议该地基按均匀地基考虑。

② 建筑地基土的压缩均匀性评价

根据统计数值，再结合各土层的野外特征，将各层地基土的压缩性评价如下：

a 黄土②层：压缩系数 $a_{1-2}$ 的平均值等于 $0.363MPa^{-1}$，属中等偏高压缩性土，该层土的厚度变化不大，故压缩均匀性一般。

b 黄土③层：压缩系数 $a_{1-2}$ 的平均值等于 $0.253MPa^{-1}$，属中等压缩性土，该层土的厚度变化不大，该层土压缩均匀性较好。

c 古土壤④层：压缩系数 $a_{1-2}$ 的平均值等于 $0.247MPa^{-1}$，属中等压缩性土，该层土的厚度变化不大，故压缩均匀性较好。

d 黄土⑤层：压缩系数 $a_{1-2}$ 的平均值等于 $0.241Pa^{-1}$，属中等压缩性土，该层土的厚度变化不大，故压缩均匀性较好。

（3）黄土湿陷性评价

根据所做的黄土湿陷性试验结果，该场地黄土的湿陷程度为强烈。

① 建筑场地湿陷类型的判定

由室内土工试验指标可知该场地②～⑤层黄土的自重湿陷系数大于等于 $0.015$，计算得湿陷量详见表 3-16。

表 3-16　自重湿陷量（$\Delta zs$）计算表

| 计算井孔号 | 计算范围（m） | 计算厚度（mm） | 自重湿陷系数 $\delta_{zs}$ | 修正系数 $\beta_0$ | 自重湿陷量 $\Delta zs$(mm) | 湿陷类型 |
|---|---|---|---|---|---|---|
| TJ1 | 2.50～3.50 | 1000 | 0.015 | 0.9 | 559.8 | 自重 |
| | 3.50～4.50 | 1000 | 0.033 | | | |
| | 4.50～5.50 | 1000 | 0.034 | | | |
| | 5.50～6.50 | 1000 | 0.049 | | | |
| | 6.50～7.50 | 1000 | 0.056 | | | |
| | 7.50～8.50 | 1000 | 0.048 | | | |
| | 8.50～9.50 | 1000 | 0.060 | | | |
| | 9.50～10.50 | 1000 | 0.055 | | | |
| | 10.50～11.50 | 1000 | 0.050 | | | |
| | 11.50～12.50 | 1000 | 0.060 | | | |
| | 12.50～13.50 | 1000 | 0.065 | | | |
| | 13.50～14.50 | 1000 | 0.037 | | | |
| | 14.50～15.50 | 1000 | 0.038 | | | |
| | 17.50～18.50 | 1000 | 0.022 | | | |
| TJ2 | 2.50～3.50 | 1000 | 0.021 | 0.9 | 645.3 | 自重 |
| | 3.50～4.50 | 1000 | 0.030 | | | |
| | 4.50～5.50 | 1000 | 0.037 | | | |

| 计算井孔号 | 计算范围（m） | 计算厚度（mm） | 自重湿陷系数 $\delta_{zs}$ | 修正系数 $\beta_0$ | 自重湿陷量 $\Delta zs$(mm) | 湿陷类型 |
|---|---|---|---|---|---|---|
| TJ2 | 5.50～6.50 | 1000 | 0.050 | 0.9 | 805.5 | 自重 |
| | 6.50～7.50 | 1000 | 0.059 | | | |
| | 7.50～8.50 | 1000 | 0.063 | | | |
| | 8.50～9.50 | 1000 | 0.070 | | | |
| | 9.50～10.50 | 1000 | 0.077 | | | |
| | 10.50～11.50 | 1000 | 0.075 | | | |
| | 11.50～12.50 | 1000 | 0.085 | | | |
| | 12.50～13.50 | 1000 | 0.074 | | | |
| | 13.50～14.50 | 1000 | 0.072 | | | |
| | 14.50～15.50 | 1000 | 0.097 | | | |
| | 15.50～16.50 | 1000 | 0.060 | | | |
| | 17.50～18.50 | 1000 | 0.025 | | | |
| ZK1 | 2.50～3.50 | 1000 | 0.022 | 0.9 | 645.3 | 自重 |
| | 3.50～4.50 | 1000 | 0.033 | | | |
| | 4.50～5.50 | 1000 | 0.038 | | | |
| | 5.50～6.50 | 1000 | 0.048 | | | |
| | 6.50～7.50 | 1000 | 0.053 | | | |
| | 7.50～8.50 | 1000 | 0.066 | | | |
| | 8.50～9.50 | 1000 | 0.063 | | | |
| | 9.50～10.50 | 1000 | 0.072 | | | |
| | 10.50～11.50 | 1000 | 0.060 | | | |
| | 11.50～12.50 | 1000 | 0.074 | | | |
| | 12.50～13.50 | 1000 | 0.058 | | | |
| | 13.50～14.50 | 1000 | 0.032 | | | |
| | 14.50～15.50 | 1000 | 0.048 | | | |
| | 15.50～16.50 | 1000 | 0.028 | | | |
| | 16.50～17.50 | 1000 | 0.022 | | | |
| ZK4 | 3.50～4.50 | 1000 | 0.023 | 0.9 | 598.5 | 自重 |
| | 4.50～5.50 | 1000 | 0.029 | | | |
| | 5.50～6.50 | 1000 | 0.045 | | | |
| | 6.50～7.50 | 1000 | 0.060 | | | |
| | 7.50～8.50 | 1000 | 0.055 | | | |
| | 8.50～9.50 | 1000 | 0.057 | | | |
| | 9.50～10.50 | 1000 | 0.041 | | | |
| | 10.50～11.50 | 1000 | 0.063 | | | |
| | 11.50～12.50 | 1000 | 0.069 | | | |
| | 12.50～13.50 | 1000 | 0.063 | | | |
| | 13.50～14.50 | 1000 | 0.049 | | | |
| | 14.50～15.50 | 1000 | 0.069 | | | |
| | 15.50～16.50 | 1000 | 0.022 | | | |
| | 16.50～17.50 | 1000 | 0.020 | | | |

根据表 3-15 的计算结果，再综合分析建议该建筑场地按自重湿陷性黄土场地。

② 建筑地基的湿陷等级判定

根据室内所做湿陷性试验结果和"建（构）筑物地基岩土工程勘察任务书"，假定 ±0.000 标高为 100.00m，该建筑的基础埋深为 2.2m，基底相对标高为 97.80m，建议按湿陷性黄土地区的规定设计。

根据计算结果按照《湿陷性黄土地区建筑标准》（GB 50025—2018）有关规定，综合判定该场地地基湿陷等级为Ⅳ（很严重），当建筑物正负零标高、基础埋深变化时应按土工试验报告重新计算。

（4）地基土承载力特征值

根据各层地基土的物理力学性质指标统计表、现场原位测试结果，以及本地区工程实践经验与计算，再经综合分析，给出了各层地基土承载力特征值 $f_{ak}$ 的建议值如表 3-17。

表 3-17 地基土承载力特征值 $f_{ak}$ 建议值表

| 地层名称 | 黄土②层 | 黄土③层 | 古土壤④层 | 黄土⑤层 |
|---|---|---|---|---|
| $f_{ak}$(kPa) | 140 | 150 | 170 | 180 |

（5）地基土的压缩性

根据室内试验结果，经数理统计后求得的各层黏性土的压缩模量平均值经归纳统计，见表 3-18。

表 3-18 黏性土压缩模量 $E_s$（MPa 统计表）

| 地层 | ②层黄土 | ③层黄土 | ④层古土壤 | ⑤层黄土 |
|---|---|---|---|---|
| $E_{s0.1-0.2}$(MPa) | 6.21 | 10.00 | 8.62 | 8.32 |
| $E_{s0.2-0.3}$(MPa) | — | 13.17 | 10.55 | 10.50 |

## 3.4 工程渣土数据库的建设与运行

### 3.4.1 工程渣土数据库的建设思路

渣土数据库是面向广大高等院校、科研院所、企业的科技人员以及工程技术人员使用的辅助工具，因此整体数据库的建设遵循长远规划、逐步提升、可靠实用的思想，遵循安全性、标准性和开放性的原则，同时保证系统的先进性、实用性、成熟性、可靠性、高性能、可扩展性。数据库建设采用百度地图的经纬度坐标系，主界面为"'十三五'国家重点研发计划-建筑垃圾资源化全产业链高效利用关键技术研究与应用-全国典型地区渣土数据库"，详见图 3-9。

渣土数据库主要包含前台和后台两个界面：前台主要面向数据库的使用者开放，可以浏览数据库的具体数据，前台数据库界面的使用主要以简单、方便、实用、高效为原则；后台主要是数据库内部管理使用，包括用户管理、数据管理、系统管理三大部分。从渣土数据库的用户需求分析、逻辑结构设计、物理结构设计、数据库实施、数据库运行和维护 5 个方面进行具体分析建立全国典型地区渣土数据库。

（1）用户需求分析：具体体现在对各城市渣土数据库各种信息的提供、保存、更新和查询，这就要求数据库结构能充分满足各种信息的输出和输入。收集的数据基本结构应具有统一的格式要求，便于数据库的整体性以及数据处理的便捷性。

图 3-9　数据库主界面

（2）逻辑结构设计：主要将各地区收集的数据转化为数据库系统所需要的数据模型，也就是数据库的逻辑结构。

（3）物理结构设计：不同的数据库产品所提供的物理环境、存取方法和存储结构有很大差别，若要使数据库上运行的各种事务响应时间短、存储空间利用率高、事务吞吐率大，首先对要进行的事务进行详细分析，获得选择物理数据库设计所需要的参数；其次，要充分了解所用关系数据库管理系统的内部特征，特别是系统所提供的存取方法和存取结构。

（4）数据库实施：为实现数据库的逻辑结构设计和物理结构设计结果，搭建渣土数据库的整体架构。

（5）数据库运行和维护：数据库设计并试运行后，如试运行结果符合设计目标，数据库就可以真正投入运行了，同时也标志着开发任务的基本结束和维护工作的开始。

## 3.4.2　工程渣土数据库的操作

首次登录数据库时采用任意浏览器，在地址栏输入前台登录网址：http：//q336584j47.qicp.vip：46361/index.php/index，登录注册界面如图 3-10 所示。输入设置的手机号、密码登录数据库，没有账号、密码的用户请点击新用户注册，设置登录的账号和密码。

图 3-10　登录注册界面

之后输入正确的账号、密码，在页面的任意位置单击，跳转至地图界面，点击用户想要浏览的目标城市按钮，地图界面会显示出目标城市区域的地图并标记了该地区的所有数据测点的内容。第一版数据库暂时按照典型城市的行政区域选择的项目测点（图 3-11），图中"●"标记的位置即为该区域所选择的具体项目的数据点位。

图 3-11　典型城市的数据点位

点击主界面上某一个数据测点后，主界面上会显示该测点内容的详细数据信息，包括该数据点的土质类型，不同深度土层的物理指标和化学指标，如图 3-12 所示。浏览信息结束之后在显示详细测点内容的截右上角点击关闭按钮，关闭所显示的详细信息。

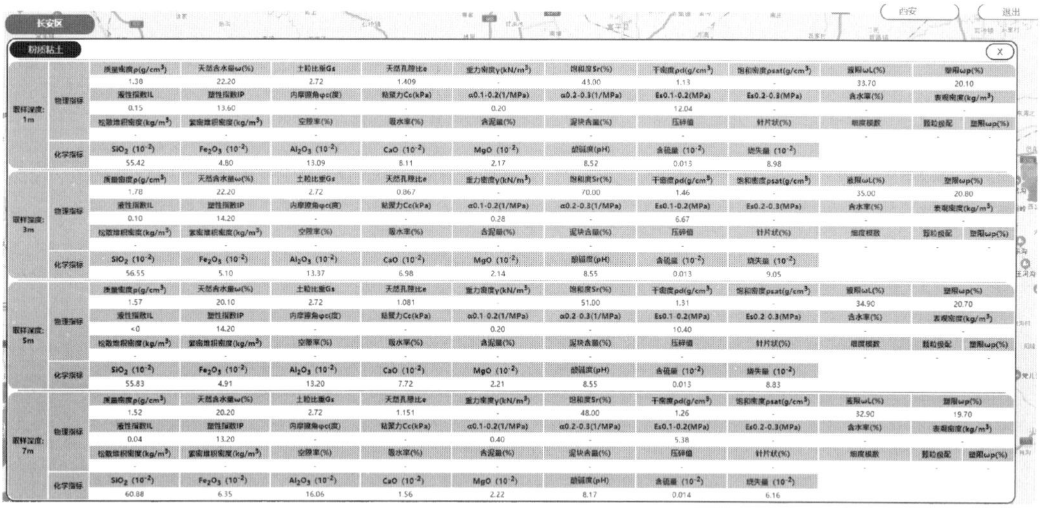

图 3-12　典型数据点位的渣土数据信息

### 3.4.3　工程渣土数据库的管理

渣土数据库的管理主要包括三个方面，具体为用户管理、数据管理、系统管理。

**1. 用户管理**

用户管理主要对渣土数据库的使用用户进行管理，可以接受新注册的用户进行审核，审核通过之后点击启用，该用户的账号就可以正常使用，浏览整个数据库。同时在数据库后台可以观察每个用户的使用时间、使用频率，对于使用情况异常的用户账号可以在后台关闭该用户的账号，暂停其使用，对于个别使用情况异常的用户还可以从管理后台直接将其删除。如果某个用户的账号或者密码丢失，可以联系数据库管理员，在用户管理中可以重置账户密码，重新登录数据库。图 3-13 为后台用户管理界面。

图 3-13　用户管理界面

### 2. 数据管理

数据管理可以添加新增城市的渣土数据信息，也可以对已有城市的渣土数据进行修改。其中新增城市可以按照数据文本文件的要求梳理数据信息，通过数据管理界面将数据上传至数据库的工作站中，重新刷新系统之后，便可以查询新增城市的渣土数据了。对于已有城市数据的管理包括：新增测点数据（物理指标和化学指标）、修改测点坐标、调整数据城市界面等。图 3-14 为数据库管理界面。

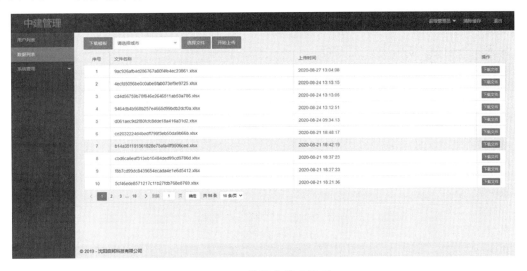

图 3-14　数据库管理界面

**3. 系统管理**

系统管理包括系统稳定性管理和系统密码管理，其中系统稳定性管理主要检测整体数据库的使用状态以及是否能正常提供数据的检索服务。系统密码管理主要是对整个数据库的管理员管理权限的管理，可以设置多个层级的管理员管理权限，保证数据库使用的便捷性和安全性。

## 3.5 本章小结

我国建筑垃圾产生量巨大，约 $35 \times 10^8$ t/年，其中拆建垃圾 $15 \times 10^8$ t，工程渣土 $20 \times 10^8$ t。但是，目前建筑垃圾资源化率不足 $5\%$，远低于发达国家和地区的 $70\% \sim 98\%$。现有资源化技术侧重于利用拆除类建筑垃圾、装修垃圾等制备再生建材，缺乏对工程渣土类建筑垃圾的系统研究和应用推广。随着城市地下空间的开发与利用，基坑开挖过程将产生大量渣土，若采用弃土场进行堆积，将占用大量的土地资源，严重的还会降低土壤质量，造成土壤污染。此外，在长距离运输过程中，抛洒滴漏现象经常发生，不仅严重影响市容市貌，还会对城市的交通秩序产生威胁。对基坑开挖渣土进行再利用，既可降低渣土外运成本，还能节约资源，保护城市环境，符合国家发展循环经济，保护生态环境，建设资源节约、环境友好型社会的要求。但是，目前占比建筑垃圾总量过半的工程渣土没有得到很好的研究和开发，从而未得到有效处理和处置，造成整体建筑垃圾总量持续增长，这为城市管理带来诸多问题。这一情况严重制约建筑垃圾资源化发展，亟待研究解决。

本章对工程渣土的数据库建设进行了介绍，主要包含以下主要内容：（1）确定典型区域，针对我国典型地质地区（沿海、新疆、西北、东北、华北、华中、西南、华南等），结合项目示范需求及建筑垃圾资源化的迫切要求，选择针对性城市作为渣土样本取样城市。（2）确定渣土理化指标，根据渣土资源化的技术和数据要求，明确渣土的分类及理化指标。其中物理力学指标主要包括粒度、含水量、密度、塑限、液限、塑性指数、液性指数等；化学指标主要包括化学成分（$SiO_2$、$CaO$、$MgO$ 等）、烧失量、酸碱度等。（3）建立渣土数据库，确立取样点的选择原则及采集原则，根据不同渣土类型，开展关键指标收集与测试工作，完成数据库。（4）数据库软件建设与运行，根据渣土类型与数据，进行数据库软件开发，录入渣土指标，进行数据库运行。

通过数十家单位近三年的调研与课题研究，提出工程渣土的分类体系及相关技术指标，建立工程渣土品质等级评价方法及典型区域建筑垃圾理化特性、资源化利用数据库，为最终实现工程渣土的大规模资源化利用提供技术和数据支撑。

**参考文献**

[1] 马志恒，王卫杰，张冠洲．城市工程渣土资源分类及综合利用研究[J]．江苏建筑，2015（06）：100-103.

[2] 邓晓娟，鄢海丰，梁嘉琪．利用建筑渣土生产新型烧结墙体材料的可行性研究[J]．砖瓦世界，2016（04）：50-52+3.

[3] 杭州市墙改办．杭州市新型墙材资源新领域探索——建筑渣土资源化利用[J]．墙材革新与建筑节能，2014（05）：46-47.

[4] 李刚，吴宗良．环境绩效审计与环境治理——以宁波市开展建筑渣土环境绩效审计为例[J]．财会通讯，2011（34）：89 90.

# 4　渣土类建筑垃圾资源化处理关键技术

由第 1 章可知，渣土按照来源不同可分为Ⅰ类渣土和Ⅱ类渣土两大类。Ⅰ类渣土为分离渣土，由于我国建筑垃圾来源广泛、建筑形式多样等特点，建筑垃圾基本无源头分类，杂质含量较多，导致分离出的渣土成分复杂，变异性大；Ⅱ类渣土为工程渣土，我国地域广阔，不同区域、同一区域的不同城市、同一城市的不同位置、同一位置的不同深度，开挖产生的渣土性能也各不相同，因此Ⅱ类工程渣土的成分也非常复杂、变异性很大。由于渣土的变异性，无论采取何种处理工艺，都需结合工艺特点采取合理配套的措施，以保证处理后的渣土符合各种应用途径的材料性能要求。本章将分别对两类渣土的资源化处理技术进行介绍。

## 4.1　建筑垃圾处理工艺

目前，我国建筑垃圾资源化处理工艺方式主要分为三大类：固定式建筑垃圾处理工艺、移动式建筑垃圾处理工艺以及复合式建筑垃圾处理工艺，每种方式分别有各自的特点和适用性，以下就每种处置方式的工艺流程、配套设备等分别进行介绍。

### 4.1.1　固定式建筑垃圾处理工艺

**1. 固定式建筑垃圾处理工艺简述**

固定式建筑垃圾处理工艺是指在固定的区域，利用固定厂房和固定设备，将建筑垃圾进行回收和处置利用的方式。固定式处置方式适用于建筑垃圾复杂成分，产生量大，处理厂区有足够的空间和条件设置固定式配套设备等相关设施的情况。

固定式建筑垃圾处理方式具有以下优点：①产量大，生产效率高，可以高效率地破碎加工多种复杂材料；②可以调整建筑垃圾破碎后成品料的质量；③可以储存大量的建筑垃圾，从而使城市建筑垃圾得到及时清运；④厂房建设过程中可设置多种防尘、防噪措施，可有效避免对周边环境造成的影响。

但是固定式建筑垃圾处理方式也存在一些缺点：①设备、设施占地面积较大，工艺复杂，一次性投资较大；②处置不灵活，设备运营需要借助其他机械；③对整体厂区规划、各部分设备之间的匹配性要求高，任何部位发生损坏均影响整个环节的处理生产；④对建筑垃圾变异性适应性差，影响其产能的稳定性，提高运行成本；⑤厂区内的建筑垃圾倒运成本较高。

**2. 固定式建筑垃圾处理工艺流程**

固定式建筑垃圾处理工艺流程应根据资源化利用产品的方案来确定，并且要合理布置生产线上的各工艺环节，各环节之间设置传送皮带。设计生产线工艺及布局时，应考虑尽量减少物料的传输距离，合理利用地势势能和传输带的提升动能。图 4-1 给出了一个固定式建筑

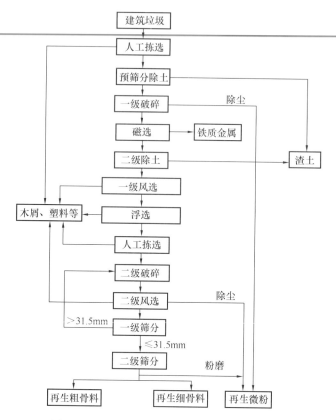

图 4-1　固定式建筑垃圾处理工艺流程示意图

垃圾处理工艺流程的示意，受建筑垃圾来源、成分以及处置场地等因素的影响，各处理厂工艺并不完全相同，归纳起来大致包括：①预处理环节：去除建筑垃圾中的大块杂质及渣土，包括人工拣选和预筛分除土；②分选、除杂环节：进一步去除建筑垃圾中的轻质杂物、废木块、废轻型墙体材料、废金属等杂质，以机械分选为主，人工分选为辅；③破碎环节：将大尺寸原料加工成小粒径再生骨料，根据再生骨料的粒径要求，一般设计两道或三道破碎环节；④筛分环节：将破碎后的再生骨料按粒径进行分级；⑤除尘环节：设置除尘设施收集建筑垃圾处理过程中会产生的大量粉料。

## 4.1.2 移动式建筑垃圾处理工艺

**1. 移动式建筑垃圾处理工艺简述**

移动式建筑垃圾处理工艺是指利用移动式破碎机和筛分机等设备，在无需固定设备的厂区或拆除现场进行建筑垃圾再生利用处置和生产。移动式建筑垃圾处置方式尤其适用于砖混、混凝土砌块制品等成分相对单一的建筑垃圾的资源化处理。移动式处理工艺具有如下优点：①移动式装备移动方便，对场地适应能力好，占地面积小；②总投资成本低，投产快，节省场地费、建设费及运营成本等费用，设备利用价值高；③减少了建筑垃圾在厂区内反复运输过程中产生的粉尘污染和能源消耗；④可多种设备配套组合使用，能根据现场情况灵活布局和重新组合，可适应各类资源化产品要求；⑤在空旷的野外或远离市区、环保要求低的地区，可迅速在破拆区域建立临时破碎生产线。移动式建筑垃圾处理方式的缺点是设备价格高，需要采取有效措施解决生产过程中的扬尘问题。

**2. 移动式建筑垃圾处理工艺流程**

移动式处理工艺与固定式处理工艺的工艺流程基本相似，同样是主要包括预处理、分选除杂、破碎、筛分等环节，不同之处在于其主要设备均为移动式，在工艺上略有区别。同时还由于场地限制及处置时间较短等因素，不便设置大型复杂的分选装置及封闭设施等，厂区降尘可通过喷淋、雾炮等抑制扬尘的措施来实现。在移动式建筑垃圾处理工艺中，由于移动式建筑垃圾破碎设备具有除铁、筛除渣土功能，且具备二次破碎能力，超大粒径骨料可通过超大粒径分离器分离出来，进行二次破碎，因此不必另外配备磁选、超大粒径筛分设备等，一定程度上简化了工艺流程，工艺流程见图4-2。

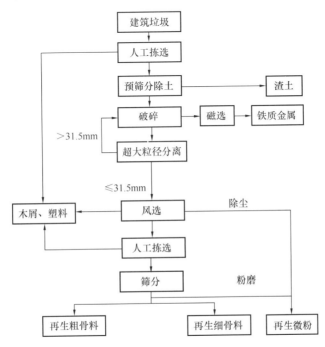

图 4-2　移动式建筑垃圾处理工艺流程示意图

与固定式处理工艺相同，为了去除建筑垃圾中的大块杂质及渣土等材料，移动式处理工艺在对建筑垃圾进行破碎、筛分之前也必须设置预处理环节。移动式处理工艺通常采用人工分拣杂物和利用移动式重型筛分设备除土的方式，实现处理前期的预处理。移动式重型筛分设备配置有重型板式给料机，满足高负荷工况条件下的应用条件，且灵活性和机动性强，转场方便，工作时无需支撑腿或固定基础。移动重型筛分设备能够将渣土和已符合粒径要求的颗粒分别筛出，因此，移动重型筛分机可与破碎设备组合使用，给破碎设备喂料，使进入破碎设备的材料总数量减少，有效减少破碎设备磨损且节约能源。

目前，在设备生产方面，国内只有少数企业生产一些中小型的轮胎式移动设备，对于在市场上应用广泛的履带式移动设备及大型半移动式设备，几乎全部依靠进口。比较典型的移动式处理项目为沧州市政的移动式生产线，图4-3为沧州市政移动式建筑垃圾资源化处理现场。沧州市政早在2005年就引进了RM80移动式破碎设备，之后陆续引进RM100、克林曼MR110 Z型（图4-4）、凯斯特1113型等多台移动式破碎设备以及凯斯特EX1500型移动筛

图 4-3　沧州市政移动式建筑垃圾资源化处理现场

图 4-4　克林曼 MR110 Z 反击式破碎设备

分设备等，根据回收的建筑垃圾成分及品质，将这些设备组合形成配套的再生骨料生产线，灵活、机动，年处理建筑垃圾能力可达 100 万吨以上。这些移动式设备自身带有除土装置和磁性分离装置，能够有效去除混在建筑垃圾中的土及钢筋、铁屑等杂质。设备采用反击式破碎方式且具备二次破碎能力，超大粒径骨料可通过超大粒径分离器分离出来，进行二次破碎，渣土可通过振动筛由侧皮带传出。厂区降尘采用喷淋、雾炮等措施，整体处置方式比较灵活。

## 4.1.3　复合式建筑垃圾处理工艺

　　复合式建筑垃圾处理工艺是在固定式处理工艺和移动式处理工艺的基础上，结合两者的优点，组合形成的一种综合性处理工艺。复合式处理工艺的优点在于：处理生产线中既涉及固定式设备及工艺，又涉及移动式设备及工艺。在不便或不必要采用固定式工艺的区域设置移动式工艺设备，能固定或有必要的区域设置固定式工艺设备，将两者有机结合、协调运转，共同发挥优势，既能实现固定式生产线整齐、环保的工艺优势，又能发挥移动式生产线灵活、机动的特点，整体适用性强。

复合式建筑垃圾处理工艺与固定式、移动式处理工艺相同，采用复合式建筑垃圾处理工艺能够降低固定式处理工艺的规划难度，可共用移动式关键设备，提高了处理生产线的灵活性，运营前景较好。

## 4.2　渣土的产生及处理工艺

渣土类建筑垃圾按照来源不同可分为Ⅰ类渣土和Ⅱ类渣土两大类。Ⅰ类渣土是指各类建筑物、构筑物、管网等工程拆除和建设过程中所产生的弃土，其通常与拆除垃圾和工程垃圾混在一起。Ⅱ类渣土是指各类建筑物、构筑物、管网等地基开挖过程中产生的弃土，即《建筑垃圾处理技术标准》（CJJ/T 134—2019）中定义的工程渣土。以下将对两类渣土的处理工艺分别进行介绍。

### 4.2.1　Ⅰ类渣土的处理工艺

Ⅰ类渣土的处理工艺是建筑垃圾处理工艺中的一部分，拆除垃圾和工程垃圾运至处置厂进行资源化处置时，通常会设有一道或两道除土工艺，将混在拆除垃圾和工程垃圾中的Ⅰ类渣土分离出来。Ⅰ类渣土主要通过生产线中的除土系统得到有效的分离处理，受料、供料系统设置预筛分环节的，除土系统应结合预筛分进行设计；未设置预筛分环节的，除土系统可结合初级破碎出料进行设计。

**1. 预筛分除土**

根据拆除建筑物的不同，建筑垃圾中混入的渣土量有所不同，可在破碎之前设置预筛分环节，将混在建筑垃圾中的渣土筛选出来，此部分渣土中土的含量较高，细粒料含量较少。除土设备宜选择重型筛，重型筛是一种对大块物料及中、小颗粒状物料进行分级作业的新型筛分设备。筛分渣土常用的是棒条筛网，当物料通过槽体出料端的棒条时，小于棒条间隙的物料可透过棒条间隙直接落下，实现渣土筛分，起到预筛分的作用；大于棒条间隙的物料继续前进，由出料端进入下道工序，保证均匀给料。根据渣土的路用性能指标要求筛网孔径一般小于20mm。

**2. 二级除土**

回收的建筑垃圾一般块状较大，并且集中处理的量较大，因此一般设计两道或三道破碎环节，需经过一级破碎（粗破）、二级破碎（细破）或者再增加整形破碎等过程，以制备粒径、品质合格的再生骨料。根据原料情况，渣土含量较高的建筑垃圾可在一级破碎后再设置一道二级除土工艺，进一步去除破碎骨料中的渣土，避免混入到后续的破碎段中，此部分渣土细粒料含量相对较多，土的含量较少。

### 4.2.2　Ⅱ类渣土的处理工艺

Ⅱ类工程渣土主要是在地基开挖过程中产生的，因为其受地理位置、工程区域、开挖深度的影响较大，Ⅱ类工程渣土的成分非常复杂、变异性很大。当工程渣土不满足使用要求，含有大粒径卵石、碎石时，应对其按照4.1节介绍的固定式或移动式建筑垃圾处理工艺对渣土进行分选、筛分、破碎等工艺处理，使处理后的渣土满足要求后方可应用于相应的工程。

其中，盾构渣土指为地铁工程项目中隧道盾构产出的土体、土渣或泥浆。依据《深圳市建筑废弃物管理办法》（市政府令 ［2020］330 号）相关规定，工程泥浆和含水率较高的工程渣土需经沉淀、晾干或固化处理后方可运至场外进行消纳排放。对于含水率较高的盾构渣土可采用以泥砂分离工艺为主的预处置模式，实现渣土的泥砂、泥水分离，以降低渣土的含泥量和含水率。盾构渣土经泥砂分离处理后得到的砂石骨料及泥饼，其成分、产出量取决于盾构段地层地质情况，应根据后续具体的资源化利用途径，进行进一步处理。

## 4.3　本章小结

　　渣土类建筑垃圾的资源化处理关键技术作为渣土资源化利用的前端措施，在整个资源化过程中具有至关重要的作用。不同区域、同一区域的不同城市、同一城市的不同位置、同一位置的不同深度，开挖产生的渣土性能也各不相同，应根据渣土的理化特性和资源化处理的技术要求，因地制宜、合理选择适宜的处置方式和应用技术，实现整体技术处置的最优化，使渣土得到有效的资源化利用。

**参考文献**

［1］中华人民共和国住房和城乡建设部．建筑垃圾处理技术标准：CJJ/T 134—2019［S］．北京：中国建筑工业出版社，2019.

［2］贺深阳．建筑渣土的资源化利用研究进展［J］．砖瓦，2020(07)：58＋62.

［3］吴英彪，石津金，刘金艳．建筑垃圾资源化利用技术与应用—道路工程［M］．北京：中国建筑工业出版社，2019.

［4］刘恒，周学彬，张宇，等．深圳市地铁盾构渣土利用与处置技术路径及管理策略优化研究［J］．工程管理学报，2021，35(02)：50-55.

［5］郭卫社，王百泉，李沿宗，等．盾构渣土无害化处理、资源化利用现状与展望［J］．隧道建设(中英文)，2020，40(08)：1101-1112.

［6］陈观连．地铁盾构渣土合理化处置探讨［J］．中外建筑，2019(01)：206-207.

# 5 渣土再生产品在墙体材料中的应用技术与典型案例

## 5.1 新型墙体材料概述

墙体材料在建筑物中的主要作用，第一位的是承载作用，即承载来自建筑物自身的各构件及材料的质量。外墙和屋顶受到的风雪荷载、室内人和物品的荷载都要通过建筑物的梁、柱、墙、楼板等构件传递给基础，再通过基础就构成了一个承重系统，可见墙体材料首要是要有承重能力，这其中墙体一方面要能承受自身的质量，同时还要承受外部传递来的各种荷载，也就是要求作为墙体的材料，必须具备足够的强度。外墙体的另一个主要作用是围护作用，建筑物以屋顶和外墙组成了它的外壳，并依靠这层外壳来保护建筑物内部的安全，抵御外界风雪和沙尘的侵袭，夏季阻挡热浪的传入，冬季防止室内的热量向外散发。人们把凡是具有围护作用的非承重外墙统称为围护墙。除围护的作用外，在不同部位的墙体，有着其不同的作用，比如内隔墙要起到分室和分户的作用，这类墙必须要有隔声方面的要求，对分户墙的隔声要高于分室墙，对于卫生间和厨房的隔墙还要具备防水功能。

随着社会发展，国家实行墙体改革政策，以实现保护土地、节约能源的目的。近几年在社会上出现的新型墙体材料种类越来越多，其中应用较多的，有石膏或水泥轻质隔墙板、彩钢板、加气混凝土砌块、钢丝网架泡沫板、小型混凝土空心砌块、石膏板、石膏砌块、陶粒砌块、烧结多孔砖、页岩砖、实心混凝土砖、PC大板、水平孔混凝土墙板、活性炭墙体、新型隔墙板等。新型墙体材料的发展对建筑技术产生巨大影响，并可能改变建筑物的形态或结构。新型墙体材料包括新出现的原料和制品，也包括原有材料的新制品。新型墙体材料具有轻质、高强、保温、节能、节土、装饰等优良特性。采用新型墙体材料不但使房屋功能大大改善，还可以使建筑物内外更具现代气息，满足人们的审美要求。有的新型墙体材料可以显著减轻建筑物自重，为推广轻型建筑结构创造了条件，推动了建筑施工技术现代化，大大加快了建房速度。

### 5.1.1 新型墙体材料的定义

"新型墙体材料"这一概念是相对于传统的墙体材料（黏土实心砖）而言，它是伴随着我国墙体材料的革新过程而提出的专业名词。长期以来，黏土实心砖在我国墙体材料产品结构中占据着"绝对统治"地位，我国被称为世界黏土实心砖的生产和使用"王国"。因为生产和使用黏土砖存在毁地取土、高能耗与严重污染环境等问题，我国政府大力发展与推广节土、节能、利废、多功能、有利于环境保护并且符合可持续发展要求的各类墙材。在这类墙材中，有不少已在发达国家中有五十年或者更长时间的生产与使用经验，如混凝土小型砌块、纸面石膏板等。结合我国墙体材料现状，相对于传统的黏土实心砖而言，这类墙材对我国绝大多数人来说仍是较为陌生的，为此统称此类墙体材料为新型墙体材料。

## 5.1.2 新型墙体材料的分类

新型墙体材料主要是由块材与板材两部分组成。块材可分为砖类与砌块类，板材可分为轻质墙板与复合墙板类。砖类墙材主要有空心砖（多孔砖）和非黏土砖，其中空心砖（多孔砖）主要有烧结黏土空心砖、页岩空心砖、煤矸石空心砖、粉煤灰空心砖等，非黏土砖主要有煤矸石砖、页岩砖、粉煤灰砖、灰砂砖等。砌砖类主要有蒸压加气混凝土砌块、普通混凝土空心砌块、轻质混凝土空心砌块、粉煤灰空心砌块、装饰混凝土空心砌块、粉煤灰砌块、石膏砌块、泡沫混凝土砌块等。轻质板材主要包括平板和条板，其中平板主要有纤维水泥板、纤维增强硅酸钙板、玻镁平板、水泥木屑板、纸面石膏板、石膏纤维板、石膏刨花板、水泥刨花板、纸面草板、玻璃纤维增强水泥板等；条板主要有玻璃纤维增强水泥轻质多孔隔墙条板、石膏空心条板、工业灰渣混凝土空心隔墙条板、硅镁加气混凝土空心轻质隔墙板、陶粒混凝土空心条板、木纤维增强水泥多孔墙板、无轻骨料普通混凝土轻型条板等。复合类板材主要包括外墙板、内隔墙板、外墙内保温板、外墙外保温板，其中外墙板主要有玻璃纤维增强水泥（GRC）复合外墙板、钢筋混凝土复合外墙板、钢丝网架水泥复合外墙板、后充填式钢丝网混凝土复合外墙板、金属面夹芯复合外墙板等；内隔墙板主要有石膏板复合内墙板、纤维水泥板复合内墙板、硅酸钙板复合内墙板、后充填式钢丝网质聚氨酯夹芯混凝土复合内墙板等。复合板材类外墙内保温板主要有 GRC 外墙内保温板、玻纤增强石膏外墙内保温板、P-GRC 外墙内保温板、充气石膏外墙内保温墙板、水泥聚苯板外墙内保温板、纸面石膏聚苯外墙内保温板、纸面石膏玻璃棉外墙内保温板、无纸石膏聚苯外墙内保温板等。外墙外保温板主要有 GRC 外保温板、BT 型外保温板。

当前，大多数新型墙体材料的主要品种有：蒸压粉煤灰加气砌块、蒸压砂加气砌块、承重混凝土多孔砖、非承重混凝土空心砖、EPC 复合保温板、自保温混凝土复合砌块、烧结煤矸石多孔砖、蒸压灰砂多孔砖、现浇石膏墙板、粉煤灰砖等。比如，蒸压砂加气砌块是由硅质材料（砂）和钙质材料（水泥、石灰）为主要材料，将砂磨成粉状，掺加发气剂（铝粉），经加水搅拌，由化学反应形成孔隙，通过浇筑成型、预养切割、蒸压养护等工艺过程制成的多孔硅酸盐制品。因此，蒸压砂加气砌块具有的无数微小、独立、分布均匀的气孔结构，具有轻质高强、耐久保温、吸声、防水、抗震、施工快捷（与黏土烧结砖相比）、可加工性强等功能，是一种优良的新型墙体材料。再如，自保温混凝土砌块利用污泥、淤泥、粉煤灰为原料，释放产能后每年可利用污水处理厂的污泥 4 万 t，每年可节省污泥处理费 200 多万元，环境效益与经济效益均十分显著。应该指出，有些新型墙体材料的价格并不低，其原因是一部分原料仍然来自天然砂、石和泥土。当前，城乡建设突飞猛进，比如，马鞍山市已经确立了建设现代化大城市的宏伟目标，大量的旧房屋拆除工程遍布城市各区，由此产生的建筑渣土非常多。资料显示，近 20 年来，约 60 亿 t 的垃圾在中国城市中产生，其中 24 亿 t 左右为城市新建、扩建或维修构筑物的施工工地产生的建筑渣土，已占到城市垃圾总量的 40%。然而，目前我国建筑渣土的处理利用率很低[1]。马鞍山市非常重视对拆除房屋产生的旧料的回收。比如，拆除房屋建筑垃圾中的钢筋、较完整的砖块、塑料等均得到回收，较多的混凝土碎块和砖碎块以调剂的方式也得到了回收利用，有的用来做道路的路基，有的用来填筑低洼地。据了解，近 5 年马鞍山市拆除房屋旧料的总量约为 362 万 t，调剂处理的约为 344 万 t，调剂率（回收率）在 95％以上。未被调剂的建筑渣土由市容管理局建筑垃圾管理所统一处置，实际上就是集中堆放在某偏僻地方，这些建筑渣土中的主要成分是混凝土碎块、砖碎块（包括砌块碎块）和砂浆碎块，这一部分建筑渣土目前尚未进行任何回收利用。从长远考虑，未进行回收利用的建筑渣土越来越多，占用的土地面积也越来越多。尤其拆除多层建筑，甚至高层建筑产生的建筑渣土的量非常大，如果能将这些建筑渣土都回收利用，将其用作原料重新生产新型墙体材料，那将是利在当代、功在千秋之事，必将长久地造福人类。

## 5.1.3 新型墙体材料的主要性能

### 5.1.3.1 力学性能

材料在外力（荷载）作用下，都会变形，当外力超过一定极限时，材料就会被破坏。材料的力学性能是指该材料在外力的作用下抵抗变形和抵抗破坏的能力。墙体材料的力学性能主要包括强度、刚度、脆性等，本书主要讨论前者。

**1. 强度**

强度是指材料在外力（荷载）下抵抗破坏的能力，在数值上是单位面积上抵抗外力的数值。墙体受到的外力主要有拉力、压力、弯曲力、剪力等。材料的抗拉、抗压、抗剪强度可用式（5-1）计算：

$$f = \frac{F}{A} \tag{5-1}$$

式中：$f$——材料的抗拉、抗压、抗剪强度，MPa；

$F$——材料受到拉、压、剪切作用发生破坏时的荷载，N；

$A$——材料受力的截面积，$mm^2$。

材料的抗弯强度（也称抗折强度）与材料的受力状况有关，如果受力是简支梁形成的，对矩形截面试件，抗弯强度可按式（5-2）计算：

$$f_m = \frac{3FL}{2bh^2} \tag{5-2}$$

式中：$f_m$——抗弯强度，MPa；

$F$——受弯时破坏荷载，N；

$L$——两支点间的距离，mm；

$b$，$h$——试件材料截面的宽、高度，mm。

材料的强度与它的成分、构造有关。不同种类的墙材有不同抵抗外力的能力。同一种材料随其孔隙率及构造特征不同，强度也有较大的差异。一般情况下，表观密度越小、孔隙率越大的材料，强度越低。抗压强度是墙体材料的一项重要性能指标，多数墙体材料都是按其抗压强度不同而划分成若干等级。刚性是指材料抵抗变形的能力。任何一种材料在外力作用下均发生形变，当外力消失后，能恢复原有形状的变形称为弹性变形，不能恢复原有形状的变形称为塑性变形。材料所受的外力达到某一极限时，便会发生破坏。材料突然发生破坏而并不出现明显塑性变形的性质称为脆性。大部分的墙体材料，如砖、砌块等都属于脆性材料，这类材料的抗冲击和抗振动的能力较差，而强度较高，主要用在承重部位。由于承重墙体要承受自身质量及各种荷载，主要受到的是压力，对砖混结构的墙体而言，主要考虑抗压能力。这种墙体越到底层受到的压力越大，故进行结构设计时，越到底层墙体越厚，同时砌筑砂浆的强度等级也相应越高。

**2. 比强度**

比强度是用来评价材料是否轻质高强的指标。它等于材料的强度与其体积密度之比，其数值越大，表明该材料越轻质高强，表 5-1 列出几种材料的比强度。

表 5-1　几种材料的比强度表

| 材料名称 | 体积密度（kg/m³） | 强度值（MPa） | 比强度 |
|---|---|---|---|
| 低碳钢 | 7800 | 235 | 0.0301 |
| 松木 | 500 | 34 | 0.0680 |
| 普通混凝土 | 2400 | 30 | 0.0125 |
| 红砖 | 1700 | 10 | 0.0059 |

### 5.1.3.2　导热性能

**1. 热导率（导热系数）**

热导率是指厚度为 1m 的材料，当其两侧温差为 1℃时，单位时间内在单位面积上所传递的热量，其计算公式如式（5-3）所示：

$$\lambda = \frac{Q\delta}{A\tau(t_1 - t_2)}$$ 　　　　（5-3）

式中：$\lambda$——热导率，W/(m·K)；

　　　$Q$——通过材料的热量，J；

　　　$\delta$——材料的厚度，m；

$t_1$，$t_2$——材料两侧的表面温度，℃，$t_1 > t_2$；

　　　$A$——材料的表面积，m²；

　　　$\tau$——热量通过材料的时间。

热导率的单位：W/(m·K)

符号含义：W——瓦特，m——米，K——开尔文（℃ +273）

由式 5-3 可见，某种墙材的热导率越小，其保温隔热能力就越好。热导率是墙材的一个重要性能，其大小受到自身的物质构造、孔隙率、表观密度、温度、湿度及热流方向等因素的影响。

**2. 热阻**

热阻是墙体保温性能的特征量，是衡量其保温性能的主要指标。单位时间内通过单位面积热量的大小称为热阻。用公式表示如式（5-4）所示：

$$R = \frac{\delta}{\lambda}$$ 　　　　（5-4）

式中：$R$——热阻；

　　　$\lambda$——墙体材料的热导率，W/(m·K)；

　　　$\delta$——墙体的厚度，m。

其物理意义：当墙体两侧的温差为 1℃时，在 1m² 的墙体面积上，传出 1kcal 的热量时所需的时间（h），热阻在建筑技术中又称为热绝缘系数，单位是（m²·K）/W。

**3. 热容量**

材料受热时吸收热量，冷却时放出热量的性质称为材料的热容量。吸收或放出的热量用式（5-5）计算：

$$Q = c \cdot M(t_1 - t_2) \tag{5-5}$$

式中：$Q$——材料吸收或放出的热量，J；

$c$——材料的比热容（热容量系数），J/（kg·K）；

$M$——材料的质量，kg；

$t_1$，$t_2$——材料受热或冷却前后的温度，K。

比热与材料的质量之乘积称为热容量值。材料具有较大的热容量值，对室内温度的稳定有良好的作用。

几种常用材料的导热系数和比热值见表 5-2。

表 5-2　几种典型材料的热性质指标

| 材料 | 导热系数 W/(m·K) | 比热容 (J/(g·K) | 材料 | 导热系数 [(W/(m·K)] | 比热容 [J/(g·K)] |
|---|---|---|---|---|---|
| 钢材 | 58 | 0.48 | 泡沫塑料 | 0.035 | 1.30 |
| 花岗岩 | 3.49 | 0.92 | 水 | 0.58 | 4.19 |
| 普通混凝土 | 1.51 | 0.84 | 冰 | 2.33 | 2.05 |
| 普通黏土砖 | 0.80 | 0.88 | 密闭空气 | 0.023 | 1.00 |
| 松木 | 横纹 0.17 | 2.5 | — | — | — |
| | 顺纹 0.35 | — | — | — | — |

**4. 导温系数**

导温系数用式（5-6）表示

$$\alpha = \frac{\lambda}{C\rho_0} \tag{5-6}$$

式中：$\alpha$——导温系数；

$\lambda$——热导率；

$\rho_0$——表观密度。

$C$——比容热。

热导率 $\lambda$ 衡量的是材料在稳定的热作用下（两侧面温差恒定）传递热量的多少。当热作用随时间改变时，结构内部的传热性不仅取决于热导率，还与材料的储热能力有关，在这种不稳定的传热过程中，材料各点达到同样温度的快慢（速度），与材料的热导率成正比，同时与材料的体积热容量成反比，而体积热容量等于比热与表观密度的乘积，也就是说，导温系数是表示材料一侧的温度波动时，另一侧各点达到同样温度的快慢程度。

**5.1.3.3　隔声性能**

为了使建筑物内部有一个安静舒适的环境，对起围护作用的墙体及起分隔作用的墙体要有一定的隔声要求。声音是声源通过某些介质而传播的一种波。声波与自然界中的其他波一样，有波长（$\lambda$）、频率（$f$）、周期（$T$）和传播速度（$C$），它们之间的相互关系式见公式（5-7）：

$$\lambda = \frac{C}{f} = CT \tag{5-7}$$

声音的传播速度与介质有关，在空气中 $C=340\mathrm{m/s}$；在钢铁中 $C=5000\mathrm{m/s}$；在水中 $C=1450\mathrm{m/s}$。声音的强弱用声压表示，单位为分贝（dB）。人们把人的耳朵能听到的声压（$2\times10^{-5}\,\mathrm{Pa}$）定为 0dB，人们的听觉范围是 $0\sim120\mathrm{dB}$。当声音传播到建筑物的墙体上（$E_0$），其中一部分被墙体反射出来（$E_r$），一部分穿透墙体（$E_t$），另一部分则由于构件的振动或者声音传播时介质的相互摩擦或热传导而被消耗掉（$E_a$），根据能量守恒定律，它们之间应满足式（5-8）：

$$E_0 = E_r + E_a + E_t \tag{5-8}$$

把透射声能与入射声能之比称为透射系数，用 $T$ 表示，按式（5-9）计算：

$$T = \frac{E_t}{E_0} \tag{5-9}$$

把反射声能与入射声能之比称为反射系数，用 $r$ 表示，按式（5-10）计算：

$$r = \frac{E_r}{E_0} \tag{5-10}$$

把透射系数 $T$ 值较小的材料称为隔声材料，将反射系数 $r$ 值较小的材料称为吸声材料，把吸声系数定义为 $\alpha$，其表达式见式（5-11）：

$$\alpha = 1 - r = 1 - E_r/E_0 = (E_a + E_t)/E_0 \tag{5-11}$$

对墙体的隔声性能要求，要视其在建筑物中的位置和作用来确定，围护结构的墙体与内隔墙要求是不同的，分户墙与分室墙要求也是不同的，显然分户墙的隔声要求要高于分室墙。

### 5.1.3.4　耐火性能

**1. 材料防火性**

对材料的防火性能要求有 4 个方面：①燃烧性能：指材料着火的难易程度、火焰的传播速度以及燃烧时的发热量等；②耐火极限：指在标准耐火试验条件下，建筑物各部位从受到火的作用开始，直到失去稳定性、完整性的这段时间；③燃烧毒性：指材料燃烧时受热分解产生的物质对人体的毒害程度；④燃烧发烟性：指材料在燃烧及受热分解过程中，产生的固体悬浮物及液体颗粒。

**2. 燃烧性的分级**

按照燃烧性的相关国家标准，建材的燃烧性分为 4 个等级。它们分别是：①不燃性材料：是指发生火灾时，不起火、不微燃、不碳化的材料。如砖、石材、钢材等，其中，普通混凝土在受到火焰作用后，会发生明显的变形或炸裂而失去使用功能，虽属于不燃材料，但却是不耐火的。②难燃性材料：主要指火灾发生时，难起火、难微燃、难碳化的材料。这类材料可以推迟发火的时间，减少火灾的蔓延，火源移走后，燃烧会立即中止，有时称作阻燃材料。如石棉板等。③可燃性材料：指火灾发生时能立即起火或微燃，火源移走后仍能继续燃烧的材料。如木材等。④易燃材料：指火灾发生时，立即起火且火焰传播很快的材料。如有机玻璃、泡沫塑料等。为了使燃烧材料有较好的防火性，多采用表面涂刷防火涂料的措施。组成防火涂料的成膜物质可分为非燃烧性材料（如水玻璃）或是有机含氯的树脂。在受热分解时放出的气体中含有较多的卤素（F、Cl、Br 等）和氮（N）的有机材料具有自消火性，表 5-3 为几种常见材料的热性能。

表 5-3　常见材料的热性能

| 材料 | 温度(℃) | 注解 | 材料 | 温度(℃) | 注解 |
|---|---|---|---|---|---|
| 普通黏土砖砌体 | 500 | 最高使用温度 | 预应力混凝土 | 400 | 火灾时最高允许温度 |
| 普通钢筋混凝土 | 200 | 同上 | 钢材 | 350 | 同上 |
| 普通混凝土 | 200 | 同上 | 木材 | 260 | 火灾危险温度 |
| 页岩陶粒混凝土 | 400 | 同上 | 花岗石 | 575 | 相变时发生急剧膨胀温度 |
| 普通钢筋混凝土 | 500 | 火灾时最高允许温度 | 石灰石、大理石 | 750 | 开始分解温度 |

#### 5.1.3.5　耐久性能

耐久性是指材料在长期使用中能保持其性能稳定的一种能力。材料在自然环境的使用过程中，除受荷载作用外，还会受到周围环境各种自然因素的影响，如物理、化学及生物等方面的作用。物理作用包括干湿变化、温度变化、冻融循环、磨损等，都会使材料遭到一定程度的损坏，影响其长期使用。化学作用包括受酸、碱、盐等物质的水溶液及有害气体作用，发生化学反应及氧化作用，受紫外线照射等使材料变质或损坏。生物作用是指昆虫、菌类等对材料的侵蚀作用。实际上影响材料耐久性的原因是多方面因素共同作用的结果。耐久性是一个综合性质，它包括抗渗性、抗冻性、抗风化性、耐蚀性、耐老化性、耐热性、耐磨性等方面的内容。墙材的耐久性的指标主要有如下几点：

**1. 耐水性**

材料长期在饱和水的作用下不被破坏，其强度也不显著降低的性质，称为耐水性。材料在含水后，一般内部的结合力会减弱，使其强度有不同程度的降低，即材料被水软化，材料的耐水性能用软化系数来表示。即式（5-12）所示：

$$K_{软} = \frac{f_{饱}}{f_{干}} \tag{5-12}$$

式中：$K_{软}$——材料的软化系数；

$f_{饱}$——材料在饱和水状态下的抗压强度，MPa；

$f_{干}$——材料在干燥状态下的抗压强度，MPa。

材料的软化系数在 0～1 之间波动，软化系数越小，说明材料吸水饱和后强度下降越多，耐水性越差。长期受水浸泡或处于潮湿环境中的重要建筑物，其结构件的软化系数应大于0.85，次要建筑物或处于潮湿状况较轻的材料的软化系数也不应小于 0.75，通常软化系数大于 0.85 的材料被认为是耐水的。处于干燥环境下的材料可不考虑耐水性问题。

**2. 抗渗性**

材料抵抗压力水渗透的能力称为抗渗性（或不透水性）。材料抵抗其他液体渗透的性质也属于抗渗性。在水压力 $H$ 的作用下，水将沿着材料内部开口的连通孔渗透。透过的水量 $W$ 与试件的截面积 $A$、水的压力 $H$ 及渗透的时间 $t$ 成正比，与试件的厚度 $d$ 成反比。即式（5-13）所示：

$$K = \frac{Wd}{HAt} \text{ 或 } W = K\frac{HAt}{d} \tag{5-13}$$

式中：$K$——材料的渗透系数，mL/（cm$^2$·h）。

渗透系数 $K$ 反映了材料的抗渗性，$K$ 值越大，材料的抗渗性越差。渗透系数主要与材料的孔隙率及孔隙构造特征有关，绝对密实的或只具有闭口孔的材料是不会发生透水现象的，而那些具有较大的孔隙率，且孔径较大并多开口连通孔的亲水性材料往往抗渗性较差，如混凝土、砂浆等。材料的抗渗性可用抗渗标号来表示。

**3. 抗冻性**

抗冻性是指材料抵抗多次冻融循环而不被破坏的能力。材料在吸水饱和后，当环境温度降至冰点，内部的水分就会结冰，且体积增大 9%，其内部就会产生很大的膨胀力，于是材料在内应力作用下，表面就会出现裂纹、剥落等现象。当气温上升时，这种应力又会消失。如此反复循环，使材料内部结构遭到破坏，最终导致制品强度的下降和质量的损失。

材料的抗冻性与其组分、构造、强度、吸水性等因素有关，密实的材料及具有较少闭口孔的材料有良好的抗冻性能，强度较高的材料对冰冻有一定的抵抗能力。抗冻性还与材料的含水量和冻融循环的次数有关。含水量大，冻融循环次数多，则冻融损失也大。对于冬季室外温度低于 −10℃ 的地区，建筑工程中使用的材料就必须进行抗冻性检验。抗冻性试验通常是使材料吸水饱和后，在 −15℃ 温度下冻结 4~8h，然后在 10~20℃ 的水中融化 4h，如此反复冻融循环 15 次或 25 次，然后检测其质量或强度的损失是否符合某一限度，从而衡量其抗冻性是否合格。具体要求见相关国家标准。

**4. 碳化稳定性（抗碳化稳定性）**

水泥制品及硅酸盐制品在大气中长期与二氧化碳接触，会产生一种碳化作用。碳化作用是指混凝土制品面层的水化产物，在一定湿度条件下，与空气中的二氧化碳发生的化学反应。二氧化碳可与水泥石中部分氢氯化钙作用生成碳酸钙，可提高制品的部分强度，降低混凝土的原始碱度。二氧化碳还能侵蚀和分解混凝土中其他的水化物，如水化硅酸钙、水化铝酸钙，在形成硅酸钙的同时，生成水化二氧化硅凝胶和水化氧化铝凝胶，使其内部结构破坏，强度下降。

二氧化碳虽然能分解胶凝材料中的水化物，但影响的程度却是不同的。对于普通硅酸盐水泥混凝土，由于其水泥熟料含量较高，水化产物的碱度也高，大量的氢氧化钙加快了碳化速度，生成的碳酸钙使混凝土的密实度提高，制品的强度得到提高；而当水泥中掺有较多混合材料时，由于其碱度降低，氢氧化钙含量下降，此时不仅氢氧化钙碳化，其他含钙的水化物，由于周围氧化钙浓度的降低也会分解碳化，生成碳酸钙、铝胶、硅胶等，使原有的内部结构受到破坏，抗压强度下降（但它们胶结在一起仍有一定强度）。一般认为，水泥中的熟料减少至 40% 以下时，碳化后的混凝土强度将下降。正常条件下，碳化的过程十分缓慢，当碳化层在制品表面达到一定深度时，碳化过程将终止。另外，发生碳化收缩会使制品的表面出现一些细小的裂纹。我们通常用碳化系数来反映材料的碳化稳定性，碳化系数是指试件经碳化后的强度与碳化前强度之比。

实际上，建筑物在自然环境中所受到的作用和影响总是多方面的、综合性的，我们至今尚未找到一个全面的衡量材料耐久性能的试验方法。

## 5.1.4　新型墙体材料的政策思考

我国在现代化建设进程中，非常有必要研究建筑渣土的回收利用。应该说我们具备现代科学技术手段，缺少的是人们的观念、政府的有关法律法规和回收利用建筑渣土使其变为再生资源的管理机制。因此，我国急需建立建筑渣土回收利用机制。实际上，我国已经有了变建筑渣土为再生资源的动力，这就是国务院和各级政府颁布的有关墙体材料革新的一系列方针政策。针对我国拆除房屋产生的大量建筑渣土，最先想到的就是用来制作新型墙体材料，它来自建筑，也应该回归到建筑。因为墙体材料在建筑物中的用量很大，现在的房屋建筑，尤其在城市，已经不用砖混结构的房子，除了高层住宅以外，大多数墙体是非承重墙的墙体，即在钢筋混凝土框架结构（或框-剪结构）中用作围护、分隔的填充墙的墙体。拆除房屋的混凝土碎块、砖碎块只要经过破碎、筛分，再采用适当的配合比加入一定的胶凝材料和其他混合材料，制造出用作非承重墙的各种砌块和多孔砖或空心砖，满足《墙体材料应用统一技术规范》（GB 50574—2010）等标准的规定不是一件很难的事。不用担心这些混凝土碎块、砖碎块中是否含有对人体有害的化学物质或放射性物质，因为它们本就来自建筑物，而且已经用了若干年。在研制非承重墙所用的新型墙体材料，诸如各种砌块、多孔砖和空心砖时，应考虑块体材料本身模数化的尺寸要求，并尽量满足块体材料本身的保温隔热性能，即使在夏热冬冷地区或严寒地区，另外附加的保温材料尽量得到节省，非承重墙的块体材料满足建筑使用功能要求是容易做到的，关键问题是谁来投资。从理论上讲，建筑渣土是一种可再生利用的资源且利用率很高。如砖、石、混凝土等废料经破碎、筛分后，可以代替部分天然砂石，不仅可以制作墙体材料，还可用于配制砌筑砂浆、抹灰砂浆、混凝土垫层等。综合利用建筑渣土是节约资源、保护生态的有效途径。

## 5.2 渣土类再生墙体材料研究现状及研究意义

近几年，我国国民经济迅猛发展，随着城市更新速度加快，一大批重点工程如火如荼地开工建设，进而产生了大量建筑废弃物和工程弃土[2,3]。据统计，2017 年建筑固体废弃物的产生量已达 35 亿 t[4]，对于固体废弃物的处理方式，大多都采用堆放和填埋，这不仅严重占用土地资源、产生额外的垃圾清运费用、造成"垃圾围城"现象[5,6]、影响市容，而且废弃物中的大量有害物质会渗入土壤，甚至渗透至地下水造成污染；另一方面，工程弃土的随意堆放易产生坍塌、滑坡等危害，对人民的生命财产安全构成威胁。鉴于种种不利因素，我国的固体废弃物资源化处理迫在眉睫，建筑垃圾的资源化利用刻不容缓。在工程建设过程中产生的大量固体废弃物里，余泥渣土的比例大约为 70%[7]。工程渣土是指在工程建设中，诸如一些地基工程、地铁、隧道等地下空间的建设，需要大面积开挖土体，由此产生的多余的泥土（含砂石）、工程弃土等[8,9]。深圳市 2017—2020 年建筑废弃物预估总产量约 4.08 亿 $m^3$，年均产量约 1.02 亿 $m^3$，其中单是建筑渣土一项，深圳市每年的产量就占到了 7000～8000 万 $m^3$，这一数量相当惊人。大量的"余泥渣土"得不到正确处理，使我国正面临着严重的"余泥渣土"排放危机。传统的工程渣土处理方式就是采用堆放或填埋[10,11]，常见的有填海造陆工程、道路、沟壑的填埋。据不完全统计，深圳市每年排放的绝大部分"余泥渣土"未经任何处理，便被施工单位运往政府指定的受纳场、郊外或乡村进行露天堆放或填埋。但目前待建地带和低洼地带逐渐减少，填海行为也遭到严格管制，"余泥渣土"的回填场地和受纳场收纳能力也已基本饱和，之前那种自发消化的排放平衡逐渐被打破。

### 5.2.1 渣土类再生墙体材料国内研究现状

我国建筑固废物资源化利用相比发达国家落后了很多，造成这个现状的因素非常复杂。自 2009 年 10 月起，国内首部建筑垃圾资源化利用的地方性法规由深圳市政府制订后，建筑固废物资源化利用产业并没能受到广大公众的重视，截至 2012 年，有关建筑垃圾管理条例的颁布数量也不超过 10 例。然而环境的日益恶化以及资源的肆意浪费逐渐得到了政府及公众的正视。仅在 2013 年，北京市、吉林省、青岛市等 25 个地方相继出台了建筑垃圾管理与资源化政策，对建筑垃圾的排放、运输、处置、监督及法律责任等作出了明确的规定。仅 2014 年半年时间里，多地相继颁布的建筑垃圾管理条例就有 8 例。建筑垃圾资源化利用产业如火如荼进行中，但多数还限于规范处置、运输、管理范畴，出台资源化利用具体政策的不足 30%。据不完全统计，截至 2016 年，我国累计已有 10 余个省市和 167 个地区出台了关于建筑垃圾的管理政策，主要包括北京、天津、长春、乌鲁木齐、青岛、西安、深圳等。

据不完全统计，全国已建、在建处置建筑固废物产能在 100 万 t 以上的生产线共计 60 条左右，小规模处置企业几百家，总处置量不足 1 亿 t，全国资源化利用率 5% 左右。目前，国内具备制造建筑垃圾资源化利用固定式处置设备能力的企业有 100 多家，主要是生产破碎机、筛分机等设备，另有 18 家（国产企业 7 家、进口企业 11 家）具备制造移动式处置设备的能力，建筑垃圾再生产品生产设备企业（砖、砌块等制品和砂浆、混凝土搅拌站、无机料等）超过千家。

对于建筑固废物资源化利用的管理来说，地方政府的主导作用较为明显。针对建筑垃圾资源化利用的现行地方条例有深圳、青岛、广州、邯郸等诸多城市，北京市将建筑垃圾的管理内容加入到生活垃圾管理条例中。不难看出，各地方政府采取立法的方式推动了建筑垃圾资源化利用的发展。北京市、山东省、吉林省专门颁布了建筑垃圾资源化利用指导意见，昆明、西安、成都、许昌、郑州等城市都已经开展以政府为主导的资源化利用工作。中小城市进展迅速，效果明显，主要经验是"政府主导、特许经营、保证原料、推动应用"；对于大型城市来说，在建筑垃圾资源化领域里由于客观因素，如土地审批、环境等条件约束，建筑垃圾资源化利用推广进展相对缓慢。

## 5.2.2　渣土类再生墙体材料国外研究现状

国外许多国家，特别是在第二次世界大战之后，日本、美国、德国、苏联、英国、丹麦和荷兰等国家就开始对建筑垃圾进行处理和再生利用的研究。随着社会的快速发展，人们对土地和资源的利用，使得自然环境受到严重的破坏，给各个国家造成一定的威胁，因此，发达国家把建筑垃圾资源化处理作为环境保护和可持续发展战略目标之一，许多国家也使其发展成为了一个产业。国外发达国家已经走过了城镇化建设阶段，在若干年前，他们对建筑渣土的回收利用就得到了许多成功的处理技术和经验，应该值得我们借鉴[12,13]。

日本是一个物资极度缺乏的国家，天然原料价格偏高，因此珍视可具备资源化条件的物料并予以重复循环应用，从法律法规、产业技术扶持和政策鼓励等方面做了大量的工作，实现了源头减量及资源化利用。20 世纪末，日本建设工程固体废弃物的资源化使用比例达到 65%，本世纪初期，这一指标上升到 81%。2008 年的调查显示，日本建筑工地产生的废弃物总量有 6380 万 t，与 2005 年度相比，建筑垃圾减少约 17%，再资源化利用率达 92.2%。目前，日本的建筑垃圾资源化应用率几乎高达 100%。日本的建筑垃圾资源化利用技术主要有建筑垃圾就地资源化零排放处置技术，废旧混凝土、沥青混凝土、木材、污泥等建筑垃圾资源化利用技术，设计与规划零排放技术。1977 年出台的《再生骨料和再生混凝土使用规范》、1994 年编制的《推进废弃物对策行动计划》、1998 年颁布的《建设可持续性指南导则》

和《促进建造废料规范利用导则》，随着技术革新及实际需要，不断进行修订。全国各地建立了以资源化利用混凝土为主的处置厂，用于生产再生水泥及再生骨料，有些工厂的规模可以达到 100t/h 的处理能力。目前，企业在拆改住宅建筑工程中完全能够实现建筑垃圾就地消化，经济效果显著。

德国是首个大规模利用建筑垃圾的国家，从 1945 年就开始资源化利用。根据德国国家统计局统计数据，2006 年建筑垃圾资源化利用率达到 87%，再生利用率达到 70%，这得益于政府对建设废料资源化应用程度高度重视。在技术体系层面，德国工业标准 DIN 4226-100 对由混凝土垃圾、建筑碎块、砌砖碎块及混合碎块制成再生骨料的具体成分作出明确要求，除此以外，对建筑垃圾作为回收骨料的密度、吸水性及一些元素的含量也有明确要求。在再生产品的推广方面，1978 年，德国在全球首次推行了环境标志制度。环境标志是指一种印刷或粘贴在产品或其他包装上的图形标志，表明被标志产品不但质量符合标准，而且在生产及销售的全过程中符合环保要求，同时有利于资源化利用。环境标志以其独特的经济手段，通过购买行为促使企业从产品生产到销售的每个阶段都注重环境影响，引导企业积极调整产品结构，采用清洁生产工艺，生产环保的再生产品。在环保标识的影响下，德国各地均建设大规模建造废料资源化处置厂，20 多个处置厂建设在柏林城市。多年前，德国再生骨料产能约占德国骨料生产量的 10.6%。再生骨料混凝土主要应用于公路路面，例如德国 LOWER SAXONG 的一条双层混凝土公路就采用了建筑垃圾制备的再生混凝土，该路面总厚度 26cm，底层混凝土 19cm 采用建筑垃圾混凝土，面层 7cm 为天然骨料混凝土。其他一些欧洲国家，如丹麦、芬兰、瑞典等也效仿德国的做法，实施统一的北欧环境标志制度。

美国是较早发展建筑垃圾资源化利用领域的发达国家之一，在政策法规和实际应用方面均形成了一套完善、成熟的并且符合国情的体系。美国在建筑垃圾管理机制方面，经历了三个阶段。其一是基于政府主导的规定及监管，通过行政手段控制污染；其二是基于市场的经济激励策略，强调企业在源头消减建筑垃圾的产生；其三是在进一步完善政策的基础上，政府倡导和企业自律相结合，提高广大公众的参与意识。美国每年产生的建筑垃圾经过分拣、加工，资源化利用率约为 70%。美国的建筑垃圾资源化利用大致可分为三个级别：一是初级处置，即现场分拣利用，一般性回填等，占建筑垃圾总量的 50%～60%；二是中级利用，即用作建筑物或道路的基础材料，经处置企业加工骨料，再制成各种建筑用砖、骨料等，约占建筑垃圾总量的 40%，美国的大中型城市均有建筑垃圾处置厂，负责本市区建筑垃圾的处置；三是高级利用，如将建筑垃圾加工成水泥、沥青等资源化利用再生制品，这部分利用的比例不高。在技术体系层面，美国于 1982 年在《混凝土骨料标准》（ASTM C—33—82）中指出将破碎处理过的水硬性水泥混凝土归为粗骨料。同年，美国军队工程师协会也在有关规范中鼓励使用再生骨料制备混凝土。据美国联邦公路局统计，美国现在已有 20 多个州在公路建设中采用再生骨料，有 15 个州制定了关于再生骨料的规范。

## 5.2.3  渣土类再生墙体材料研究意义

### 1. 保护耕地

随着我国城乡建设迅速发展，建筑材料的需求量大增，乡镇黏土砖厂得到空前发展，成为我国砖瓦企业的主力军。实心黏土砖的产量从 1980 年的 1500 亿块增加到 1997 年的 7000

亿块，近年来其产量虽有所下降，但仍维持在 5500 亿块左右。生产如此多黏土砖，每年用土量约 10 亿 $m^3$，如果按采土深度 2m 计算的话，需耗用土地 $500km^2$。虽然这些土地不一定都是适宜耕作的良田，但生产黏土砖确实占用和破坏相当一部分的耕地，造成耕地面积减少，加剧我国人多地少的紧张关系。目前，我国房屋建筑墙体材料中仍有近 90% 的墙体为实心黏土砖，部分框架结构（约占总面积的 30%）填充墙及围护墙也还在使用实心黏土砖；大量的多层建筑还没有形成新的体系，农村建筑基本上是砖混结构。我国现有砖瓦企业中，90% 以上的乡镇小厂生产黏土砖瓦，每年毁田都在 6670 万 $m^2$ 以上。据统计，大约每烧制 120 万块黏土实心砖，毁田近 $333\sim667m^2$。大约在"二战"以后、二十世纪四十年代末和五十年代初，国外就已不再大量使用实心黏土砖，而是广泛地使用新型节能的墙体材料。有时为了返璞归真，将砖锯成一片片薄片，贴在外墙上，作为一种美化建筑的装饰材料来使用，纯粹是为了装饰，应用量很少。众所周知，我国人口占世界总人口的 22%，却只有占世界 7% 的耕地，人均耕地面积只有 $867m^2$，占世界人均耕地的 1/4。在全世界 26 个人口 5000 万以上的国家中，我国人均耕地仅高于日本和孟加拉国，排名第 24 位。因此，为了保护我们赖以生存的环境，应努力推进墙体改革，最大限度地保护耕地，保护生态环境，解决毁田烧砖的问题。

**2. 节约能源，降低建筑能耗**

人们的物质生活离不开能源，我国地处寒冷与严寒地带的广大北方，冬天的采暖是一大消耗，南方地区及北方的大、中城市夏天的空调及冬天的"油汀"、空调等也日趋普及。目前，我国采暖能耗每年达 1 亿 t 标准煤，墙体材料（90% 以上为黏土砖）生产能耗和建筑采暖能耗已占全国总能耗的 25%，由于建筑围护墙、屋面、门窗材料制品保温隔热性能差，采暖设备效率低，采暖区房屋暖气采暖和小煤炉采暖年耗标准煤分别为 $25kg/m^2$、$28kg/m^2$，是发达国家的 $4\sim5$ 倍。我国目前能源供求矛盾越来越突出，如何降低房屋建筑能耗已是当务之急。而降低能耗的重要途径，除了继续搞好科技供暖以外，就是想方设法使房屋的外墙增加足够的保温性能，最大限度地减少建筑外围护结构的热损失，发展新型节能型墙体材料，有效地实现节能降耗的目的。如目前使用较普及的加气混凝土砌块构成的 200mm 厚的墙体，其热阻性能就优于传统的 620mm 厚的实心黏土砖砌筑的墙体。对于黏土资源较丰富的地区，只要按照节能要求发展多孔砖，改进孔型，就可使 240mm 的空心砖墙达到 370mm 实心砖墙的保温性能。而对于日益发展的高层建筑，其承重外墙多为现浇钢筋混凝土外墙，而同等厚度的现浇混凝土外墙的热阻值还不及实心黏土砖的一半，改善其保温性能的途径就是发展复合墙体，在承重墙内或外用绝热材料与之复合，成为内保温或外保温复合墙体。复合墙体是今后墙体改革的发展方向。国外还在复合墙体中增设空气层，以增加其保温隔热性能。目前，我国实心黏土砖同国外同一体积的新型复合墙体材料相比，它的生产能耗要高出一倍，而保温隔热性能却只有新型墙体材料的四分之一。所以说，墙体改革不仅是保护耕地，也是节约能源、改善环境、改善建筑功能、提高人们居住舒适程度的一件大事。据建设部门统计，2016 年我国建筑能源消费总量为 8.99 亿吨标准煤，占全国能源消费总量的 20.6%；建筑碳排放总量为 19.6 亿吨 $CO_2$，约占全国能源碳排放量的 19.0%。在 2016 年全国建筑碳排放总量中，电力碳排放占比 46%，是建筑碳排放的最大来源，北方地区采暖碳排放占比 25%，煤和天然气碳等化石燃料排放占比 28%。建筑业节能减排的任务依然任重道远。

**3. 有效利用废弃物，减少环境污染**

印度每年处理约 2500 万 t 的粉煤灰、800～900 万 t 的高炉煤渣、大量的铝厂红泥和各种尾矿渣、锯末、椰子弃物、可食性块茎皮等工农业废弃物，这些废弃物可用于生产建筑材料，缓解能源不足和原材料紧缺的状况。近年来，我国作为废物排放的电厂粉煤灰也得到了有效利用，并且显现出日益广泛的利用前景，国家为此已提出了鼓励综合利用粉煤灰的措施。我国目前利用粉煤灰的 35% 生产建材产品，如烧结黏土砖、加气混凝土砌块或者生产陶粒及水泥原料。2020 年我国的粉煤灰产生量达到 5.7 亿 t，如不充分利用，不仅政府或企业要拿出十亿元投资建储灰场，还将增加占地 200km²，而进行墙体改革可大大提高粉煤灰的利用率，同时也能为建筑业提供优良的建筑产品和原材料。

**4. 提高建筑工业化水平**

传统的实心黏土砖都是一砖一瓦砌筑而成。由于实心黏土砖单块体积小、质量大，砌筑及搬运都较费时费工，手工劳动强度大，很难缩短工期。而新型墙体材料已完全克服了黏土砖的这一大缺点。新型的块材型材料中，小型砌块单块规格都在 190mm×190mm×390mm 以上，砌块的体积大，但因表观密度小，仍然易于搬运、砌筑。而板材型墙体材料在这一方面则更具优越性。最新的板式结构房屋，其墙体板材都是按照设计要求在工厂中直接加工好，运输到现场，拼装安装完成的，这使得一座十几层的建筑在几个月内就可以拼装完成。墙体材料向大体积、大尺寸方向发展，也使得建筑施工机械化程度得到提高，大大减少了手工作业，减轻了劳动强度，工期大大缩短。

# 5.3　渣土类再生墙体材料应用技术分析

## 5.3.1　渣土类烧结砖、砌块应用技术分析

**1. 生产工艺路线**

首先将渣土由装载机卸到板式给料机中给料，经滚筒筛进行筛分，筛上料粗骨料返回绿色分拣车间洗选处理，筛下料经高效对辊机处理后，送入双轴搅拌机进行搅拌并调节加水，控制原料含水率在 18% 左右后经可逆布料机送入陈化池陈化。原料在陈化池中陈化 3 天以上，充分疏解、水分更均化，然后再用多斗取料机挖出送到成型车间，送到圆盘筛式给料机以及真空挤砖机中挤出成型。原料经砖机挤出成泥条，经切割机、托条输送系统、湿坯传送机械手和坯体上架系统等机械设备自动将坯体送到干燥车上，再送入干燥室进行干燥。坯体干燥后，再由下架系统、干坯传送机械手、托条输送系统、编组系统和码坯机械手将干坯码放到窑车上，然后再进入隧道窑进行焙烧，图 5-1 为多功能隧道干燥窑示意图。选择哪一种生产工艺，要根据原料、品种、规模和资金等条件来综合考虑，一旦确定，将对今后的生产和经济效益带来长远的影响。考虑到建筑渣土的复杂性和新型烧结制品的需要，为了保产品质量，避免压印、压痕和色差等产品缺陷，推荐优先选择单层干燥方式的"二次码烧"生产工艺。采用二次码烧工艺，外燃烧结技术，生产出来的产品质量较好，整体技术在发展过程中已趋于成熟。在国内从工艺技术、产品性能方面将领先同类产品一个时代。焙烧后由卸砖机械手、砌块输送系统和链式输送机等机械设备自动将砌块送到打磨机上磨削成砌块成品，再由辊式传送链、砌块输送系统、码垛机械手、链式输送机输送到下一道灌装程序。打磨好

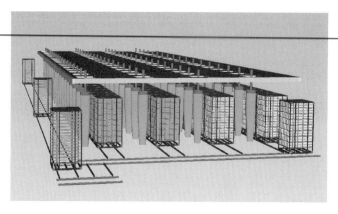

图 5-1　多功能隧道干燥窑

的砖块首先经过肋条破碎装置与机械手一起整理砖坯要填充的孔洞，整理后放在托盘输送传送系统码放好的托盘上，送入装填站。在装填站对砖坯进一步清理，膨胀珍珠岩加黏结剂经混合搅拌均匀后，注入孔内经压实并喷胶，再进入加热箱内对表层胶加热固化，固化后将砖坯翻转对另一个孔面所填充珍珠岩进行压实、喷胶处理，再由机械手将砖坯放在干燥车上进入干燥室，做进一步干燥处理，空托盘经输送系统送回并清理。干燥后的成品由机械手从干燥车上卸到外运托盘上进行打包，再由叉车将包装好的砖垛送到成品堆场。具体工艺流程如图 5-2 所示。

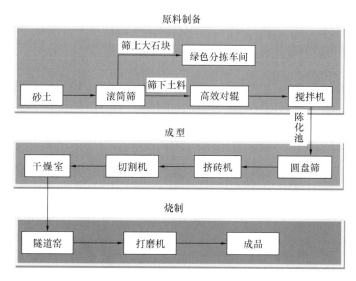

图 5-2　烧结制砖工艺流程

### 2. 原料处理技术

建筑渣土的主要成分是以 $SiO_2$ 为主的黏土质材料，适用于制备烧结制品[11]。但建筑渣土中通常夹杂着大块碎石、大块硬化土，应进行破碎处理。使用颚式破碎机、圆锥破碎机将其破碎后筛分，控制粉料最大粒径在 2mm 以内。颗粒组成直接影响到其可塑性、收缩率和烧结性等各个方面，因此需要进行严格把控。通常粒径小于 0.05mm 的粉料称为塑性颗粒，粒径在 0.05～1.2mm 之间的粉料称为填充颗粒，粒径在 1.2～2mm 之间的粉料称为骨架颗粒。混合料中较合理的颗粒组成应该是塑性颗粒占 35%～50%，填充颗粒占 20%～65%，骨架颗粒小于 30%。为了调制出适合的混合料配方，基于前期的调查研究工作选择了 3 种配方研究其混合料性能。由于需要满足烧结砖内燃热值的要求，根据相关文献和试生产经验将废弃煤渣掺量控制在 30%。在生产混合料的过程中通过采用喷水或者烘干的工艺将混合料的含水率控制在 16% 左右。通常混合料需经过 48h 的陈化后颗粒内部的含水率才会达到平衡，方可用于压制砖坯。选择不同配方制成的混合料经陈化后进行颗粒组分分析，测定混合料的塑性指数。混合料的可塑性用塑性指数来表示，废弃物混合料适宜的塑性指数宜在7～15 左右。可塑性太高虽有利于挤出成型，但干燥和焙烧时容易产生裂纹，砖坯强度也较低，不利于机械手码砖；可塑性太低虽有利于干燥和焙烧，但又会给成型带来困难。考虑到成型的为烧结多孔砖和烧结保温砌块，砖壁较薄，宜尽可能选择较高塑性的混合料。混合料含水率增加，砖坯成型使用的挤压成型机需要的挤出压力会变小，砖坯外观也会更加光滑、完整、破损率低，但同时也会使湿坯强度降低，不利于机械手夹持。含水率的增加还会带来较高的收缩率，对产品外观和强度影响较大。综合考虑各方面影响因素，在保障烧结成品砖强度的前提下，选择 16% 含水率的混合料可以获得各方面性能较均衡的砖坯，保障成品率。

成型出来的砖坯质量好坏与成品砖外观质量好坏有着直接关系。将陈化完全的混合料送入挤压成型机成型后，成型出来的湿坯经过自动切割设备切成规定尺寸的标准砖坯，然后通过一次码砖装到窑车上进行自然脱水干燥。码砖过程注意应纵横向交替进行，使砖垛上能形成自然风道，便于利用大气进行自然干燥，将湿坯晾晒成干坯。湿坯干燥过程中应注意观察其外观质量，例如是否发生变形、开裂，不然无法保证成品的外观质量，导致废品率升高，影响经济效益。根据研究结果，选用 16% 含水率的混合料生产砖坯，可以获得比较好的砖坯强度和外观质量，保障成品率。经过自然干燥 24h 的湿坯，残余的含水率约 6%，此时可以将坯体放入焙烧隧道窑中进行烧成。首先将外观有较大裂纹或者破损的干坯挑除，接着将窑车推送至隧道窑洞口风道上进行除潮和进一步恒速干燥。这时利用隧道窑出口方向的风机通过反向送风将窑体内的高温空气带到处于干燥平衡阶段的砖坯，要控制好风量使得该阶段的干燥温度不宜过高，避免产生过多的裂纹而影响成品率。通常应该控制这一阶段的干燥收缩率在 3% 以内。经过约 6h 的恒速干燥后，干砖坯随窑车进入隧道窑中进行焙烧。"一次码烧"和"二次码烧"是当前烧结砖生产过程的两种最常见的生产工艺。

根据原材料的组成特性，初步选择将砖坯的焙烧温度控制在 950～1000℃ 之间。由于砖坯内使用了一定量的煤渣作为内燃材料，因此在隧道窑中部的烧成区不需要使用其他燃料。砖坯在隧道窑中烧成达到一定时间后（约 12h）逐步进入窑出口处的保温和冷却区准备出窑，按照设计，砖坯中的煤渣所释放的热量应能恰好维持隧道窑中心区的烧成温度，所以应根据实际烧成情况严格控制好入窑砖坯的数量。在生产过程中应随时监测隧道窑内的温度和压力以及成品砖的烧成度，避免生产欠火砖或者过火砖。通过测试发现，该烧结成品砖的各项性能均满足要求，且抗压强度达到了 18.73MPa，给下一步的孔型设计提供了较大的空间。从目前建筑市场应用较普遍的新型烧结墙体材料类型考虑，本书选择烧结多孔砖、烧结保温砌块这两类产品进行规格尺寸及孔型设计。其中烧结多孔砖根据工程应用实际通常强度要达到 MU10 以上，执行标准为国家标准《烧结多孔砖和多孔砌块》（GB 13544—2011），可以用于对保温没有要求的墙体承重部位和非承重部位；而烧结保温砌块执行标准为《烧结保温砖和保温砌块》（GB 26538—2011），要求抗压强度达到 MU5.0 即可，需要满足密度等级在 1000 等级以下和一定的节能保温（通常传热系数 $K$ 值应在 $1.5\text{W}/(\text{m}^2 \cdot \text{K})$ 以下）的要求，用于非承重部位的自保温墙体。

## 5.3.2　渣土类烧结陶粒应用技术分析

### 1. 生产工艺路线

工程渣土烧结制陶粒的工艺流程可以分为 5 个过程：原料配料、搅拌混匀、造粒整形、烧结成型、成品贮存。主要过程如下所述：

（1）将符合造粒要求的原料，通过装载机在配料机处按比例配料；

（2）配好后的料经箕斗提升机提升，再由轮碾机充分轮碾搅拌混合均匀，卸料至搅拌机，投入添加剂，搅拌均匀；

（3）搅拌均匀后的原料，经双轴搅拌机运输至造粒机造粒成一定粒径的圆柱状物质，再由整形筛圆整成颗粒状物质；

（4）造粒整形后的颗粒状物质进入陶粒回转窑，经过烘干、焙烧形成陶粒，再由单筒冷却机冷却；

（5）冷却后的陶粒成品经成品筛分后，将占绝大多数的所需要的陶粒通过斗式提升机输送至圆筒仓贮存，以便后续运输出售。

具体工艺流程如图 5-3 所示。

烧结陶粒工艺流程说明：

（1）"模块"划分的方法主要侧重于处置站工艺图布置区域，便于针对不同项目设计时快速调整。整体工艺布置划分为 7 大模块：①原料场模块；②配料模块；③搅拌造粒模块；④烧结模块；⑤成品储存模块；⑥燃料供给模块；⑦尾气处理模块（包含余热利用）。

（2）"系统"是针对工艺流程中不同组设备所起的功能进行的，更能全面地表达每个系统在工艺流程中的作用。按各组成部分功能可以划分为 9 大系统：①料场系统；②配料系统；③搅拌造粒系统；④焙烧冷却系统；⑤陶粒贮存系统；⑥称量系统；⑦气动系统；⑧燃料供给系统；⑨尾气处理系统。

① 料场系统：主要用来储存原（燃）料，以满足生产需要。料场系统包括破碎、工程弃土和烟煤三个堆场，以及装载转运物料的装载机。采用厂房结构，以避免粉尘污染或者气味扩散。每个料场应配备一个装载机。

② 配料系统：处置站配料系统是集污泥与弃土的贮料、计量、配料输出等功能于一体，模块化设计的骨料流程装置。处置站采用两斗配料机，气动配料，采用分别计量形式，按比例配好后的两种主要原料，通过提升斗输送至下一工序。

③ 搅拌造粒系统：搅拌造粒系统主要用来将两种主要原料及添加剂混合搅拌均匀，并造成具有一定粒径和形状的颗粒，以满足陶粒性能的要求。其主要由轮碾机、搅拌机、卧式双轴搅拌机、造粒机和波纹挡边带组成。首先，轮碾机将配料机配好的两种主要原料充分轮碾混合搅拌均匀，混合均匀后卸料至搅拌机，然后投入对应比例的添加剂粉料，使物料充分混合均匀，通过双轴搅拌机输送到造粒机。混合均匀后的物料在造粒机处造粒，得到一定强度、形状和粒度的颗粒物料，经波纹单边带提升到一个缓冲仓中。缓冲仓主要起保持物料均匀连续的作用。

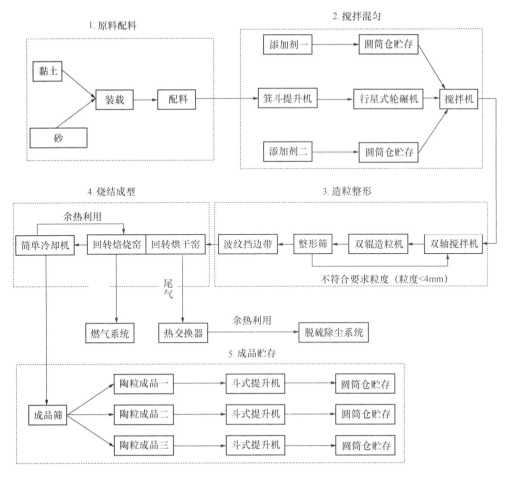

图 5-3 烧结陶粒工艺流程

④ 焙烧冷却系统：焙烧冷却系统是控制污泥陶粒烧成的装置，主要包括上料皮带机、陶粒回转窑和单筒冷却机。上料皮带机将（搅拌造粒系统波纹挡边带后设置的）缓冲仓中的成型颗粒输送至陶粒回转窑窑尾部（倾斜的高端）。成型颗粒进入陶粒回转窑窑尾，并运动至窑头的过程中，温度从 400~500℃ 至 1200℃ 左右，经过"干燥—预热—分解—放热反应—烧结"一系列物理化学反应膨胀，表面液化结晶，最终形成陶粒成品。回转窑烧成后的陶粒仍具有 700~800℃ 的高温，故需要单筒冷却机将之冷却至 150℃ 以下，之后才能进行贮存。

⑤ 陶粒贮存系统：陶粒在回转窑内由于各种反应、碰撞，小部分会发生破裂，故冷却后需用成品筛将其分成不同的级别。占绝大多数的陶粒经斗式提升机输送到圆筒仓中进行贮存。圆筒仓下部锥斗处设置气动开门机构，在汽车外运时打开。

⑥ 称量系统：集中处置站中的称量系统特指粉料添加剂系统，包括添加剂贮存筒仓、螺旋输送机、称重料斗和气动蝶阀等。称量系统采用累计计量电子秤，精度为±2％。

⑦ 气动系统：气动系统包括空压机、储气罐、供气管路和气水分离器、油雾器、减压阀等气路附件，用于向配料机卸料门、计量斗底门或蝶阀等装置执行开关动作的气缸和粉料筒仓下部锥体的破拱装置提供压缩空气。

⑧ 燃料供给系统：燃料供给系统由为陶粒回转窑提供所需要的燃气管道附件等组成。

⑨ 尾气处理系统（包含余热利用）：尾气处理系统包括热交换器、布袋除尘器、喷淋脱硫塔等，主要用来除去回转窑尾气中的灰尘及气体污染物，以保证环保要求。热交换器可以将陶粒回转窑尾气的温度从 $400\sim500℃$ 降至 $150℃$ 以下，从而增加后续设备布袋除尘器的寿命。其得到的清洁热交换热空气或者是热水又可以进一步被利用，为处置站提供热水或热气。

**2. 原料处理技术**

人工陶粒具有密度小、保温隔热、孔隙率高、抗震、耐火、抗碱骨料反应等优异性能，被广泛生产和应用[14,15]。特别是 2009 年 1 月 1 日相关部门实施了《中华人民共和国循环经济促进法》之后，以固体废弃物（粉煤灰[16,17]、煤矸石[18]、赤泥[19]、污泥[20-23]、海泥[24,25]等）为主要原料制备绿色陶粒方面的研究取得了相当程度的进展，尤其是为了减轻结构自重，轻骨料混凝土的研究应用得到了快速发展[26-29]，轻质高强陶粒的需求量也因此越来越多。综上所述，探索工程渣土在其他方面的研究应用，可以结合绿色高强陶粒需求现状。

以工程渣土为主要原料制备轻质高强陶粒（900 密度等级），可以为结构轻骨料混凝土用陶粒提供可选择的原材料。主要原材料工程渣土干燥后经球磨机（3MD5）研磨并过 100 目（颗粒直径 $\leqslant150\mu m$）筛筛分，经 XRF 测试化学成分，此外，原料中还有粉煤灰、秸秆等。工程渣土骨架成分中 $SiO_2$ 占比要大于 $50\%$，能够为陶粒提供足够的黏度；粉煤灰骨架成分中 $Al_2O_3$ 含量较高，能够为陶粒提供足够的强度和稳定性；同时，工程渣土和粉煤灰中都含有丰富的产气成分 $Fe_2O_3$，能够为渣土陶粒膨胀提供足够的产气量；秸秆作为添加剂，其内部含量最多的是有机物，其中有机碳含量达到 $90\%$ 以上，可补充陶粒内部的产气成分，为陶粒膨胀提供足够的膨胀气体。

## 5.3.3 渣土类混凝土制品应用技术分析

生产主要采用在绿色分拣车间加工的再生骨料、烧结陶粒生产线制取的陶粒，经过"配料—搅拌—成型—养护—码垛"工艺生产混凝土制品，可以根据市场需求生产不同类型、不同功能的各式各样的砌块。主要工艺流程为：白水泥用水泥罐车打入白水泥筒仓，通过螺旋输送、称量后进入面料搅拌机，细砂由铲车装入细砂仓，计量后经皮带秤输送至面料搅拌机，加水搅拌后的物料通过提升机、二次布料机进入激振式成型系统，铲车将 1♯细骨料、1♯粗骨料分别装入 1♯、2♯骨料仓，1♯、2♯骨料仓物料经提升后进入底料搅拌机，水泥经水泥筒仓、螺旋输送、称量后进入底料搅拌机，底料搅拌机内水泥、再生骨料加水搅拌后被提升至激振式成型系统，物料成型后通过液压式升板机、子母窑车输送进入太阳能养护窑，养护 12h 后，依次经过液压式降板机、自动码垛系统、成品养护堆场，得到最终砌块产品。具体工艺流程如图 5-4 所示。

该生产工艺路线的特点如下：

（1）该套系统采用全自动码垛系统、太阳能蒸养窑技术，节能、高效。

（2）控制系统达到国际水平。该设备所有关键的电控元器件、电机减速机和液压气动等部件全部采用国外先进产品，从而保证了设备运行的高可靠性。

（3）设备在外观设计、结构设计、操作等方面更具人性化，更适合我国用户的使用要求。

（4）适用于建筑垃圾、渣土再利用生产各种混凝土制品。

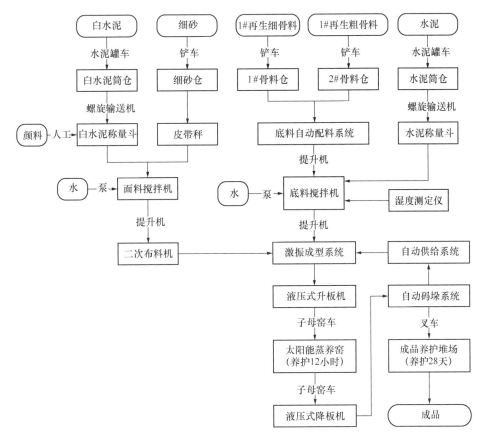

图 5-4　混凝土制品工艺流程

# 5.4　渣土类再生产品应用技术典型案例

## 5.4.1　许昌市渣土类再生产品应用案例

　　河南省是人口、农业大省，其土地资源相比其他省份严重短缺，耕地面积低于全国平均水平，仅有 $820m^2$。随着近年来城镇化步伐的加快，取土烧砖毁地和节约土地资源的矛盾更加突出。推进墙体材料革新和推广节能建筑，采用优质新型墙体材料建造房屋，并按节能标准要求采取保温措施，可以有效改善建筑功能，提高舒适度并降低建筑能耗。河南省又是资源和能源消耗大省，因此政府部门提出要将大量工业固体废弃物用到新型墙体材料中。

　　目前，河南省新型墙体材料按照外形主要分为砖类、砌块类和板材类。结合当地资源条件，新型墙体材料的砖类按照组成材料主要划分为水泥基类墙体砖、黏土硅酸盐类墙体砖、硅酸盐类墙体砖、蒸压灰砂砖类等；砌块类主要划分为水泥基类墙体砌块、硅酸盐类墙体砌块、石膏砌块等；板材类主要分为水泥基类墙体板材、石膏类墙体板材、金属类复合墙体板材、水泥基类复合墙体板材、钢丝网架类夹芯复合墙体板材。目前，河南省墙材产品主要以砖类和砌块类为主，板材类占比例很小。

作为"无废城市"建设试点城市，许昌市始终坚持以习近平生态文明建设思想为指导，以"无废城市"建设试点为契机，紧抓"推进重点项目、创新制度模式、强化宣传引导"三个着力点，认真落实"制定一套标准、探索一种模式、落地一个产业"工作理念，打造出"政府主导、市场运作、特许经营、循环利用"的建筑垃圾管理和资源化利用的"许昌模式"，被认定为"河南省建筑垃圾管理和资源化利用示范市"，入选"建筑垃圾治理试点城市"，荣获了"中国人居环境范例奖"。近年来，随着经济生产和社会活动的不断扩大，许昌市每年建筑垃圾总量达上百万吨，建筑垃圾逐渐成为困扰许昌城市发展的一大难题。许昌市最初采用填埋式处理方式，由于地处平原，缺乏合适的填埋点，只能置于城郊低洼处露天堆放，这既损害城市形象，也影响市民生活环境，造成土地资源大量浪费。因此，许昌市便瞄准循环经济这一发展方向，探索市场化运作和特许经营的方法，寻求解决"垃圾围城"的治本之策，开创了全省对建筑垃圾清运和处理实施特许经营的先河。

目前，许昌市建设了再生骨料生产线、再生砖/砌块生产线（图5-5）、再生墙材生产线等7条生产线，以及2条移动式破碎筛分生产线，生产出再生骨料、再生透水砖、再生墙体材料、再生水工产品等8大类50多种再生产品，广泛应用于城市道路、公园、广场等市政基础设施工程，形成完整的"建筑垃圾回收→建筑垃圾加工→再生建筑产品"的建筑垃圾资源化利用链条。结合不同区域土样的特点，许昌市开展了高精度、高强度、高保温生态烧结砌块的配方和绿色生产工艺以及生态烧结砌块结构的抗震性能研究，已初步建立了基于烧结性能的弃土类建筑固废资源化数据库。

图5-5  节能环保型烧结自保温砌块生产线采用再生墙体材料

目前许昌市的再生墙体材料主要有：再生标砖、再生仿古饰面砖、再生多孔砖、再生空心砌块和再生配筋砌块。再生标砖的主规格为240mm×15mm×53mm，抗压强度包括MU10、MU15、MU20和MU30四个等级。其中MU10以下主要用于非承重墙体的填充砌筑和装饰，MU15以上的主要用于承重墙体的砌筑。它的优点为自重较轻、放射性低、热工性能和抗震性能好，执行标准为《再生骨料应用技术规程》（JGJ/T 240）、《混凝土实心砖》（GB/T 21144）。再生仿古饰面砖的主规格为240mm×115mm×53mm，其他规格尺寸可按需定制。其中MU10以下主要用于非承重墙体的填充、砌筑和装饰，MU15以上主要用于承重墙体的砌筑和装饰。其优点为强度高，可实现砌墙和外装饰一次完成，大大降低建设成本的同时，可通过样式、颜色、图案等体现历史感和厚重感，且不掉色、不褪色、使用效果好。再生仿古饰面砖的执行标准为《再生骨料应用技术规程》（JGJ/T 240）、《混凝土实心砖》（GB/T 21144）。再生多孔砖按强度等级可分为 MU10、MU15、MU20、MU25、MU30；按孔洞可分为八孔、多孔等。再生多孔砖可按需定制不同块型和用途，可广泛应用于工业厂房、居民楼房等工程建设中，具有体轻、强性好、保温性好、耐久性好、收缩变形小、外观规整、施工方便等特点，是一种实用性强的新型墙体材料。其执行标准为《再生骨料应用技术规程》（JGJ/T 240）、《非承重混凝土空心砖》（GB/T 24492）和《承重混凝土多孔砖》（GB/T 25779）。再生空心砌块的主规格为390mm×190mm×190mm，其他规格可按需定制，抗压强度包括 MU3.5、MU5、MU7.5、MU10 和 MU15 五个等级。其可广泛应用于工业厂房、居民楼房等工程建设中，具有自重相对较轻、墙面平整度好、砌筑方便、热工性能好、抗震性能好的优势，还有节能、低成本、防火等特点。其执行标准为《轻集料混凝土小型空心砌块》（GB/T 15229）和《自保温混凝土复合砌块》（JG/T 407）。越来越多的再生墙体材料被应用到工程当中，例如，许昌市的滨河公园用到了再生标砖和再生仿古饰面砖两种再生墙体材料（图 5-6），而许昌市"水畔名居"小区则用到了再生配筋砌块，见图 5-7。

图 5-6 许昌市滨河公园采用的再生墙体材料

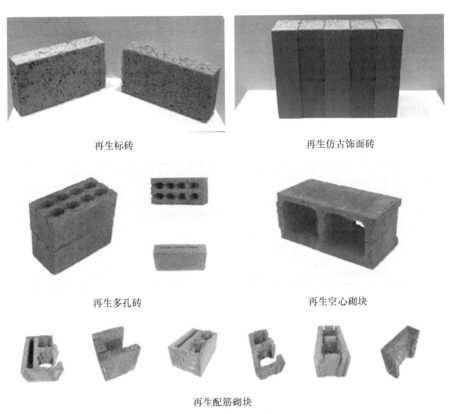

再生标砖 　　　　　　　　　　再生仿古饰面砖

再生多孔砖 　　　　　　　　　　再生空心砌块

再生配筋砌块

图 5-7 再生建材类产品

## 5.4.2 贵阳市渣土类再生产品应用案例

贵州省始终紧扣资源综合利用、墙材革新与建筑节能主旋律，积极投身循环经济建设的大潮中，立足于行业前缘，引领中国墙体材料行业的技术进步与发展，不断攻克技术难题，先后完成利用河道污泥、造纸厂污泥、铁尾矿渣、高炉重矿渣、金尾矿渣、赤泥、锰矿渣、化学石膏、粉煤灰、煤矸石等固体废弃物生产新型墙体材料的研究，并运用于工程咨询与设计中，获得了包括3项省部级一等奖在内的多项优秀设计奖。贵州省拥有一批在墙体材料领域具有丰富技术经验的国内知名专家和学者，使该省的研发能力不断提高。而且，该省具有国内独有的烧制品和振动加压成型砌块中间试验线，可以为用户提供原材料理化及工艺性能检测、生产工艺配方、工业性试验、热工曲线等服务，为该省精益求精的墙材咨询设计工作建立了严密的科学基础，同时可培训化验室和生产工艺检验人员，确保生产出高质量的产品。贵阳有年产30万 m³加气混凝土砌块生产线的建筑材料生产企业，有加气砖、轻质石膏砌块、轻质隔墙板生产、销售、施工为一体的贵阳新型建材供应商。这些企业主要承接学校、营业场所、办公空间、休闲、餐饮等空间轻质隔墙工程施工，它们提供的加气砖、石膏砌块等产品绿色环保、质量过硬、防火隔热，是目前轻质隔墙领域的优选产品。经多年发展，这些企业已形成从材料销售到工程施工为一体的综合服务体系。图 5-8 和图 5-9 是贵阳某企业的部分生产线和相关产品及工程示例。

图 5-8 加气混凝土砌块生产线及工程

加气砖生产 　　　　　　　　　　　　　三孔石膏砌块

大型轻质隔墙工程施工 　　　　　　　室内加气砖轻质隔墙工程

图 5-9 相关产品及工程

## 5.4.3 徐州市渣土类再生产品应用案例

目前，徐州市在墙体材料方面的研究主要集中在固废制备烧结砖及自保温砌块方面，且取得了不错的成效，形成了研发、生产和销售为一体的资源综合利用体系。如图 5-10 所示，该市将节能型墙材应用到了农村住宅中。专家通过实地调研与软件模拟计算相结合的方法，在对徐州地区农村住宅室内热环境和能耗现状分析的基础上，针对当地农村住宅墙材应用现状，研究适宜在该地区应用的节能环保型墙材及构造形式，得出"单一改变墙材及构造形式时，与既有实心黏土砖墙体相比节能 30% 以上"的结论，为该地区农村住宅墙材的革新与应用提供参考，还有效地解决了该市城市建筑垃圾堆放造成的二次污染及大量的土地被占用等问题，实现了经济效益和社会效益的双丰收。

图 5-10　徐州地区农村住宅节能型墙材应用

## 5.4.4 安康市渣土类再生产品应用案例

大力发展新型墙体材料是促进资源综合利用，保护土地和生态环境，推进建筑节能和绿色发展的现实必然要求。根据《国务院办公厅关于促进建材工业稳增长调结构增效益的指导意见》（国办发〔2016〕34 号），陕西省出台了《陕西省新型墙体材料发展应用条例》及《陕西省新型墙体材料"十三五"发展规划》。陕西省安康市在推广应用新型墙体材料方面已取得了显著的社会和经济效益。而且随着安康市墙体材料改革的进一步深入，新品种的墙体材料不断涌现，产量和用量也将迅速增加，新型墙体材料的发展将会进入快速发展时期。安康市在新型墙体材料的使用中始终坚持因地制宜原则，并且采用系统工程方法，经过全社会的共同努力，在节土、节能、利废、改善建筑功能方面取得了明显成效。据 2016 年调查统计，安康市新型墙体材料推广应用比例达 77% 以上，全市新型墙体材料生产总量达到 18.1 亿标砖，占墙材总量的 96%，生产企业 152 家。安康市新型墙体材料工业已经走上多品种发展的道路，形成了以块材为主的墙材体系。安康市页岩、砂石尾矿资源丰富，企业根据这一特点积极开发高质量的利废新型墙材，如多孔砖和空心砖、混凝土空心砌块、加气混凝土砌块等。安康市建筑工程设计中，为减轻建筑的自重，一些建设单位强调了对混凝土空心砌块、加气混凝土砌块等新型材料的应用。例如，安康学院江北校区图书馆的承重墙就采用了质量轻、防水及吸热性能较好、能降低建筑自重的混凝土空心砌块来代替黏土砖；非承重墙体设计中用 240mm 的加气混凝土墙替代 640mm 的实心砖墙，以此达到节能的目的；外墙的装饰应用外墙真石漆等新型材料来增强建筑物墙体的耐腐蚀性，有效地阻断了外界恶劣环境对建筑物的侵蚀，延长了建筑物（构筑物）的寿命。安康学院新校区图书馆工程的建筑面积为 18700m²，四层框架结构（地下一层）。甲方要求设计施工中大胆采用新技术、新材料、新工艺。经多方讨论，并研究了兄弟单位的成功经验，学校决定采用混凝土空心砌块、加气混凝土砌块、外墙真石漆等新型墙体材料。图 5-11 为建设好的安康学院图书馆。

图 5-11　安康学院图书馆

## 5.5　本章小结

渣土是建筑垃圾中存量较大的一种，渣土资源化利用情况直接决定了建筑垃圾资源化整体的利用效率，利用渣土制备新型墙体材料是渣土资源化的主要方向之一。但是，如何提高渣土在再生墙材制品当中的资源化再生利用量和利用率，是我们面临的重要课题。技术的革新是解决弃土问题的基础。在传统的填埋、堆山等直接资源化手段无法满足日益增加的弃土排放量时，我们需要革新原有技术的不足，提高处理能力及处理效率，降低资源化过程中产生的能耗、成本和污染。将渣土再生墙材与新型建筑工业化发展战略相对接是开创渣土资源化、减量化的必经之路。

**参考文献**

[1]　金斌斌.城市建筑垃圾处理现状及资源化分析[J].绿色环保建材，2018，(09)：60.

[2]　李小卉.城市建筑垃圾分类及治理研究[J].环境卫生工程，2011，19(04)：61-62.

[3]　刘小勤.基于城市建筑垃圾资源化利用的探析[J].科技创新导报，2018，15(21)：141＋143.

[4]　杨子江.建筑垃圾对城市环境的影响及解决途径[J].城市问题，2003(04)：60-63.

[5]　周文娟，陈家珑，路宏波.我国建筑垃圾资源化现状及对策[J].建筑技术，2009，40(08)：741-744.

[6]　信国志.浅谈建筑施工中的环境污染与防治措施[J].科技创新导报，2012(1)：126.

[7]　郭蕊.工程弃土综合利用政策及技术浅析[J].河南建材，2017，(4)：184-185.

[8]　李丹，孙占琦，苏颖，等.深圳市余泥渣土现状及策略分析[J].施工技术，2018，47(S3)：129-131.

[9]　李海明.我国城市建筑垃圾资源化利用研究进展与展望[J].建筑技术，2013，44(9)：795-797.

[10]　冯志远，罗霄，黄启林.余泥渣土资源化综合利用研究探讨[J].广东建材，2018，34(2)：69-71.

[11]　崔德芹，杨中青.回收利用建筑垃圾，发展循环经济[J].工业技术经济，2006，25(10)：35-36＋52.

[12]　魏秀萍，赖笈宇，张仁胜.建筑垃圾的管理与资源化[J].武汉工程大学学报，2013，35(3)：25-29.

[13]　李腾.建筑垃圾资源化产业发展研究[D].重庆：重庆大学，2011.

[14]　杨时元.陶粒原料性能及其找寻方向的探讨[J].建材地质，1997(4)：14-19.

[15]　闫振佳，何艳君.陶粒生产实用技术[M].北京：化学工业出版社，2006.

［16］　王征，郭玉顺．粉煤灰高强陶粒烧胀规律的实验研究［J］．新型建筑材料，2002(2)：10-11.

［17］　郗斐．超轻/轻质粉煤灰陶粒的研制［D］．济南：山东大学，2011.

［18］　张明华，张美琴，张子平．煤矸石陶粒的膨化机理及其研制［J］．吉林建材，1999(4)：8-14.

［19］　杨慧芬，党春阁，马雯，等．硅铝调整剂对赤泥制备陶粒的影响［J］．材料科学与工艺，2011，19(6)：112-116.

［20］　刘亚东，杨鼎宜，贾宇婷，等．超轻污泥陶粒的研制机器内部结构特征分析［J］．混凝土，2014，296(6)：65-68.

［21］　何世华．工业污泥、海泥和石粉研制轻质陶粒的研究［J］．硅酸盐通报，2013，32(3)：453-456.

［22］　刁炳祥．掺混电镀污泥焙烧陶粒的研究［D］．上海：东华大学，2008.

［23］　刘莲香．淤泥陶粒在绿色建材中的应用［J］．砖瓦，2014，(7)：56-58.

［24］　迟培云，张连栋，钱强．利用淤积海泥烧制超轻陶粒研究［J］．新型建筑材料，2002(3)：28-30.

［25］　何世华．工业污泥、海泥和石粉研制轻质陶粒的研究［J］．硅酸盐通报，2013，32(3)：4.

［26］　杨珊珊．城市污水处理厂污泥固化及制备陶粒初探［D］．北京：北京工业大学，2015.

［27］　李明利，童昀，李芳，等．陶粒混凝土发展现状及研究进展［J］．混凝土世界，2010(9)：16-18.

［28］　曲烈，王渊，杨久俊，等．城市污泥-盐渍土高强陶粒制备及烧胀机理研究［J］．新型建筑材料，2016，43(2)：47-51.

［29］　张维波，高泽江．新型墙体材料发展的展望［J］．辽宁建材，2003(1)：12-13.

# 6 渣土再生产品在道路工程中的 应用技术及典型案例

## 6.1 Ⅰ类渣土在道路工程中的应用技术及典型案例

Ⅰ类分离渣土在道路工程中的资源化利用的技术途径主要是采用无机结合料稳定分离渣土应用于道路底基层，减少工程建设对土的消耗。Ⅰ类分离渣土按照工程使用性能和技术指标可分为两级：A级和B级，其中，A级可直接用作城镇道路及各等级公路路基填料及路面底基层材料，B级不可用作城镇道路及各等级公路路基填料及路面底基层材料，通常采用填埋等方式处置。其中，A级渣土应满足下列要求：

（1）为粗粒土或中粒土；

（2）渣土中小于0.6mm颗粒的含量小于30%；

（3）均匀系数不小于5，塑性指数为10～17；

（4）500℃有机质烧失量小于4.0%。

本节主要介绍水泥稳定渣土在道路工程中的应用技术及典型工程案例，为渣土的资源化利用提供一条科学、合理的应用途径。

### 6.1.1 水泥稳定渣土配合比设计

与细粒土相比，Ⅰ类分离渣土虽然在理化特性上存在诸多不同，但是也属于"土"的范畴，其配合比设计方法应按照《公路路面基层施工技术细则》（JTG/T F20—2015）及《城镇道路工程施工及质量验收规范》（CJJ 1—2008）中水泥稳定土配合比设计方法进行，主要包括以下四个步骤：

（1）取有代表性的渣土试验，进行性能试验评定，确定土壤类别。

（2）根据土的类别，按照规范中推荐的水泥用量范围，选择5组水泥掺量进行试配，确定各个水泥掺量的混合料最佳含水率和最大干密度。

（3）采用7d龄期无侧限抗压强度作为水泥稳定渣土质量控制的主要指标。根据再生骨料无机混合料应用的道路等级、交通荷载等级、结构层位，确定混合料7d无侧限抗压强度及压实度要求。

（4）按照规定的压实度，分别计算不同剂量水泥稳定渣土试件应有的干密度。

（5）制作试件，试件在规定温度下标准养生7d，按《公路工程无机结合料稳定材料试验规程》（JTG E51—2009）中"无机结合料稳定材料无侧限抗压强度试验方法"（T0805—1994）进行无侧限抗压强度试验。

（6）计算试验结果的平均值和变异系数。以水泥稳定渣土7d无侧限抗压强度不低于第（3）步骤中确定的无侧限抗压强度值为标准，结合经济情况，确定适宜的配合比及水泥剂量。在此配合比下试件室内试验结果的平均抗压强度 $\overline{R}$ 应符合公式（6-1）的要求：

$$\overline{R} \geqslant R_d / (1 - Z_\alpha C_v) \tag{6-1}$$

式中：$R_d$——设计抗压强度，MPa；

$C_v$——试验结果的变异系数（以小数计）；

$Z_\alpha$——标准正态分布表中随保证率（或置信度 $\alpha$）而变的系数，轻交通等级道路应取保证率 90%，即 $Z_\alpha = 1.282$；其他交通等级道路应取保证率 95%，即 $Z_\alpha = 1.645$。

下面以具体实例详细阐述水泥稳定渣土配合比设计步骤。

（1）取渣土试样，确定土的类别。

在沧州市政再生资源利用有限公司料场分离渣土料堆上取样，取样部位均匀分布，将所取的样品置于平板上，在自然状态下拌和均匀，按四分法取样进行室内试验。按照行业标准《公路土工试验规程》（JTG 3430—2020）进行下列试验：①颗粒分析；②界限含水率；③有机质含量；④烧失量；⑤酸碱度。经检验，此渣土土样为粗粒土中含细粒土砂，塑性指数在 5～15 之间，有机质含量小于 2%，按照《城镇道路工程施工与质量验收规范》（CJJ 1—2008）要求，适宜采用水泥进行稳定。

（2）制备同一渣土不同水泥剂量的混合料，确定其最佳含水率和最大干密度。

①《城镇道路工程施工与质量验收规范》（CJJ 1—2008）中规定，水泥稳定粗粒土材料应用于道路底基层，进行试配时水泥掺量应为 3%、4%、5%、6%、7%。按照规范要求，选择以上五种不同水泥剂量进行混合料配制，分别制备掺加不同水泥剂量的水泥稳定渣土试件。

② 根据《公路工程无机结合料稳定材料试验规程》（JTG E51—2009）中"无机结合料稳定材料击实试验方法"（T0804—1994）进行击实试验，确定不同水泥剂量混合料的最大干密度和最佳含水率，见表 6-1。

表 6-1　各水泥剂量水泥稳定渣土击实试验结果

| 水泥剂量（%） | 最大干密度（g/cm³） | 最佳含水率（%） |
| --- | --- | --- |
| 3 | 1.826 | 12.2 |
| 4 | 1.832 | 13.0 |
| 5 | 1.846 | 14.1 |
| 6 | 1.855 | 14.7 |
| 7 | 1.872 | 15.5 |

（3）击实试验完成后，根据《公路工程无机结合料稳定材料试验规程》（JTG E51—2009）中"无机结合料稳定材料试件制作方法（圆柱形）"（T0843—2009 制备试件），按规定达到的压实度分别计算不同水泥剂量混合料应有的干密度。按最佳含水率和计算得的干密度制备试件进行无侧限抗压强度试验，试件数量应满足《公路工程无机结合料稳定材料试验规程》（JTG E51—2009）中 T0843 相关条款的要求。

（4）试件在规定温度下保湿养生 6d，浸水 24h 后，按《公路工程无机结合料稳定材料试验规程》（JTG E51—2009）中 T0805 相关条款进行无侧限抗压强度试验。

（5）计算试验结果的平均值和偏差系数。

按照上述步骤得到 7d 无侧限抗压强度试验结果数据，见表 6-2。

**表 6-2　不同水泥剂量水泥稳定渣土 7d 无侧限抗压强度**

| 水泥剂量 | 7d 无侧限抗压强度（MPa） | 变异系数 $C_v$（%） | 标准差 $S$ |
|---|---|---|---|
| 3% | 0.9 | 7.7 | 0.073 |
| 4% | 1.3 | 5.7 | 0.073 |
| 5% | 2.2 | 4.3 | 0.098 |
| 6% | 2.8 | 4.8 | 0.136 |
| 7% | 3.4 | 5.7 | 0.073 |

《城镇道路工程施工及质量验收规范》（CJJ 1—2008）中规定各级道路用水泥稳定土的 7d 无侧限抗压强度应符合表 6-3 的规定。根据 7d 无侧限抗压强度结果可知，当水泥剂量为 5%、6%、7% 时，均能满足各等级道路底基层的强度要求。

**表 6-3　各等级道路水泥稳定土 7d 无侧限抗压强度标准表**

| 层位 | 城市快速路、主干路等级道路 | 城市其他等级道路 |
|---|---|---|
| 底基层（MPa） | 1.5～2.5 | 1.5～2.0 |

按照水泥稳定渣土 7d 无侧限抗压强度的试验数据绘制了折线图，见图 6-1。

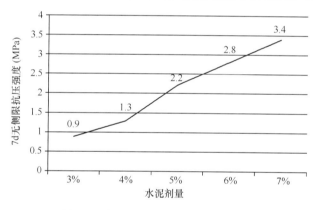

图 6-1　水泥稳定渣土抗压强度折线图

据图 6-1 可知，按照内插法计算 1.5MPa 强度值对应的水泥剂量为 4.22%；同样假设 5%～6% 段的斜率是均匀连续不变的，则满足 2.5MPa 强度值对应的水泥剂量为 5.5%。即满足 1.5～2.5MPa 的水泥剂量应在 4.22%～5.5% 之间，结合经济情况，确定 5% 为适宜的水泥剂量。

## 6.1.2　水泥稳定渣土路用性能

从理论上分析，水泥稳定渣土的强度应介于石灰土和水泥稳定碎石（或水泥稳定再生骨料）之间，结合道路结构组合设计原则，水泥稳定渣土适宜应用于道路底基层。道路底基层的主要作用是加强基层承受能力和传递荷载到垫层或土基上，其设置目的是防水、防潮、防冰冻，减少路基顶面的压应力，缓和路基不均匀变形对面层的影响等。因此，将水泥稳定渣土用作道路底基层材料时，同样需要对其进行一系列路用性能检验，验证其是否满足路面底基层材料的性能要求。

采用上节设计的水泥稳定渣土配合比（5%水泥剂量），以0.5%的变化梯度，制备水泥稳定渣土试样，进行水泥稳定渣土路用性能试验研究，即水泥剂量分别为4.5%、5.0%、5.5%。路用性能试验包括无侧限抗压强度、劈裂强度、抗压回弹模量等力学性能及抗冻性、抗冲刷性等稳定性、耐久性检验。为全面分析水泥稳定渣土路用性能，同时进行了水泥稳定新土（细粒土）的上述路用性能试验，与水泥稳定渣土进行综合比较。细粒土为工程建设开槽土，属于工程渣土，经检测，该细粒土液限为28.7%，塑限为19.2%，塑性指数为9.5，在土的工程分类中属于低液限黏土。按照与水泥稳定渣土相同的配合比设计方法进行配合比设计，确定10%为适宜的水泥剂量。以10%为中间剂量，按照9%、10%、11%的水泥剂量制备水泥稳定细粒土进行路用性能比较。

### 6.1.2.1 无侧限抗压强度

依据《城镇道路工程施工及质量验收规范》（CJJ 1—2008）和《公路路面基层施工技术细则》（JTG/T F20—2015），以混合料7d无侧限抗压强度作为评价水泥稳定渣土质量的指标。按照《公路工程无机结合料稳定材料试验规程》（JTG E51—2009）中"无机结合料稳定材料无侧限抗压强度试验方法"（T0805—1994）进行试验，水泥稳定渣土试件为$\phi$150mm×150mm的圆柱形，水泥稳定细粒土试件为$\phi$50mm×50mm的圆柱形，试验龄期分别为7d、28d、60d、90d。图6-2和图6-3为试验部分内容。

图6-2 水泥稳定渣土试验

图6-3 水泥稳定细粒土试验

水泥稳定渣土和水泥稳定细粒土的无侧限抗压强度试验结果如图6-4所示。

从图6-4可知：（1）不同剂量的水泥稳定渣土和水泥稳定细粒土无侧限抗压强度均随着水泥剂量的增加和龄期的增长而增强。这是由于水泥水化生成有胶结能力的水化产物，在土的孔隙中相互交织搭接，将土颗粒包覆连接起来形成整体，水泥剂量越大，龄期越长，水化反应越彻底，强度越高；（2）4.5%、5.0%和5.5%水泥剂量的水泥稳定渣土7d无侧限抗压强度均能达到1.5MPa以上，满足《城镇道路工程施工及质量验收规范》（CJJ 1—2008）中规定的各级道路用水泥稳定土的7d无侧限抗压强度要求；而水泥稳定细粒土在水泥剂量在10%以上的情况下，7d无侧限抗压强度高于1.5MPa；（3）11%水泥剂量的水泥稳定细粒土和4.5%水泥剂量的水泥稳定渣土各龄期的无侧限抗压强度基本相当。由此可见，采用

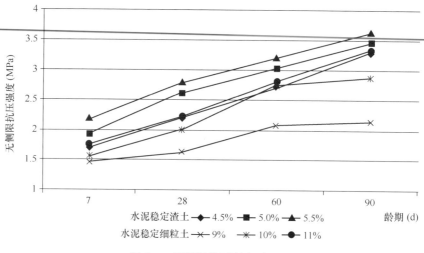

图 6-4　无侧限抗压强度对比图

Ⅰ类分离渣土这种具有一定级配的粗粒土，与细粒土比较而言，当稳定土达到相同的无侧限抗压强度时，水泥稳定渣土的水泥剂量约为水泥稳定细粒土水泥剂量的一半，从而避免底基层出现较大的收缩（温缩和干缩）变形。

### 6.1.2.2　劈裂强度

按照《公路工程无机结合料稳定材料试验规程》（JTG E51—2009）中"无机结合料稳定材料间接抗拉强度试验方法（劈裂试验）"（T0806—1994），进行两种水泥稳定土劈裂试验，如图 6-5 和图 6-6 所示。水泥稳定渣土试件尺寸为 $\phi150mm \times 150mm$ 的圆柱形，水泥稳定细粒土试件尺寸为 $\phi50mm \times 50mm$ 的圆柱形试件，均采用 90d 龄期标准养生。

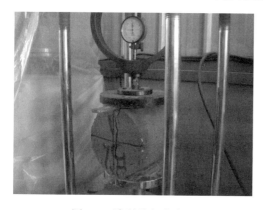

图 6-5　劈裂强度试验图

图 6-6　水泥稳定渣土试件破坏面

水泥稳定渣土和水泥稳定细粒土的劈裂强度试验结果如图 6-7 所示。

试验结果表明：①随着水泥剂量的增加，水泥水化产物逐渐增多，两种稳定土的劈裂强度均呈现增长趋势；②水泥稳定渣土劈裂强度的增长幅度明显高于水泥稳定细粒土，由此可见渣土这种级配良好的粗粒土在水泥水化产物的包裹下易于形成强度良好的整体。

### 6.1.2.3　抗压回弹模量

按照《公路工程无机结合料稳定材料试验规程》（JTG E51—2009）中"无机结合料稳

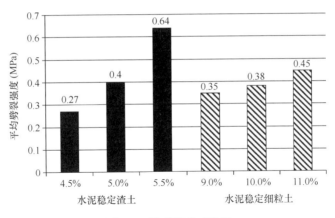

图 6-7　劈裂强度对比图

定材料室内抗压回弹模量试验方法（顶面法）"（T0808—1994），进行两种水泥稳定土的抗压回弹模量试验，如图 6-8 所示。水泥稳定渣土试件尺寸为 $\phi150mm\times150mm$ 的圆柱形，水泥稳定细粒土试件尺寸为 $\phi100mm\times100mm$ 的圆柱形，均采用 90d 龄期标准养生。

水泥稳定渣土和水泥稳定细粒土的抗压回弹模量试验结果如图 6-9 所示。

图 6-8　抗压回弹模量试验

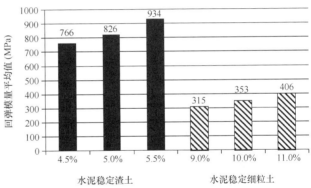

图 6-9　抗压回弹模量对比图

试验结果表明：①两种稳定土的抗压回弹模量与无侧限抗压强度、劈裂强度试验结果呈现出一致性的变化规律，即抗压回弹模量均随水泥剂量的增加而增大，稳定土抵抗变形的能力得到提高。②水泥稳定渣土的抗压回弹模量明显高于水泥稳定细粒土，基本达到 2 倍的水平，这表明水泥稳定渣土的抗变形能力优于水泥稳定细粒土。

综合以上三项力学性能试验结果可知，水泥稳定渣土各项力学性能指标均明显优于水泥稳定细粒土，这说明渣土这种级配良好的粗粒土在水泥水化产物的包裹下易于形成强度良好的整体。在达到基本相同的强度时，水泥稳定渣土的水泥剂量比水泥稳定细粒土大大降低，可以避免底基层出现较大的收缩（温缩和干缩）变形。

#### 6.1.2.4　抗冲刷性能

按照《公路工程无机结合料稳定材料试验规程》（JTG E51—2009）中的"无机结合料稳定材料抗冲刷试验方法"（T0860—2009），进行两种水泥稳定土的抗冲刷试验。水泥稳定渣土和水泥稳定细粒土均采用 $\phi150mm\times150mm$ 的圆柱形试件，在养生 28d 龄期结束的前一天，在室温下饱水 24h 进行抗冲刷性能试验，如图 6-10 和图 6-11 所示，每种配比进行 6 组平行试验。冲刷质量损失越小，抗冲刷性能越好。

图 6-10　试件饱水　　　　　　　　　　　　图 6-11　抗冲刷试验

水泥稳定渣土和水泥稳定细粒土的抗冲刷试验结果如图 6-12 所示。

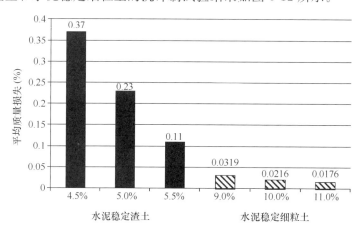

图 6-12　平均质量损失对比图

试验结果表明：①随着水泥剂量的增长，两种水泥稳定土的平均质量损失大幅降低，抗冲刷性能得到明显增强。胶凝材料在混合料抗冲刷性能中起到了非常关键的作用，随着水泥剂量的增加，水泥水化生成有胶结能力的水化产物逐渐增多，同时水化反应更彻底，因此形成的混合料受水侵蚀的能力越强；②水泥稳定细粒土中水泥剂量普遍偏高，因此抗冲刷能力增强。

### 6.1.2.5　抗冻性能

半刚性基层材料的抗冻性以规定龄期（28d 或 180d）的半刚性基层材料在经过数个冻融循环后的饱水无侧限抗压强度与冻前饱水无侧限抗压强度之比来评价。按照《公路工程无机结合料稳定材料试验规程》（JTG E51—2009）中的"无机结合料稳定材料冻融试验方法"（T0858—2009），进行两种水泥稳定土抗冻性能试验，如图 6-13 和图 6-14 所示。水泥稳定渣土和水泥稳定细粒土均采用 $\phi$150mm×150mm 的圆柱形试件，每组冻融循环试件 9 个、不冻融循环对比试件 9 个，冻融循环 5 次。

图 6-13　冻融后称重　　　　　　　　图 6-14　冻融后强度检测

水泥稳定渣土和水泥稳定细粒土的 5 次冻融循环试验结果如图 6-15 所示。

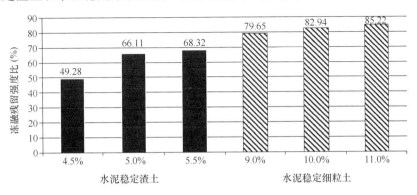

图 6-15　冻融残留强度比对比图

同时，试验也考虑了冻融循环后的质量变化率，如图 6-16 所示。

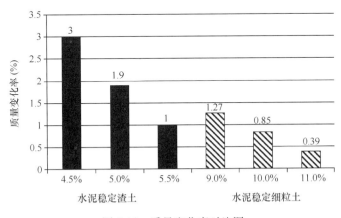

图 6-16　质量变化率对比图

根据以上试验结果可知：①随着水泥剂量的增加，两种水泥稳定土的冻融残留强度比增大，质量变化率减小，抗冻融能力增强；②水泥稳定渣土的抗冻性能总体低于水泥稳定细粒土，同抗冲刷性能一样，是水泥稳定渣土的水泥剂量较低造成的。由此可见，胶凝材料用量对混合料耐久性影响较大。

综合以上两项耐久性试验结果可知，水泥稳定渣土的抗冲刷性能及抗冻性能低于水泥稳定细粒土。目前《公路路面基层施工技术细则》（JTG/T F20—2015）及《城镇道路工程施工及质量验收规范》（CJJ 1—2008）中均未对水泥稳定类材料的抗冲刷性能和抗冻性能做出明确规定，仅对冰冻地区高速公路和一级公路的石灰粉煤灰稳定类基层做出了规定，要求重冻区材料的残留抗压强度比大于或等于 70%，中冻区材料的残留抗压强度比大于或等于 65%。沧州属于中冻区，从试验结果来看，5.0% 以上水泥剂量的水泥稳定渣土残留抗压强度比能够满足中冻区大于或等于 65% 的要求，因此在道路工程中应用时，水泥剂量应不低于 5%。

#### 6.1.2.6 路用性能综合分析

综合以上各项路用性能试验结果，5.5% 水泥剂量的水泥稳定渣土和 11% 水泥剂量的水泥稳定细粒土各项路用性能指标较为理想，将其确定为推荐的水泥剂量。为了全面评价水泥稳定渣土的路用性能，将其与水泥稳定细粒土、石灰稳定土的路用性能进行了综合比较。表 6-4 汇总了 5.5% 水泥稳定渣土、11% 水泥稳定细粒土以及 12% 石灰稳定细粒土的各项路用性能指标。

表 6-4　三种稳定土路用性能试验结果

| 混合料类型及配合比 | 7d 无侧限抗压强度（MPa） | 劈裂强度（MPa） | 抗压回弹模量（MPa） | 抗冻性 BDR（%） | 抗冲刷性平均质量损失（%） |
|---|---|---|---|---|---|
| 5.5% 水泥稳定渣土 | 2.19 | 0.69 | 934 | 75.85 | 0.11 |
| 11% 水泥稳定细粒土 | 1.76 | 0.49 | 406 | 96.08 | 0.0176 |
| 12% 石灰稳定细粒土（土 $I_P$=15.9） | 0.78 | 0.2～0.25 | 400～700 | — | — |

由表 6-4 中数据可以看出，三种稳定土的各项路用性能指标均能满足规范要求，水泥稳定渣土各项指标均优于石灰稳定细粒土，力学性能指标优于水泥稳定细粒土，抗冻性指标略低于水泥稳定细粒土。

沧州地区土质大部分为粉质黏土，在工程分类中属细粒土，采用水泥稳定细粒土应用于道路底基层存在易收缩开裂、稳定效果不好等问题，且细粒土比表面积较大，通常需要较高的水泥用量，经济性不好，因此在未开展分离渣土资源化利用技术研究之前，通常采用石灰稳定土作为道路底基层。

从水泥稳定渣土的综合性能来看，将其作为道路底基层材料具有可行性，优于传统底基层材料石灰土，并且水泥稳定渣土所需水泥用量较少。随着石灰价格的不断增长，以水泥稳定渣土替代石灰土，具有路用性能和经济性的双重优势，还可以消纳大量分离渣土，综合效益显著。

## 6.1.3　水泥稳定渣土生产与施工

水泥稳定渣土的生产采用集中厂拌法，普通的连续式水泥稳定土拌和设备均能满足生产要求。本节对水泥稳定渣土的生产、施工工艺及质量控制要点进行详细介绍。

### 6.1.3.1 水泥稳定渣土生产

**1. 生产前的技术准备**

水泥稳定渣土生产前，首先进行水泥稳定渣土的目标配合比设计。根据拌和设备的实际情况及生产要求确定使用的骨料仓数量，并在设备中输入生产配合比。拌制水泥稳定渣土之前，必须先调试所使用的拌和设备，保证计量装置满足技术要求，使水泥稳定渣土的水泥剂量和含水率都达到要求。

对于厂拌水泥稳定渣土，水泥掺加剂量应较实验室提供的剂量提高 0.5%，以此来计算水泥、渣土的用量。水的用量应略高于混合料的最佳含水率，然后减去原材的含水率即得拌和时需外加的用水量。

**2. 生产工艺流程**

水泥稳定渣土的生产工艺如图 6-17 所示。首先，由装载机向各个料仓按照配合比投放渣土，装载机上料时应从渣土堆的底部向上竖直全高铲料，充分混合渣土，以减少渣土的变异性。渣土的输送量通过电子秤计量，料仓的渣土由皮带输送至拌缸，进入拌缸后首先与水混合搅拌，水由专门的管路添加，根据流量控制加水量，然后与水泥混合搅拌，水泥通过水泥罐添加，螺旋输送机处设电子秤进行计量，通过螺旋输送机的速度控制水泥添加量。为确保混合料拌和均匀，拌和生产应连续进行。

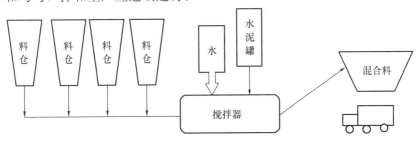

图 6-17 水泥稳定渣土生产工艺示意图

**3. 质量控制要点**

（1）混合料拌和生产时，用水量需要根据渣土自身的含水率而定，拌和过程需要随时检测混合料的含水率，以便及时调整加水量。

（2）拌和设备应有 3~4 个料斗，料仓或拌缸前应有剔除超粒径粒料的筛子。配有 100t 以上的散装水泥贮存罐（一般为立式）。

（3）拌和现场须有一名专职人员监测拌和时的水泥用量、含水率和混合料的拌和均匀性，发现异常要及时通知操作台的操作人员或停止生产，水泥剂量和含水率应按要求的频率检查并做好记录。

（4）各料斗应配备 1~2 名工作人员，时刻监视下料情况，如出现卡堵现象，要及时进行处理。

（5）正常生产后（约一车），根据试验要求，在拌缸出料口处进行水泥稳定渣土的取样检测，取出的样品堆放在潮湿的地面用四分法进行缩分取样，然后将试样送至具有相应资质的检测单位进行检验。工作人员应及时跟踪检验结果，将结果反馈到操作台进行配合比的调整。

### 6.1.3.2 水泥稳定渣土施工

**1. 施工准备**

水泥稳定渣土施工前应做好现场准备工作。施工现场要做好下承层验收，并将两侧路肩培好，路肩的压实厚度应与结构层的压实厚度相同。雨季施工时，应在两侧路肩上每隔 5～10m 交错开挖临时泄水沟。路肩采用塑料薄膜与摊铺的混合料隔离。所有施工机械设备提前进场，摊铺前应严格执行设备操作规程，对设备进行调试运转。摊铺前下承层应洒水湿润，但不得有明显积水。

**2. 运输**

水泥稳定渣土混合料宜采用自卸汽车进行运输，车辆的运载能力应与拌和设备和摊铺机的生产能力互相匹配，同时要考虑运输距离，保证生产设备和摊铺设备工作的连续性。

每次装料前必须清扫车厢，不得含有杂物。运输水泥稳定渣土材料时，应采用措施，防雨、防污染、防止水分散失。

运输车运输过程中不得超载，避免急刹车或急掉头。

**3. 摊铺**

混合料摊铺前，应通过试验段确定压实系数，水泥稳定渣土压实系数宜为 1.53～1.58。使用带有自动找平装置的摊铺机摊铺，两侧均设基准线控制高程，摊铺机行进时要最大限度地保持匀速前进，速度的设置要考虑运输能力的大小，减少摊铺机停机待料的情况。

当摊铺中断时间超过 2h 或者停止摊铺时，应设置施工缝，摊铺机应驶离稳定渣土材料末端。摊铺机梯队作业时，两台摊铺机前后相隔约 5～8m。无法使用摊铺机摊铺的位置，采用人工摊铺。施工现场必须有专职质检员控制施工质量，进行现场检测。摊铺过程中，严禁任何车辆通行。

**4. 碾压**

根据路宽、压路机的轮宽和轮距的不同，制定碾压方案，应使各部分碾压到的次数尽量相同，路面的两侧应多压 2～3 遍。压路机应跟在摊铺机后及时进行碾压，宜采用 12～18t 压路机作初步稳定碾压，混合料初步稳定后用大于 18t 的压路机碾压，压至表面平整、无明显轮迹，且达到要求的压实度。

碾压过程中应注意，严禁压路机在已完成或正在碾压的路段上调头或急刹车，应保证结构层表面不受破坏。碾压过程中，表面应始终保持湿润，如水分蒸发过快，应及时补洒少量的水，但应严格控制洒水量。如有"弹簧"、松散、起皮等现象，应及时翻开重新拌和（加适量的水泥）或用其他方法处理，使其达到质量要求。

宜在水泥初凝前并应在试验确定的延迟时间内完成碾压，并达到要求的压实度，同时没有明显的轮迹。

**5. 施工缝的处理**

纵向接缝宜设在路中线处，纵缝应垂直相接。前半幅摊铺后，在施工缝处预留 20cm 暂不碾压，接缝处用塑料薄膜覆盖。后半幅的摊铺时间间隔根据气温条件确定，一般控制在水泥初凝时间内完成摊铺。摊铺前将薄膜揭开，将干料清除，并用喷壶洒水对接缝进行湿润。摊铺后将上半幅未碾压到位的部分同新铺部分一起碾压。

因故中断时间大于 2h 时，应设置横向接缝。横向接缝应垂直相接，碾压完成后用 3m 直尺检查碾压段的末端，确定厚度、平整度合格的位置。在此位置沿垂直道路中心线方向拉直线，人工沿直线将末端骨料刨除，切成垂直面，用塑料薄膜覆盖。下一作业段摊铺前，先将接缝洒水湿润，然后将新摊铺的混合料衔接平顺。

**6. 养生**

底基层碾压完毕，经检测压实度合格后应立即进行养生，养生不宜少于 7d。养生期间，禁止一切机动车辆通行。对于工期紧张的工程，水泥稳定渣土底基层和水泥稳定碎石基层还可采用连续施工、同期养护的方式进行。

**7. 质量控制与验收**

（1）质量控制

① 含水率应符合组成设计中最佳含水率的要求，允许偏差±2.0%。

检查数量：每一作业段至少 1 次，异常时随时试验。

检查方法：在摊铺机后取混合料试样检测。

② 松铺厚度应符合试验段确定的松铺厚度要求，允许偏差±10mm。

检查数量：每一作业段至少 1 次，异常时随时检测。

检查方法：在摊铺机后随时检测。

③ 养生结束后，应取芯检测其结构层的整体性。

（2）质量验收

① 水泥、水的技术指标应符合现行行业标准《城镇道路工程施工与质量验收规范》（CJJ 1—2008）中的规定。

② 底基层的压实度应符合下列要求：

城市快速路、主干路的底基层大于或等于 95%；其他等级道路的底基层大于或等于 93%。

检查数量：每压实层，每 1000m² 抽检 1 点；

检验方法：灌砂法或灌水法。

③ 底基层的 7d 无侧限抗压强度应符合设计要求。

检查数量：每 2000m² 抽检 1 组（6 块）。

检查方法：现场取样试验。

④ 表面应平整、坚实、接缝平顺，无推移、裂缝、贴皮、松散、浮料。

⑤ 底基层的偏差应符合表 6-5 的规定。

**表 6-5 底基层允许偏差表**

| 项目 | 允许偏差 | 检验频率 | | | 检验方法 |
|---|---|---|---|---|---|
| | | 范围 | 点数 | | |
| 中线偏位（mm） | ≤20 | 100m | 1 | | 用经纬仪测量 |
| 纵断高程（mm） | ±20 | 20m | 1 | | 用水准仪测量 |
| 平整度（mm） | ≤15 | 20m | 路宽（mm） | <9 | 1 | 用 3m 直尺和塞尺连续量两尺取较大值 |
| | | | | 9~15 | 2 | |
| | | | | >15 | 3 | |
| 宽度（mm） | 不小于设计宽度+B | 40m | 1 | | 用钢尺量 |

| 项目 | 允许偏差 | 检验频率 | | | 检验方法 |
|---|---|---|---|---|---|
| | | 范围 | 点数 | | |
| 横坡 | ±0.3%<br>且不反坡 | 20m | 路宽<br>（mm） | <9 | 2 | 用水准仪<br>测量 |
| | | | | 9~15 | 4 | |
| | | | | >15 | 6 | |
| 厚度（mm） | ±10 | 1000m² | 1 | | 用钢尺量 |

## 6.1.4  工程案例

在室内试验研究成熟的基础上，研究团队将水泥稳定渣土在实体工程中进行了应用。初始阶段在城市次干路、支路中进行应用，后逐步推广至主干路。本节将以沧州市交通大街道路改造工程和郑州市惠济区丰茂街道路工程为例，详细介绍水泥稳定渣土在道路底基层的应用情况。

### 6.1.4.1  沧州市交通大街道路改造工程

**1. 工程概况**

沧州市交通大街道路改造工程为沧州市南北方向次干路，采用三幅路的设计形式，两侧非机动车道宽4.2m。两侧非机动车道底基层结构采用水泥稳定渣土代替传统的石灰土。水泥稳定渣土底基层设计厚度为16cm，7d无侧限抗压强度要求大于等于1.5MPa。

**2. 原材料检验**

（1）渣土：本工程所用渣土为沧州市政建筑垃圾资源化处理厂在建筑垃圾资源化处理过程中分离产生的Ⅰ类渣土。生产前，取用于生产的渣土检测其颗粒组成、液（塑）限和含水率，检验结果见表6-6。

表6-6  渣土的检测结果

| 项目 | 颗粒组成 | | | | | | | | | |
|---|---|---|---|---|---|---|---|---|---|---|
| 筛孔尺寸（mm） | 60 | 40 | 20 | 10 | 5 | 2 | 1 | 0.5 | 0.25 | 0.074 |
| 通过率（%） | 100 | 100 | 98 | 90 | 78 | 58 | 45 | 44 | 30 | 22 |
| 液（塑）限联合试验 | 液限27.2%，塑限20.8%，塑性指数6.4 | | | | | | | | | |
| 含水率（%） | 13.1 | | | | | | | | | |

根据筛分结果，分析渣土的工程分类。首先根据《公路土工试验规程》（JTG 3430—2020）中土的工程分类，样本中巨粒组土粒质量少于或等于总质量15%，且巨粒组土粒与粗粒组土粒质量之和多于总质量50%的土称为粗粒土。该渣土样本中巨粒组土粒（$d \geq$ 60mm）质量为零，少于总质量的15%，且粗粒组（60mm$> d \geq$0.075mm）质量之和占总质量的78%，大于总质量的50%，故该渣土为粗粒土。

粗粒土按照颗粒组成不同可分为砾类土和砂类土，本样本粗粒组中砾粒组（60mm$> d \geq$2mm）占总质量的42%，砂粒组（2mm$> d \geq$0.075mm）占总质量的36%，砾粒组少于砂粒组，故该土样为砂类土。

砂类土根据其细粒含量和类别以及粗粒组的级配进行分类，本样本砂类土中细粒组

（0.25mm＞$d$≥0.075mm）质量为总质量的8%，属于细粒土砂范畴，故该渣土样本为粗粒土中的含细粒土砂，记为SF。

（2）水泥：采用的水泥为渤海"神狮"牌P·S·B 32.5水泥，经检测，其强度及凝结时间符合规范要求，安定性合格。检测结果见表6-7。

表6-7 水泥检测

| 项目 | 细度（45μm 方孔筛筛余）（%） | 标准稠度用水量（%） | 初凝时间（min） | 终凝时间（min） | 安定性（mm） | 3d 强度（MPa） | |
|---|---|---|---|---|---|---|---|
| | | | | | | 抗折 | 抗压 |
| 试验结果 | 8.9 | 28.1 | 259 | 410 | 0.5 | 4.1 | 17.9 |
| 技术指标 | ≤30 | / | ≥45 | ≤600 | ≤5 | ≥2.5 | ≥10.0 |

**3. 配合比设计**

参照《公路路面基层施工技术细则》（JTG/T F20—2015）及《城镇道路工程施工及质量验收规范》（CJJ 1—2008）中水泥稳定土配合比设计方法对水泥稳定渣土进行配合比设计。

（1）采用外掺法按照4%、5%、6%、7%、8%水泥剂量制备水泥稳定渣土试件，进行重型击实试验，确定各个水泥掺量的混合料最佳含水率和最大干密度。试验结果见表6-8。

表6-8 最大干密度和最佳含水率

| 水泥剂量（%） | 最大干密度（g/cm³） | 最佳含水率（%） |
|---|---|---|
| 4 | 1.794 | 13.0 |
| 5 | 1.802 | 13.4 |
| 6 | 1.807 | 14.6 |
| 7 | 1.811 | 14.9 |
| 8 | 1.823 | 15.6 |

（2）对不同水泥剂量的水泥稳定渣土按照95%的压实度制备试件，进行7d无侧限抗压强度试验。试验结果见表6-9。

表6-9 无侧限抗压强度试验结果

| 水泥剂量（%） | 平均强度 $R$（MPa） | 标准差 $S$ | 偏差系数 $C_v$（%） | 代表值（MPa） |
|---|---|---|---|---|
| 4 | 1.3 | 0.04 | 3.08 | 1.25 |
| 5 | 1.56 | 0.03 | 1.92 | 1.51 |
| 6 | 1.62 | 0.01 | 2.47 | 1.57 |
| 7 | 1.68 | 0.03 | 1.79 | 1.63 |
| 8 | 1.72 | 0.03 | 1.74 | 1.68 |

综合考虑强度要求、施工及生产要求、经济性，确定采用6%水泥剂量的水泥稳定渣土，7d无侧限抗压强度满足大于或等于1.5MPa的要求，最佳含水率14.6%，最大干密度1.807g/cm³。

### 4. 水泥稳定渣土生产

生产时天气晴朗干燥，风力较大，按照确定的配合比，采用 WBS700E 稳定土厂拌设备进行生产，图 6-18 和图 6-19 为水泥稳定渣土生产及运输。水泥用量比实验室用量增加 0.5%，拌和加水量 4.2%。拌和的水泥稳定渣土均匀、色泽一致，无粘连、结块现象，手握能够成团，不松散，无渗水现象，现场送检拌和料含水率 13.8%。

图 6-18  水泥稳定渣土生产现场　　　　　　图 6-19  水泥稳定渣土运输

### 5. 水泥稳定渣土施工

使用一台摊铺机摊铺，摊铺机行进时要最大限度地保持匀速前进，速度的设置要考虑运输能力的大小，减少摊铺机停机待料的情况。现场碾压组合及碾压遍数为：12t 胶轮压路机稳压 2 遍，然后用 20t 单钢轮振压 3 遍，静压 3 遍，22t 三轮压路机碾压 3 遍。铺筑完成后，每天洒水 3~5 次进行养护，保持表面湿润。图 6-20 和图 6-21 为水泥稳定渣土的施工现场。

图 6-20  水泥稳定渣土摊铺　　　　　　图 6-21  水泥稳定渣土碾压

### 6. 质量检验

（1）灰用量和含水率

取拌和好的水泥稳定渣土混合料送检，检测混合料含水率和石灰水泥用量。由现场取样检测结果可知，混合料水泥用量控制准确，含水率满足最佳含水率±2%的要求。部分检测结果见表 6-10。

表6-10　混合料含水率及灰用量

| 取样位置 | 含水率（%） | 水泥剂量（%） |
|---|---|---|
| K0+120 | 15.8 | 6.1 |
| K0+300 | 16.4 | 6.4 |
| K0+470 | 17.0 | 7.2 |
| K1+125 | 16.6 | 6.8 |
| K1+200 | 15.9 | 7.1 |
| 平均值 | 16.3 | 6.7 |

（2）7d无侧限抗压强度

每2000m²现场取样检验混合料的7d无侧限抗压强度，混合料7d无侧限抗压强度均大于1.5MPa，满足《城镇道路工程施工与质量验收规范》（CJJ 1—2008）要求。部分检测结果见表6-11。

表6-11　混合料7d无侧限抗压强度

| 检测项目 | 检测结果 | | | |
|---|---|---|---|---|
| 7d无侧限抗压强度<br>代表值（MPa） | 取样位置 | 平均强度 $\overline{R}$<br>（MPa） | 变异系数 $C_v$<br>（%） | 强度代表值<br>（MPa） |
| | K0+120 | 1.57 | 2.36 | 1.52 |
| | K0+470 | 1.56 | 1.86 | 1.52 |
| | K1+200 | 1.57 | 1.97 | 1.53 |

（3）压实度检测

现场采用灌砂法进行水泥稳定渣土底基层压实度检测，每1000m²抽查1点，由检测结果可知，综合稳定渣土压实度检测结果满足设计中底基层压实度≥95%的要求。检测结果见表6-12。

表6-12　压实度检测结果

| 检测点 | 压实度（%） |
|---|---|
| K0+120 | 95.2 |
| K0+300 | 96.0 |
| K0+470 | 96.6 |
| K1+125 | 96.2 |
| K1+200 | 95.5 |

（4）钻芯

在水泥稳定渣土底基层成型7d后进行现场钻芯，如图6-22所示，芯样均完整、密实，芯样的无侧限抗压强度检测结果为1.56MPa。

沧州市交通大街道路改造工程竣工后一年多的时间里，对路面质量情况进行了定期回访，至今路面没有出现裂缝、车辙等病害，路况良好，如图 6-23 所示。水泥稳定渣土道路应用技术是一项经济环保的施工技术，大大提高了建筑垃圾的资源化综合利用率。

图 6-22　水泥稳定渣土碾压　　　　　　　图 6-23　沧州市交通大街道路改造工程

### 6.1.4.2　郑州市惠济区丰茂街道路工程

**1. 工程概况**

郑州市惠济区丰茂街为郑州市的一条南北向城市次干路。该工程南起大河路，北至绿城路，全长 2072.451m，机动车道、非机动车道路底基层采用水泥稳定渣土再生混合料（水泥：渣土：再生骨料＝4：76：20），路宽 30m，示范面积 4.56 万 m²。路面结构设计如表 6-13 所示。

**表 6-13　路面结构设计**

| 机动车道路面 | 非机动车道路面 |
| --- | --- |
| 4cm 改性沥青混合料（SMA-13） | 5cm 细粒式沥青混凝土（AC-13C） |
| 6cm 中粒式沥青混凝土（AC-20C） | 0.6cm 乳化沥青下封层 |
| 8cm 粗粒式沥青混凝土（AC-25C） | 16cm 水泥粉煤灰稳定碎石 |
| 18cm 水泥粉煤灰稳定碎石 | 18cm 水泥稳定渣土再生混合料 |
| 18cm 水泥粉煤灰稳定碎石 | — |
| 18cm 水泥稳定渣土再生混合料 | — |

同时，选择郑州市惠济区东岗中路道路工程作为对比路段，东岗中路底基层材料采用水泥：石灰：土＝4：12：84 的水泥石灰土。

**2. 原材料检验**

（1）渣土再生混合料

本工程所用渣土混合料为河南盛天环保再生资源利用有限公司所提供，生产线如图 6-24所示。为保证底基层压实度，渣土再生混合料（图 6-25）由分离渣土和部分再生骨料组成。

取渣土混合料检测其颗粒组成、液（塑）限和含水率。检验结果见表 6-14。

图 6-24  固定式破碎生产线

图 6-25  渣土再生混合料

表 6-14  渣土混合料的检测报告

| 项目 | 颗粒组成 | | | | | | | | | |
|---|---|---|---|---|---|---|---|---|---|---|
| 筛孔尺寸（mm） | 60 | 40 | 20 | 10 | 5 | 2 | 1 | 0.5 | 0.25 | 0.075 |
| 通过率（%） | 100 | 100 | 93.6 | 87.2 | 73.7 | 54.7 | 49.1 | 41.2 | 29.0 | 9.5 |
| 液（塑）限联合试验 | 液限 26.2%，塑限 21.5%，塑性指数 4.7 | | | | | | | | | |
| 含水率（%） | 12.8 | | | | | | | | | |

根据检测结果，分析建筑渣土的工程分类。首先根据《公路土工试验规程》（JTG 3430—2020）中土的工程分类，样本中巨粒组土粒质量少于或等于总质量 15%，且巨粒组土粒与粗粒组土粒质量之和多于总质量 50% 的土称为粗粒土。该渣土样本中巨粒组土粒（$d \geqslant 60$mm）质量为零，少于总质量的 15%，且粗粒组（60mm$> d \geqslant$0.075mm）质量之和占总质量的 90.5%，大于总质量的 50%，故该渣土为粗粒土。

粗粒土按照颗粒组成不同可分为砾类土和砂类土，本样本粗粒组中砾粒组（60mm$> d \geqslant$2mm）占总质量的 45.3%，砂粒组（2mm$> d \geqslant$0.075mm）占总质量的 45.2%，砾粒组多于砂粒组，故该土样为砾类土。

砾类土根据其细粒含量和类别以及粗粒组的级配进行分类，本样本砾类土中细粒组（0.25mm$> d \geqslant$0.075mm）质量为总质量的 19.5%，属于细粒土质砾范畴，且细粒土在塑性图 A 线以上，故该建筑渣土样本为粗粒土中的细粒土质砾，记为 GC。

（2）水泥

采用的水泥为新乡县郭留店水泥 P·S·A 32.5，经检测，其强度及凝结时间符合规范要求，安定性合格。检测结果见表 6-15。

表 6-15  水泥检测

| 项目 | 细度（45μm 方孔筛筛余）（%） | 标准稠度用水量（%） | 初凝时间（min） | 终凝时间（min） | 安定性（mm） | 3d 强度（MPa） | |
|---|---|---|---|---|---|---|---|
| | | | | | | 抗折 | 抗压 |
| 试验结果 | 1.4 | 27.9 | 262 | 420 | 0.5 | 3.7 | 17.3 |
| 技术指标 | ≤30 | / | >45 | <600 | ≤5 | ≥2.5 | ≥10.0 |

### 3. 配合比设计

参照《公路路面基层施工技术细则》（JTG/T F20—2015）及《城镇道路工程施工及质量验收规范》（CJJ 1—2008）中水泥稳定土配合比设计方法对渣土混合料进行配合比设计。

在压实度为 97% 时，设计强度为 2.0MPa，水泥稳定渣土混合料的配合比为 4：76：20，此时最大干密度为 1.977g/cm³，最佳含水率为 10.8%，强度平均值为 2.5MPa，变异系数为 8.00%，代表值 $Rc_{0.95}$ 为 2.2MPa。对比段东岗中路水泥石灰土最大干密度为 1.801g/cm³，最佳含水率为 13.8%。

### 4. 水泥稳定渣土混合料施工

采用自卸车运输与平地机摊铺相结合的方法施工，按设计厚度计算的用量摊铺于路基顶面，平地机整平、整形后，形成路拱，每一层摊铺整平后，按试验路所确定的压实方法进行压实。首先用 6～8t 光轮压路机初压，然后用振动压路机复压。要求碾压与中线平行。其顺序是：直线段由边到中，平曲线超高段由内侧向外侧依次进行，压路机后轮应重叠 1/2 轮宽，振动压路机前轮重叠 30cm。碾压速度：头两遍初压采用Ⅰ挡（1.5～1.7km/h），复压时采用强振Ⅱ挡（2.0～2.5km/h），然后再用 18～21t 压路机静压。严禁压路机在已压成型或正在碾压的地段急刹车、调头，应保证稳定土表层不被破坏。碾压完成后，及时洒水覆盖养生，保持 7d。

### 5. 质量检验

（1）7d 无侧限抗压强度

现场取样检验混合料的 7d 无侧限抗压强度，混合料 7d 无侧限抗压强度均大于 1.5MPa，满足《城镇道路工程施工与质量验收规范》（CJJ 1—2008）要求。部分检测结果见表 6-16。

表 6-16　混合料底基层 7d 无侧限抗压强度

| 实测值 | 2.3 | 2.8 | 2.7 | 2.6 | 2.5 | 2.3 | 2.4 | 2.4 | 2.7 | 2.8 | 2.5 | 2.3 | 2.8 |
|---|---|---|---|---|---|---|---|---|---|---|---|---|---|
| 设计值（MPa） | 2.0 | | | | 代表值（MPa） | | | | 2.2 | | | | |
| 平均值（MPa） | 2.5 | | | | 变异系数（%） | | | | 8.00 | | | | |
| 检验结论 | 依据《公路路面基层施工技术细则》（JTG/T F20—2015），代表值大于等于设计值，所检项目符合要求 | | | | | | | | | | | | |

对比段东岗中路底基层 7d 无侧限抗压强度结果见表 6-17。

表 6-17　对比段水泥石灰土底基层 7d 无侧限抗压强度

| 实测值 | 0.90 | | 0.90 | | 0.88 | | 0.91 | | 0.89 | | 0.90 | |
|---|---|---|---|---|---|---|---|---|---|---|---|---|
| 设计值（MPa） | 0.80 | | | | | 代表值（MPa） | | | 0.88 | | | |
| 平均值（MPa） | 0.90 | | | | | 变异系数（%） | | | 1.24 | | | |
| 检验结论 | 依据《公路路面基层施工技术细则》（JTG/T F20—2015），代表值大于等于设计值，所检项目符合要求 | | | | | | | | | | | |

（2）压实度检测

现场进行渣土混合料底基层取样进行压实度检测，由检测结果可知，水泥稳定建筑渣土混合料压实度检测结果满足设计中底基层压实度≥97% 的要求。检测结果见表 6-18。

表 6-18　压实度检测结果

| 检验项目 | 设计要求 | 检验结果 |
|---|---|---|
| 压实度（%） | ≥97 | 98.6 |
| | ≥97 | 97.6 |
| | ≥97 | 99.1 |
| | ≥97 | 98.1 |
| | ≥97 | 98.6 |
| | ≥97 | 97.1 |
| 检验结论 | 依据图纸设计要求，所检项目符合要求 | |

（3）芯样

在水泥稳定渣土混合料底基层成型 7d 后进行现场钻芯，如图 6-26 所示，芯样均完整、密实，芯样的无侧限抗压强度检测结果为 2.2MPa。

（4）弯沉

在施工现场采用贝克曼梁法进行弯沉测定，测点 212 个，所检路段水泥稳定渣土混合料底基层回弹弯沉代表值小于或等于设计值，符合设计要求。

对比段东岗中路段回弹弯沉代表值小于设计值，符合设计要求。

从郑州市惠济区丰茂街道路工程和对比段东岗中路的部分试验检测情况可以看出，水泥稳定渣土再生混合料的力学性能等均优于传统水泥石灰土混合料，且更加经济，应用效果良好。

图 6-26　建筑渣土再生混合料底基层芯样

## 6.2　Ⅱ类渣土在道路工程中的应用技术及典型案例

本书第 3 章以全国典型地质地区划分为基础，在全国范围内遴选典型城市，以"网格化＋特殊化"的原则，按照不同的开挖深度选取渣土样本，并对这些渣土样本的物理、化学性能指标进行检测，建立我国典型地质地区渣土的理化特性及资源化利用数据库。

由渣土数据库可知，Ⅱ类渣土成分复杂，不同地域的渣土理化特性差异较大，因此可将Ⅱ类渣土进行细化分类，确定不同的稳定技术形式，分类应用于道路工程中：对于成分单一、理化性能指标良好的渣土，采用常规的稳定方式直接在现场应用；对于成分较为复杂、杂物含量较多的渣土在应用前应进行过筛、除杂等工艺处理，将渣土中的杂物及超粒径颗粒去除，其中理化特性满足工程用土要求的，采用常规的无机结合料稳定的方式进行稳定后应用，理化特性不满足常规稳定方式工程用土要求，或采用常规稳定方式后，强度指标不能满足设计要求的渣土，采用"无机结合料＋土壤固化剂"方法进行综合稳定。本节重点介绍综合稳定渣土在道路工程中的应用研究，常规稳定方式可参考相关规范进行应用。

## 6.2.1 综合稳定渣土配合比设计

### 1. 原材料

对沧州市区工程开槽的Ⅱ类渣土进行取样，取样部位均匀分布，将所取的样品置于平板上，在自然状态下拌和均匀，按四分法对取样进行室内试验。按照行业标准《公路土工试验规程》（JTG 3430—2020）进行试验，此Ⅱ类渣土液限为32.6%，塑限为18.8%，塑性指数为13.8，渣土样本的类型为低液限黏土。

水泥采用P·S·A 32.5水泥，石灰采用消石灰，Ⅲ级，固化剂采用环保型高强稳定固化土基层材料，型号为BJ-G2型，液体溶于水。

### 2. 配合比设计

（1）确定采用以下4组配合比进行试配，分别制备综合稳定渣土试件，根据《公路工程无机结合料稳定材料试验规程》（JTG E51—2009）中"无机结合料稳定材料击实试验方法"（T0804—1994）进行击实试验，确定不同水泥剂量混合料的最大干密度和最佳含水率。试验结果见表6-19。

表6-19 综合稳定渣土击实试验结果

| 编号 | 配合比 | 最大干密度（g/cm³） | 最佳含水率（%） |
|---|---|---|---|
| 1 | 石灰：土＝12%：100% | 1.692 | 17.9 |
| 2 | 水泥（P·S·B 32.5）：土：固化剂＝6%：100%：0.01% | 1.802 | 14.9 |
| 3 | 水泥（P·S·B 32.5）：土：固化剂＝8%：100%：0.01% | 1.879 | 15.3 |
| 4 | 石灰：水泥（P·S·B 2.5）：土：固化剂＝8%：2%：100%：0.01% | 1.764 | 15.5 |

（2）击实试验完成后，根据《公路工程无机结合料稳定材料试验规程》（JTG E51—2009）中"无机结合料稳定材料试件制作方法（圆柱形）制备试件"（T0843—2009）。按规定达到的压实度分别计算不同配合比混合料应有的干密度。按最佳含水率和计算得到的干密度制备试件进行无侧限抗压强度试验，试件数量应满足《公路工程无机结合料稳定材料试验规程》（JTG E51—2009）中T0843相关条款的要求。

（3）试件在规定温度下保湿养生6d，浸水24h后，按《公路工程无机结合料稳定材料试验规程》（JTG E51—2009）中T0805进行无侧限抗压强度试验。

### 3. 计算试验结果的平均值和偏差系数

按照上述步骤得到7d无侧限抗压强度试验结果数据，见表6-20。

表6-20 综合稳定渣土7d无侧限抗压强度

| 编号 | 配合比 | 7d无侧限抗压强度（MPa） | | | |
|---|---|---|---|---|---|
| | | 平均值 | 标准差 | 代表值 | 技术指标 |
| 1 | 石灰：土＝12%：100% | 0.81 | 0.03 | 0.80 | ≥0.8 |
| 2 | 水泥（P·S·B 32.5）：土：固化剂＝6%：100%：0.01% | 1.30 | 0.05 | 1.22 | ≥1.5 |
| 3 | 水泥（P·S·B 32.5）：土：固化剂＝8%：100%：0.01% | 1.81 | 0.05 | 1.73 | ≥1.5 |
| 4 | 石灰：水泥（P·S·B 32.5）：土：固化剂＝8%：2%：100%：0.01% | 1.21 | 0.06 | 1.11 | ≥0.8 |

石灰稳定类材料和水泥稳定类材料的7d无侧限抗压强度技术指标参考《城镇道路工程施工及质量验收规范》（CJJ 1—2008）以及《城镇道路路面设计规范》（CJJ 169—2012）中的规定。根据试验结果，结合经济情况，确定采用的最优配合比为石灰：水泥（P·S·B 32.5）：土：固化剂＝8％：2％：100％：0.01％。

## 6.2.2 综合稳定渣土路用性能

将综合稳定渣土用作道路底基层材料时，需要对其进行一系列路用性能检验，验证其是否满足路面底基层材料的性能要求。采用上节设计的最优配合比石灰：水泥（P·S·B 32.5）：土：固化剂＝8％：2％：100％：0.01％进行后续路用性能试验。为全面分析综合稳定渣土路用性能，同时进行了石灰稳定土（12％石灰用量）的路用性能试验，与综合稳定渣土进行对比分析。路用性能试验包括无侧限抗压强度、劈裂强度、抗压回弹模量等力学性能及抗冻性、抗冲刷性等稳定性、耐久性检验。

### 6.2.2.1 无侧限抗压强度

按照《公路工程无机结合料稳定材料试验规程》（JTG E51—2009）中"无机结合料稳定材料无侧限抗压强度试验方法"（T0805—1994）进行试验，试件为尺寸 $\phi50mm\times50mm$ 的圆柱形，试验龄期分别为7d、28d、60d、90d。试件及试验情况如图6-27和图6-28所示。

图6-27 综合稳定渣土试件　　　　　　　图6-28 无侧限抗压强度试验

综合稳定渣土和石灰稳定土的无侧限抗压强度试验结果如图6-29所示。

从图6-29可知：（1）12％石灰土和综合稳定渣土的7d无侧限抗压强度均能满足0.8MPa的设计要求；（2）由于掺加了水泥和固化剂，综合稳定渣土无侧限抗压强度明显高于石灰稳定土；（3）12％石灰土室内长龄期强度较7d强度增长幅度较小，综合稳定渣土由于掺加了水泥和固化剂，其室内长龄期强度较7d强度增长比较明显。

### 6.2.2.2 劈裂强度

按照《公路工程无机结合料稳定材料试验规程》（JTG E51—2009）中"无机结合料稳定材料间接抗拉强度试验方法（劈裂试验）"（T0806—1994），进行劈裂试验，试件尺寸为 $\phi50mm\times50mm$ 的圆柱形试件，均采用90d龄期标准养生。

综合稳定渣土和石灰稳定土的劈裂强度试验结果如表6-21所示。

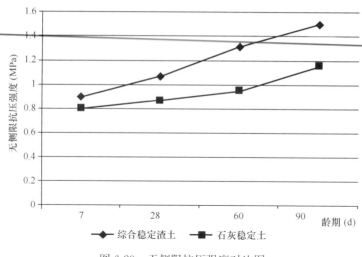

图 6-29　无侧限抗压强度对比图

表 6-21　劈裂强度测试结果

| 类型 | 配合比 | 平均值<br>（MPa） | 标准差 | 代表值<br>（MPa） |
|---|---|---|---|---|
| 综合稳定渣土 | 石灰：水泥：土：固化剂<br>＝8％：2％：100％：0.01％ | 0.40 | 0.02 | 0.40 |
| 石灰稳定土 | 12％石灰 | 0.05 | 0.02 | 0.02 |

试验结果表明：室内和现场拌和的综合稳定渣土的劈裂强度及抗压回弹模量均远远高于12％石灰土，综合稳定渣土的力学性能明显优于12％石灰土。

### 6.2.2.3　抗压回弹模量

按照《公路工程无机结合料稳定材料试验规程》（JTG E51—2009）中"无机结合料稳定材料室内抗压回弹模量试验方法（顶面法）"（T0808—1994），进行抗压回弹模量试验，试件尺寸为 $\phi$100mm×100mm 的圆柱形，均采用 90d 龄期标准养生。

综合稳定渣土和石灰稳定土的抗压回弹模量试验结果如表 6-22 所示。

表 6-22　抗压回弹模量测试结果

| 类型 | 配合比 | 平均值<br>（MPa） | 标准差 | 变异系数 |
|---|---|---|---|---|
| 综合稳定渣土 | 石灰：水泥：土：固化剂<br>＝8％：2％：100％：0.01％ | 447.5 | 12.8 | 2.9 |
| 石灰稳定土 | 12％石灰 | 193.3 | 10.0 | 5.2 |

综合以上三项力学性能试验结果可知，综合稳定渣土的无侧限抗压强度、劈裂强度及抗压回弹模量均高于12％石灰稳定土，综合稳定渣土的力学性能明显优于12％石灰稳定土。

### 6.2.2.4　抗冲刷性能

按照《公路工程无机结合料稳定材料试验规程》（JTG E51—2009）中的"无机结合料稳定材料抗冲刷试验方法"（T0860—2009），进行抗冲刷试验，采用 $\phi$150mm×150mm 的圆柱形试件，在养生 28d 龄期结束的前一天，在室温下饱水 24h 进行抗冲刷性能试验，冲刷质量损失越小，抗冲刷性能越好。

综合稳定渣土和石灰稳定土的抗冲刷试验结果如表 6-23 所示。

**表 6-23　抗冲刷试验结果**

| 类型 | 配合比 | 试件质量（g） | 冲刷物质量（g） | 冲刷质量损失（%） |
|---|---|---|---|---|
| 综合稳定渣土 | 石灰∶水泥∶土∶固化剂<br>=8%∶2%∶100%∶0.01% | 5163.8 | 31.6 | 0.612 |
| 石灰稳定土 | 12%石灰 | 5107.0 | 562.4 | 11.0 |

试验结果表明：综合稳定渣土的冲刷质量损失远小于 12% 石灰稳定土，其抗冲刷性能优于 12% 石灰稳定土。

#### 6.2.2.5　抗冻性能

按照《公路工程无机结合料稳定材料试验规程》（JTG E51—2009）中的"无机结合料稳定材料冻融试验方法"（T0858—2009），进行抗冻性能试验，采用 $\phi150mm \times 150mm$ 的圆柱形试件，冻融循环 5 次。

水泥稳定渣土和水泥稳定细粒土的 5 次冻融循环试验结果如表 6-24 所示。

**表 6-24　冻融残留强度比检测结果**

| 类型 | 配合比 | 对比试件强度（MPa） | 冻融循环后强度（MPa） | 残留强度比（%） |
|---|---|---|---|---|
| 综合稳定渣土 | 石灰∶水泥∶土∶固化剂<br>=8%∶2%∶100%∶0.01% | 1.02 | 0.81 | 79.41 |
| 石灰稳定土 | 12%石灰 | 0.69 | 0.28 | 40.6 |

同时，试验也考虑了冻融循环后的质量变化率，试验结果如表 6-25 所示。

**表 6-25　质量变化率检测结果**

| 类型 | 配合比 | 冻融循环前试件质量（g） | 冻融循环后试件质量（g） | 质量变化率（%） |
|---|---|---|---|---|
| 综合稳定渣土 | 石灰∶水泥∶土∶固化剂<br>=8%∶2%∶100%∶0.01% | 5170.3 | 5111.0 | 1.1 |
| 石灰稳定土 | 12%石灰 | 5160.5 | 4302.5 | 16.6 |

试验结果表明：综合稳定渣土的残留强度比、冻融后质量变化远远超出 12% 石灰稳定土的指标，其抗冻性能优于 12% 石灰稳定土。

综合以上两项耐久性试验结果可知，综合稳定渣土的抗冲刷性能及抗冻性能明显优于石灰稳定土。沧州属于中冻区，从试验结果来看，综合稳定渣土的残留抗压强度比能够满足规范规定的大于或等于 65% 的要求。

## 6.2.3　综合稳定渣土生产与施工

综合稳定渣土底基层采用路拌法施工，本节对综合稳定渣土的施工工艺及质量控制要点进行详细介绍。

### 1. 摊铺渣土

运送渣土至施工段落，用挖掘机进行摊铺，渣土的虚铺系数应通过试验确定，然后按配合比和虚铺系数确定虚铺厚度。渣土的含水量应控制在最佳含水量左右。平地机整平土方，整平后的土方必须表面平整、横坡与设计横坡一致，并用推土机或挖掘机进行排压 $1\sim2$ 遍。

### 2. 摊铺石灰

摊铺石灰前，根据石灰的摊铺厚度计算路宽范围内每延米石灰的需用量，实际采用的石灰用量应比室内试验确定的用量多 $1\%$。然后将石灰沿路纵向打成相应体积的灰条，再均匀地摊铺在渣土上。

### 3. 石灰土拌和

采用中置式稳定土拌和机进行拌和，拌和工作从路边开始施拌，往返向路中心进行。拌和时拌和机所在位置应与相邻的预先拌过的一条重叠 25cm 以上，以保证整个路面拌和工作的连续性。在拌和过程中，设专人跟机挖验，每间隔 $5\sim10m$ 挖验一处，检查拌和深度和拌和均匀性。拌和后采用挖掘机排压 $1\sim2$ 遍。

### 4. 撒布水泥

在灰土层上画 12m×9m 方格，根据水泥用量计算每个方格中水泥用量，水泥按一定的纵横间距均匀摆放，采用人工撒布水泥，使水泥均匀撒布在方格中。

### 5. 喷洒固化剂稀释液

采用洒水车喷洒土壤固化剂，按照配合比确定每平方米土壤固化剂的用量，使用前按照 $1:10$ 的比例加水进行稀释，洒水车使用前调试好洒水车的喷头、行走路线和行驶速度，将固化剂稀释液喷洒在摊铺好的石灰水泥土上，并保证固化剂喷洒均匀。

### 6. 综合稳定渣土拌和

采用中置式稳定土拌和机进行拌和，拌和工作从路边开始施拌，往返向路中心进行。拌和时拌和机所在的位置应与相邻的预先拌过的一条重叠 25cm 以上，以保证整个路面拌和工作的连续性。在拌和过程中，设专人跟机每间隔 $5\sim10m$ 挖验一处，检查拌和深度和拌和均匀性。

拌和完成的标志：混合料色泽一致，无夹灰层或夹土层，混合料色泽均匀一致，没有灰条、灰团和花面，混合料中土块含量符合质量要求，且水分合适均匀。

### 7. 整形

混合料拌和均匀后，用挖掘机排压 $1\sim2$ 遍。排压后进行细找平工作，使标高、横坡、厚度符合要求。采用平地机由两侧向路中心进行刮平整形，整形过程中，及时测量标高和横坡度，保证每次整形按照规定的标高和横坡进行。

### 8. 碾压

找平后当综合稳定渣土含水量处于最佳含水量时，以"先轻后重"为原则，采用轻型压路机配合 12t 以上的压路机在结构层全宽范围内进行碾压。根据路宽、压路机的轮宽和轮距的不同，制定碾压方案，应使各部分碾压到的次数尽量相同，路面的两侧应多压 $2\sim3$ 遍。

### 9. 养生

完工后应进行洒水养生，养生期不少于 7d。洒水养生在养生期内应封闭交通，严禁洒水车以外的车辆通行。

## 6.2.4 工程案例

在室内试验研究成熟的基础上，研究团队将综合稳定渣土在实体工程中进行了应用。本节将以任丘市长七路改造工程为例，详细介绍综合稳定渣土在道路底基层的应用情况。

### 6.2.4.1 工程概况

长七路改造工程道路红线宽度 50m，设计道路宽度为 34.5m，其中北侧非机动车道路面底基层结构采用一步综合稳定渣土（配合比为石灰：水泥：土：固化剂＝8％：2％：100％：0.01％）；南侧非机动车道路面底基层结构采用一步综合稳定渣土（配合比为石灰：水泥：土＝8％：2％：100％）作为对比段。路面结构设计如表 6-26 所示。

表 6-26　路面结构设计

| 北侧非机动车道路面结构（示范段） | 南侧非机动车道路面结构（对比段） |
| --- | --- |
| 中粒式沥青混凝土（AC-16C） | 中粒式沥青混凝土（AC-16C） |
| 透层油 | 透层油 |
| 18cm 水泥稳定碎石 | 18cm 水泥稳定碎石 |
| 18cm 综合稳定渣土（石灰：水泥：渣土：固化剂＝8％：2％：100％：0.01％） | 18cm 综合稳定渣土（石灰：水泥：渣土＝8％：2％：100％） |

### 6.2.4.2 应用情况

**1. 原材料检验**

（1）渣土

对任丘市长七路改造工程开槽的Ⅱ类渣土进行取样。按照行业标准《公路土工试验规程》（JTG 3430—2020）进行原材性能试验。检测结果见表 6-27。

表 6-27　渣土原材检测

| 液（塑）限联合试验 | 液限 31.0％ |
| --- | --- |
| | 塑限 20.5％ |
| | 塑性指数 11 |

参照《公路土工试验规程》（JTG E40）中细粒土划分规定，根据土的塑性图，结合液（塑）限联合试验结果，确定长七路渣土样本的类型均为低液限黏土。

（2）水泥

采用 P·S·A 32.5 水泥，经检测，其强度及凝结时间符合规范要求，安定性合格。检测结果见表 6-28。

表 6-28　水泥原材检测

| 项目 | 细度（45μm 方孔筛筛余）（％） | 标准稠度用水量（％） | 初凝时间（min） | 终凝时间（min） | 安定性（mm） | 3d 强度（MPa） | |
| --- | --- | --- | --- | --- | --- | --- | --- |
| | | | | | | 抗折 | 抗压 |
| 试验结果 | 8.9 | 28.1 | 259 | 410 | 0.5 | 4.1 | 17.9 |
| 技术指标 | ≤30 | / | ≥45 | ≤600 | ≤5 | ≥2.5 | ≥10.0 |

（3）石灰

石灰采用消石灰，Ⅲ级，经检测，其有效氧化钙加氧化镁含量符合规范要求，安定性合格。检测结果见表 6-29。

表 6-29 石灰原材检测

| 项目 | 试验数据 | 技术指标 |
|---|---|---|
| 有效氧化钙加氧化镁含量（%） | 61.9 | Ⅰ级：≥65<br>Ⅱ级：≥60<br>Ⅲ级：≥55 |

（4）固化剂

固化剂采用环保型高强稳定固化土基层材料，型号为 BJ-G2 型，液体溶于水。

**2. 配合比设计**

（1）确定最大干密度和最佳含水率

对综合稳定渣土和石灰土分别按照确定的配合比进行击实试验，确定混合料的最佳含水率和最大干密度。检测结果如表 6-30 和图 6-30 所示。

表 6-30 最大干密度和最佳含水率

| 区段名称 | 配合比 | 最大干密度（g/cm³） | 最佳含水率（%） |
|---|---|---|---|
| 示范段 | 石灰：水泥：土：固化剂＝<br>8%：2%：100%：0.01% | 1.675 | 15.8 |
| 对比段 | 石灰：水泥：土＝<br>8%：2%：100% | 1.675 | 15.8 |

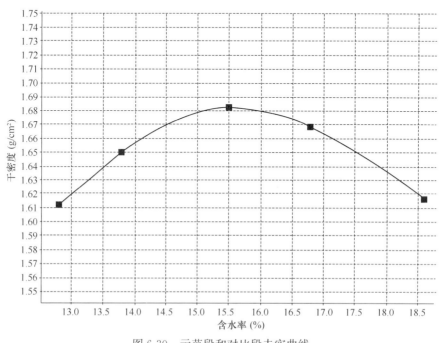

图 6-30 示范段和对比段击实曲线

（2）室内 7d 无侧限抗压强度试验

对综合稳定渣土制备试件，进行 7d 无侧限抗压强度试验。试验结果见表 6-31。

表 6-31 无侧限抗压强度试验结果

| 配合比 | 7d 无侧限抗压强度（MPa） | | | |
| --- | --- | --- | --- | --- |
| | 平均值 | 标准差 | 代表值 | 技术指标 |
| 石灰：水泥：土：固化剂＝8％：2％：100％：0.01％ | 0.92 | 0.02 | 0.89 | ≥0.8 |
| 石灰：水泥：土＝8％：2％：100％ | 0.89 | 0.04 | 0.83 | ≥0.8 |

## 3. 综合稳定渣土施工

采用路拌法施工，施工过程见图 6-31 至图 6-36。施工要点如下：

图 6-31 摊铺石灰图

图 6-32 撒布水泥

图 6-33 喷洒固化剂稀释液

图 6-34 拌和

图 6-35 整形

图 6-36 碾压完成

（1）摊铺渣土：施工用渣土为现场开槽土，渣土虚铺厚度控制在22cm左右。

（2）摊铺石灰：为满足8%石灰剂量的要求，摊铺石灰前计算路宽范围内每延米石灰的需用量为140kg，然后将灰沿路纵向打成相应体积的灰条，再均匀地摊铺在渣土上。

（3）石灰土拌和：采用中置式稳定土拌和机进行拌和，拌和工作从路边开始施拌，往返向路中心进行。在拌和过程中，设专人跟机挖验，每间隔5～10m挖验一处，检查拌和深度和拌和均匀性。经检验，拌和深度均满足要求（侵入下承层5～10mm），且混合料色泽均匀一致，没有灰条、灰团和花面。拌和后采用挖掘机排压1～2遍。

（4）撒布水泥：水泥掺量为2%，在灰土层上画5m×3m方格，计算每个方格中水泥用约为100kg，即2袋，水泥按一定的纵横间距均匀摆放，采用人工撒布水泥，使水泥均匀撒布在方格中。

（5）喷洒固化剂稀释液：采用洒水车喷洒土壤固化剂，洒水车使用前调试好洒水车的喷头、行走路线和行驶速度，使用前按照1∶10的比例加水进行稀释。

（6）综合稳定渣土拌和：采用中置式稳定土拌和机进行拌和，拌和工作从路边开始施拌，往返向路中心进行。在拌和过程中，设专人跟机每间隔5～10m挖验一处，检查拌和深度和拌和均匀性，经检验，拌和深度均满足要求，且无夹灰层和夹土层。

（7）整形：混合料拌和均匀后，用挖掘机排压1～2遍。排压后进行细找平工作，使标高、横坡、厚度符合要求。

（8）碾压：采用20t钢轮振动压路机在试验段全宽范围内先静压1遍，再振压3～4遍，直至表面平整、无明显轮迹。

**4. 质量检验**

（1）灰用量和含水率

取拌和好的综合稳定渣土混合料送检，检测混合料含水率和石灰水泥用量。选取部分数据汇总如表6-32所示。

表6-32　混合料含水率及灰用量

| 北侧示范段 | | | 南侧对比段 | | |
|---|---|---|---|---|---|
| 取样位置 | 含水率（%） | 石灰水泥用量（%） | 取样位置 | 含水率（%） | 石灰水泥用量（%） |
| K0+080 | 16.4 | 8.5 | K0+082 | 16.3 | 8.6 |
| K0+356 | 16.6 | 8.9 | K0+351 | 16.3 | 9.0 |
| K0+610 | 15.8 | 8.6 | K0+612 | 15.2 | 9.0 |
| K0+899 | 16.1 | 8.1 | K0+895 | 16.4 | 8.5 |
| K1+160 | 15.8 | 8.4 | K1+163 | 16.2 | 8.0 |
| K1+427 | 16.3 | 8.7 | K1+430 | 16.0 | 8.5 |
| 平均值 | 16.2 | 8.5 | 平均值 | 15.9 | 8.3 |

采用EDTA滴定法检测混合料中石灰水泥用量，其检测的剂量与石灰用量一致。由现场取样检测结果可知，混合料中石灰水泥用量控制准确，含水率满足最佳含水率±2%的要求。

（2）压实度检测

现场采用灌砂法检测压实度，由检测结果可知，示范工程和对比工程的综合稳定渣土压实度检测结果满足设计中底基层压实度≥95％的要求。部分检测数据如表6-33所示。

表6-33 压实度检测结果

| 示范段检测位置 | 压实度（％） | 对比段检测位置 | 压实度（％） |
| --- | --- | --- | --- |
| K0＋080 | 96.8 | K0＋075 | 96.5 |
| K0＋356 | 96.9 | K0＋355 | 95.7 |
| K0＋610 | 95.6 | K0＋615 | 96.2 |
| K0＋899 | 95.2 | K0＋885 | 95.8 |
| K1＋160 | 95.8 | K1＋155 | 96.5 |
| K1＋427 | 95.0 | K1＋420 | 95.0 |

（3）无侧限抗压强度检测

取示范段和对比段现场拌和好的综合稳定渣土制备试件，进行7d、28d无侧限抗压强度试验。试验结果见表6-34。

表6-34 无侧限抗压强度试验结果

| 施工段落 | 配合比 | 龄期（d） | 平均值（MPa） | 标准差 | 代表值（MPa） |
| --- | --- | --- | --- | --- | --- |
| 示范段 | 石灰：水泥：土：固化剂＝8％：2％：100％：0.01％ | 7 | 0.85 | 0.02 | 0.82 |
| | | 28 | 1.44 | 0.08 | 1.32 |
| 对比段 | 石灰：水泥：土＝8％：2％：100％ | 7 | 0.82 | 0.03 | 0.81 |
| | | 28 | 1.25 | 0.07 | 1.22 |

由试验数据可知：示范段和对比段综合稳定渣土7d无侧限抗压强度均能够满足0.8MPa的设计要求，但是随着养护龄期的延长，掺加固化剂的示范段其28d无侧限抗压强度增长幅度高于对比段，增幅为61％，对比段增幅为33.6％。因此掺加固化剂会促进固化土后期的强度增长，提高结构的稳定性。

（4）弯沉检测

综合稳定渣土底基层施工完毕7d后，检测示范段和对比段底基层的弯沉。检测结果见表6-35。

表6-35 弯沉检测结果

| 弯沉检测结果 | 示范段 | | 对比段 | |
| --- | --- | --- | --- | --- |
| | 路基顶面 | 综合稳定渣土底基层 | 路基顶面 | 固化剂综合稳定渣土底基层 |
| 最大值 $L_{max}$（0.01mm） | 301.0 | 278.0 | 298.0 | 257.0 |
| 最小值 $L_{min}$（0.01mm） | 121.3 | 101.5 | 123.6 | 123.2 |
| 平均值 $L$（0.01mm） | 189.6 | 136.2 | 192.1 | 176.9 |
| 标准差 $S$（0.01mm） | 32.1 | 47.5 | 29.5 | 42.7 |
| 变异系数 $C_v$（％） | 23.5 | 34.9 | 32.1 | 24.1 |
| 代表值 $L_r$（0.01mm） | 253.4 | 214.3 | 262.1 | 237.1 |

注：设计要求路基顶面竣工验收弯沉值≤266.2（0.01mm）。

从长七路示范段和对比段的试验检测情况可以看出，掺加固化剂的综合稳定渣土的力学性能、耐久性能均优于传统的石灰水泥综合稳定土底基层，应用效果良好。

## 6.3 本章小结

将渣土类建筑垃圾应用于道路工程结构底基层具有较高的早期强度，力学性能、稳定性良好。在满足道路工程质量要求的前提下，不仅减少了渣土类建筑垃圾堆放占用的土地，节约土地资源，减少环境污染，而且降低道路建设对不可再生资源的消耗，节约了宝贵的不可再生资源，实现了资源的循环利用。实践证明，渣土类再生产品在道路工程中的应用技术是一项经济环保的施工技术，可大大提高建筑垃圾的资源化综合利用率。

**参考文献**

[1] 中华人民共和国住房和城乡建设部. 城镇道路工程施工与质量验收规范：CJJ 1—2008[S]. 北京：中国建筑工业出版社，2008.

[2] 中华人民共和国住房和城乡建设部. 城镇道路路面设计规范：CJJ 169—2012[S]. 北京：中国建筑工业出版社，2012.

[3] 中华人民共和国交通运输部. 公路土工试验规程：JTG 3430—2020[S]. 北京：人民交通出版社，2021.

[4] 中华人民共和国交通部. 公路工程集料试验规程：JTG E42—2005[S]. 北京：人民交通出版社，2005.

[5] 中华人民共和国交通运输部. 公路工程无机结合料稳定材料试验规程：JTG E51—2009[S]. 北京：人民交通出版社，2009.

[6] 吴英彪，石津金，刘金艳. 建筑垃圾资源化利用技术与应用—道路工程[M]. 北京：中国建筑工业出版社，2019.

# 7 工程渣土在回填工程中的应用技术及典型案例

## 7.1 概述

工程渣土的高效再利用是一项重大的民生工程。工程渣土按含水率的高低可以大致分为低含水率和高含水率的工程渣土。对于高含水率的渣土，需采取脱水、化学固化等方法处理后才能应用于实际工程，而对于低含水率的渣土可以通过简单处理或直接应用于加固软土地基、路基换填、土方回填等。目前，工程渣土的处置方式主要有低洼地填埋、基础回填、矿坑回填、围海造田等。对于建设规模较大的城市，大规模的工程渣土排放仍然高度依赖异地处置以及低效初级利用。随着城市地下空间、轨道交通的快速发展和日益加剧的资源环境约束，新设置大规模的渣土填埋场日益困难，近郊处矿山、低洼填埋场也逐渐饱和。实现渣土类废弃物的高效再利用，并形成渣土类废弃物工程再利用产业链，一方面要肃清渣土堆放带来的种种危害，另一方面要发掘出以往被忽视的巨大经济和环保价值，这是行业乃至全国面临的重大难题[1-3]。

20 世纪 90 年代，发达国家已把城市建筑垃圾减量化和资源化作为环境保护和可持续发展战略目标之一。如美国、欧盟国家、日本等对建筑垃圾通过分拣、剔除或粉碎后，按"建筑垃圾减量化、无害化、资源化、综合利用产业化"原则，实现了很高程度的再生利用，欧盟国家的建筑垃圾利用率超过 90％，美国约 70％[3-5]。美国是发达国家中最早开展建筑废弃物综合利用的国家之一，美国的建筑废弃物综合利用大致可以分为三个级别：（1）"低级利用"，如现场分拣利用，一般性回填等，占建筑废弃物总量的 50％～60％；（2）"中级利用"，如用作建筑物或道路的基础材料，经处理厂加工成骨料，再制成各种建筑用砖等，约占建筑废弃物总量的 40％；（3）"高级利用"，还原成水泥、沥青等再利用。美国的大中城市均建立了建筑废弃物处理厂，负责本市区建筑废弃物的处理[5-7]。日本对建筑垃圾处理的指导原则是尽可能不从施工现场排出建筑垃圾，尽可能重新利用，再生利用有困难的则作适当处理。日本政府于 1977 年就制定了《再生骨料和再生混凝土使用规范》，将建筑废弃物视为"建筑副产品"，并相继在各地建立了以处理混凝土废弃物为主的再生加工厂，生产再生水泥和再生骨料；1991 年又推出了《资源重新利用促进法》，规定建筑施工过程中产生的渣土、混凝土块、沥青混凝土块、木材、金属等建筑废弃物，必须送往"再资源化设施"进行处理。成熟的法规帮助日本实现了建筑废弃物几乎百分之百的再利用率。日本建筑废弃物管理的独到之处在于每个步骤的深入细化程度较高，配备设备的所属功能也更为先进专业，在建筑垃圾分选这个环节体现得十分突出。

我国建筑垃圾管理起步较晚（20 世纪末），但在借鉴吸收发达国家的经验技术基础上发展也较为迅速。1995—2016 年，国家陆续颁布了针对城市建筑垃圾管理及资源再生利用的 20 余部法律法规、管理办法、技术规范及规程等，这些都为我国建筑垃圾管理及资源综合利用提供了政策支持。同时，在国家"十一五"科技支撑计划项目"地震灾区建筑垃圾资源化示范生产线"的支持下，不仅完成了3亿多吨灾区建筑垃圾再生利用，而且促进了我国建筑垃圾资源再利用设备技术不断完善，以及推动了建筑垃圾处理技术规范等制定工作的落实。尤其是《2014—2015年节能减排科技专项行动方案》提出了建筑垃圾的资源循环利用，加大了城市建筑垃圾处理和再生利用技术设备研发和推广。2018年3月住房城乡建设部印发《关于开展建筑垃圾治理试点工作的通知》（建城函〔2018〕65号），决定在北京市等35个城市（区）开展建筑垃圾治理试点工作，要求合理布局消纳处置、资源化利用设施，加快设施建设，推动资源化利用，提高建筑垃圾再生产品质量，研究制定再生产品的推广应用政策。

近些年，我国在渣土回收再利用方面已取得了不小的进步，有不少成功案例，积累了一些经验。建筑废弃物的资源化主要遵循减量化、资源化和无害化三个原则。我国工程渣土的资源化利用基本处于起步阶段。目前，工程渣土资源化利用主要有烧结制砖、非烧结制砖、制陶和填料回用等方式。本章重点阐述工程渣土在基础基槽、肥槽、孔洞回填工程中的应用技术，主要包括渣土的直接回填应用技术与工艺、工程渣土的资源化工程再利用技术与工艺，以及在基槽、工程肥槽、孔洞回填工程中的应用案例。

## 7.2 工程渣土在基坑回填中的应用技术与典型案例

### 7.2.1 工程渣土回填技术简介

工程回填是就地利用渣土最经济的方式。建设项目类别不同，工程回填渣土量的比例也有所不同，且回填对土方含水率要求较高。

工程渣土在建筑工程回填中主要有地基填土、基坑（槽）或管沟回填、室内地坪回填、室外场地回填平整等[8]。工程渣土直接回填适用于建筑物、构筑物大面积平整场地、大型基坑和管沟等回填土工程。基坑回填前应根据工程特点、填方土料种类、密实度要求、施工条件等，合理地确定填方土料含水率控制范围、虚铺厚度和压实遍数等参数。

### 7.2.2 回填材料要求

用于基坑回填的工程渣土需要满足下列要求：

（1）除淤泥、粉砂、杂土、有机质含量大于8%的腐殖土、过湿土和大于20cm石块外，其他均可回填，粒径超过100mm的土块应打碎。

（2）碎石类土、砂土和爆破石碴，可用作表层以下填料，其最大粒径不得超过每层铺填厚度的2/3或3/4，含水率应符合规定。

（3）黏性土应检验其含水率，必须达到设计及施工规范规定要求方可使用，结构的侧墙、顶板必须采用黏土回填，厚度不小于1.0m。

（4）冻土块填料含量不大于15%，粒径不大于150mm；需均匀铺填、逐层压实。建筑物、地下管线、道路工程设计高程1m范围内不得回填冻土块。

（5）碎块草皮和有机质含量大于8%的土，仅用于无压实要求的填方。

（6）盐渍土一般不可使用。但填料中不含有盐晶、盐块或含盐植物的根茎，并符合《土方与爆破工程施工及验收规范》（GB 50201—2012）附表 1.8 的规定的盐渍土则可以使用[9-10]。

回填渣土为黏性土和砂质土时，在最佳含水量时填筑，如含水量偏大应翻松、晾干或加干土拌均；如含水量偏低，可洒水湿润，并增加压实遍数或使用重型压实机械碾压。回填渣土为碎石类土时，回填或碾压前宜洒水湿润。不同类别的渣土回填，按土类分层填铺[8,11-12]。

## 7.2.3　基坑回填施工技术

回填施工一般分为人工回填和机械回填，机械填土方法一般有推土机填土、铲运机填土和汽车填土三种。

### 1. 人工回填

人工回填施工方法被普遍应用在施工场地面积偏小、机械设备无法顺利施展的状况下，通过采用人工夯实方法能够有效弥补一些机械缺陷。回填施工人员可以根据现场施工区域的实际填充要求，合理使用小型夯实机械设备去代替大型机械设备，这样能够大大提高回填土的施工质量和效率。

回填土需满足回填土材料要求。人工回填施工主要机具有：蛙式或柴油打夯机、手推车、筛子（孔径 40～60mm）、木耙、铁锹（尖头与平头）、2m 靠尺、胶皮管、小线和木折尺等。

回填土时从场地最低部分开始，由一端向另一端自下而上分层铺填。每层虚铺厚度，用人工木夯夯实时，不大于 20cm；用打夯机械夯实时不大于 25cm。深浅坑（槽）相连时，应先填深坑（槽），相平后与浅坑分层填夯。如果要分段填筑，交接处应填成阶梯形。墙基及管道回填应在两侧用细土同时均匀回填、夯实，防止墙基及管道中心线位移。人工夯填土用 60～80kg 的木夯或铁、石夯，由 4～8 人拉绳，两人扶夯，举高不小于 0.5m，一夯压半夯，按次序进行。较大面积人工回填用打夯机夯实。两机平行时其间距不得小于 3m，在同一夯打路线上，前后间距不得小于 10m。重要的回填土方工程，如影剧院观众厅斜坡地面垫层、室外宽大台阶垫层等，其相关参数应通过试验确定并记录，其试验报告应存档。值得注意的是，施工人员在运用人工夯实方法时需要提前对填土进行整顿操作，促使填土能够均匀分布在施工区域中，防止出现各种大大小小的间隙。除此之外，施工人员还需留意人力填充过程中产生的填充路线是否符合规范标准，最好是从坑道四周向中心进行填充作业。施工人员在重新填充管道管沟前，要确保已经将管道周围积土进行有力夯实，如果想用小型夯实机械设备去回填夯实，必须要保证其不会破坏损害到现场的管道[13]。

### 2. 机械回填

机械回填时，装运土方机械有：铲土机、自卸汽车、推土机、铲运机及翻斗车等。碾压机械有：平碾、羊足碾和振动碾等。一般机具有：蛙式或柴油打夯机、手推车、铁锹（平头或尖头）、2m 钢尺、20 号铅丝、胶皮管等。

推土机填土应由下而上分层铺填，每层虚铺厚度不宜大于 30cm。大坡度堆填土，不得居高临下，不分层次，一次堆填。推土机运土回填，可采取分堆集中、一次运送方法，分段距离为 10～15m，以减少运送漏失量。土方推至填方部位时，应提起一次铲刀，成堆卸土，并向前行驶 0.5～1.0m，利用推土机后退将土刮平。用推土机来回行驶进行碾压，履带应重叠一半。填土程序宜采用纵向铺填，从挖土区段至填土区段以 40～60cm 距离为宜。

铲运机铺土，铺填土区段长度不宜小于 20m，宽度不宜小于 8m。铺土应分层进行，每次铺土厚度不大于 30～50cm（视所用压实机械的要求而定），每层铺土后，利用空车返回时将表面刮平。填土顺序一般尽量采取横向或纵向分层卸土，以利行驶时初步压实。

自卸汽车填土成堆卸土，须配以推土机推土、摊平。每层的铺土厚度不大于 30～50cm（随选用的压实机具而定）。填土可利用汽车行驶做部分压实工作，行车路线需均匀分布于填土层上。汽车不能在虚土上行驶，卸土推平和压实工作须分段交叉进行。

压实方法一般有碾压法、夯实法、振动压实法以及利用运土工具压实。对于大面积填土工程，多采用碾压和利用运土工具压实，较小面积的填土工程，则宜用夯实工具进行压实。碾压法是利用机械滚轮的压力压实土壤，使之达到所需的密实度。碾压机械有平碾及羊足碾等。夯实法是利用夯锤自由下落的冲击力来夯实土壤，土体孔隙被压缩，土粒排列得更加紧密。人工夯实所用的工具有木夯、石夯等。振动压实法是将振动压实机放在土层表面，在压实机振动作用下，土颗粒发生相对位移而达到紧密状态。振动碾是一种振动和碾压同时作用的高效能压实机械，比一般平碾提高功效 1～2 倍，可节省动力 30%。

## 7.2.4　回填施工工艺

基坑回填施工工艺如下：

**1. 基坑（槽）底清理**

回填前先对基底处的垃圾以及积水、杂物等进行彻底清理，验收基底标高并采取相应措施，防范地表水流入该回填区域，对地基带来负面影响。

**2. 检验土质**

针对填方土料的设计，需要检验回填土的特性，检验回填土的质量有无杂物，粒径是否符合规定，以及检验各种土料的含水率是否在控制范围内。如含水率偏高可采用翻松、晾晒等措施；如含水率偏低，可采用预先浇水润湿等措施。在正式碾压之前，需要进行相应的试验确定满足密实度需求的最优含水量，并尽可能地减少碾压次数。

**3. 分层铺土、耙平**

回填土应水平分层找平夯实，分层厚度和压实遍数应根据土质、压实系数和机具的性能，并参照《建筑地基基础工程施工质量验收标准》（GB 50202—2018）有关规定。

**4. 压实**

碾压压实作业主要从压实机具的形式和规格、压实方式选择、压实遍数、分层虚铺厚度、接缝搭接量、压实速度等各个方面进行控制。

人力打夯前应将填土初步整平。人工打夯要按一定方向进行，一夯压半夯，夯夯相接，行行相连，两遍纵横交叉，分层夯打。夯实基槽及地坪时，行夯路线应由四边开始，然后再夯向中间。用蛙式打夯机等小型机具夯实时，一般填土厚度不宜大于 25cm，打夯之前填土应初步平整，打夯机依次夯打，均匀分布，不留间隙，施工时的分层厚度及压实遍数应符合表 7-1 的要求。

基坑（槽）回填应在相对两侧或四周同时进行。基础墙两侧标高不可相差太多，以免把墙挤歪；较长的管沟墙，应采用内部加支撑的措施，然后再在外侧回填土方。回填房心及管沟时，为防止管道中心线位移或损坏管道，应用人工先在管子两侧填土夯实；并应由管道两侧同时进行，直至管顶部 0.5m 以上时，在不损坏管道的情况下，方可采用蛙式打夯机夯实。在接口处、防腐绝缘层或电缆周围，应回填细粒料。

表 7-1　填土施工时分层厚度及压实遍数

| 压实机具 | 分层厚度（mm） | 每层压实遍数（遍） |
|---|---|---|
| 平碾 | 250～300 | 6～8 |
| 振动压实机 | 250～350 | 3～4 |
| 柴油打夯机 | 200～250 | 3～4 |
| 人工打夯 | 不大于 200 | 3～4 |

采用机械压实，填土在碾压机械碾压之前宜先用轻型推土机、拖拉机推平，低速行驶预压 4 或 5 遍，使其表面平整，采用振动平碾压实。爆破石碴或碎石类土，应先静压而后振压。碾压机械压实填方时应控制行驶速度：一般平碾、振动碾不超过 2km/h；羊足碾压不超过 3km/h，并要控制压实遍数。用压路机进行填方碾压，应采用"薄填、慢驶、多次"的方法，填土厚度不应超过 25～30cm；碾压方向应从两边逐渐压向中间，碾轮每次重叠宽度 15～25cm，边角、坡度压实不到之处，应辅以人力夯或小型夯实机具夯实。压实密实度除另有规定外，应压至轮子下沉量不超过 1～2cm 为度，每碾压一层后，应用人工或机械（推土机）将表面拉毛，以利接合。用羊足碾碾压时，填土宽度不宜大于 50cm，碾压方向应从填土区的两侧逐渐压向中心。每次碾压应有 15～20cm 重叠，同时随时清除黏着于羊足碾之间的土料。为提高上部土层密实度，羊足碾碾压过后，宜再辅以拖式平碾或压路机压平。

**5. 检验压实度**

回填土每层填土夯实后，应按规范规定进行环刀取样，测出干土的质量密度，或使用灌砂法检测回填土压实系数。对不满足设计要求的，需重新碾压，碾压完成后进行检测，直到下一层压实度合格后方可进行上一层施工。

**6. 修整找平验收**

最后一层压实完成，表面按设计标高拉线找平；基坑回填每层按长度 20～50m 取样 1 组，但每层均不少于 1 组；凡超过标准高程的地方，及时依线铲平；凡低于标准高程的地方，应补土夯实；检测压实度达到设计要求方可通知建设、设计、监理进行验收。

施工时应有防雨措施，要防止地面水流入基坑（槽）内，以免边坡塌方或基土遭到破坏。冬期回填土每层铺土厚度应比常温施工时减少 20%～50%；其中冻土块体积不得超过填土总体积的 15%，其粒径不得大于 150mm。铺填时，冻土块应均匀分布，逐层压实。回填土施工应连续进行，防止基土或已填土层受冻，应及时采取防冻措施[10-12]。

## 7.2.5　基坑回填施工质量控制与质量验收

### 7.2.5.1　基坑回填施工质量控制点

（1）未按要求测定土的压实系数：回填土每层都应测定夯实后的压实系数，符合设计要求后才能摊铺上层土。试验报告要注明土料种类、试验日期、试验结论及试验人员签字。未达到设计要求的部位，应有处理方法和复验结果。

（2）回填土下沉：因虚铺土超过规定厚度或冬期施工时有较大的冻土块，或夯实不够遍数，甚至漏夯，基底有机物或树根、落土等杂物清理不彻底等原因，造成回填土下沉。对此，应在施工中认真执行规范的有关规定，并要严格检查，发现问题及时纠正。

（3）回填土夯压不密实：填土过程中地基出现形变或稳定性降低，一般是土料含水量非常低，造成夯实或碾压效果不好，不能达到密实度要求，或含水量较高变成了橡皮土；土料有机质含量超标，填土过厚，未分层夯实也会导致地基压实不足。

（4）在地形、工程地质复杂地区内填方且对填方密实度要求较高时，应采取措施（如排水暗沟、护坡桩等）以防填方土粒流失，造成不均匀下沉和坍塌等事故。

（5）填方基土为杂填土时，应按设计要求加固地基，并要妥善处理基底下的软硬点、空洞、旧基以及暗塘等。

（6）填方应按设计要求预留沉降量，如设计无要求时，可根据工程性质、填方高度、填料种类、密实要求和地基情况等，与建设单位共同确定（沉降量一般不超过填方高度的3%）。

### 7.2.5.2 回填施工注意事项

#### 1. 雨季及冬季施工

当回填施工进入雨季时，做好雨季回填施工是确保工程质量和工期的关键因素之一。在全面施工前，应制定施工场区排水方案，在基坑开槽完成后，应在基底外侧挖排水沟并设集水坑，雨季期间将汇集的雨水排到施工范围外的河流或道路排水沟中。对施工现场排水设施要定期进行检查清理，防止淤塞。

在冬季进行回填土施工时，须严格检查土质，如土质中有冻土块或冰块应严禁使用；在施工现场温度低于0℃的情况下，在填方完成后需采用塑料薄膜和棉毡对回填土进行覆盖保温，防止受冻；如有土方受冻且需要继续回填前，应将受冻部分铲除后再次回填。冬季每层铺土厚度应比常温施工时减少20%～25%，预留沉降量应比常温施工时增加一部分。

#### 2. 施工成品保护

挖土机在场内转运土方至基坑内和平整回填土过程中不得碾压或碰撞基坑边坡和桩承台等。基坑土方回填应在结构两侧肥槽分层对称进行，防止造成一侧不平衡压力，破坏结构。夜间施工易引起混乱，要合理安排夜间施工顺序，保证现场照明灯具有足够亮度，保证施工有条不紊。

### 7.2.5.3 土方回填工程的常见质量问题及防治

土方回填工程的常见质量问题及防治如下所述[11-13]。

#### 1. 填方基底处理不当

质量问题：填方基底未经处理，局部或大面积填方出现下陷，或发生滑移等现象。

防治措施：①回填土方基底上的草皮、淤泥、杂物应清除干净，积水应排除，耕土、松土应先经夯实处理，然后回填；②填土场地周围做好排水措施，防止地表滞水流入基底，浸泡地基，造成基底土下陷；③对于水田、沟渠、池塘或含水量很大的地段回填，基底应根据具体情况采取排水、疏干、挖去淤泥、换土、抛填片石、填砂砾石、翻松、掺石灰压实等措施处理，以加固基底土体；④当填方地面较陡（＞1/5）时，应先将斜坡挖成阶梯形，阶高0.2～0.3m，阶宽大于1m，然后分层回填夯实，以利接合并防止滑动；⑤冬季施工基底土体受冻胀，应先解冻，夯实处理后再行回填。

#### 2. 回填土质不符合要求，密实度差

质量问题：基坑（槽）填土出现明显沉陷和不均匀沉陷，导致室内地坪开裂、室外散水坡裂断、空鼓、下陷。

防治措施：①填土前，应清除沟槽内的积水和有机杂物。当有地下水或滞水时，应采取相应的排水和降低地下水位的措施；②基槽回填顺序应按基底排水方向由高至低分层进行；③回填土料质量应符合设计要求和施工规范的规定；④回填应分层进行，并逐层夯压密实。每层铺填厚度和压实要求应符合施工规定。

**3. 基坑（槽）回填土沉陷**

质量问题：基坑（槽）填土局部或大片出现沉陷，造成靠墙地面、室外散水空鼓下陷，建筑物基础积水，有的甚至引起建筑结构不均匀下沉，出现裂缝。

防治措施：①基坑（槽）回填前，应将槽中积水排净，淤泥、松土、杂物清理干净，如有地下水或地表滞水，应有排水措施；②回填土采取严格分层回填、夯实。每层虚铺土厚度不得大于 300mm。土料和含水量应符合规定。回填土密实度要按规定抽样检查，使其符合要求；③填土土料中不得含有大于 50mm 直径的土块，不应有较多的干土块，急需进行下道工序施工时，宜用 2∶8 或 3∶7 灰土回填夯实；④如地基下沉严重并继续发展，应将基槽透水性大的回填土挖除，重新用黏土或粉质黏土等透水性较小的土回填夯实，或用 2∶8 或 3∶7 灰土回填夯实；⑤如下沉较轻并已稳定，可填灰土或碎石混合物夯实。

**4. 基础墙体被挤动变形**

质量问题：夯填基础墙两侧土方或用推土机送土时，将基础、墙体挤动变形。造成基础墙体裂缝、破裂，轴线偏移，严重影响墙体受力性能。

防治措施：①基础墙体两侧用细土同时分层回填夯实，使受力平衡。两侧填土高差控制不超过 300mm；②如遇暖气沟或室内外回填标高相差较大，回填土时可在另一侧临时加木支撑顶牢；③基础墙体施工完毕，达到一定强度后再进行回填土施工，同时避免在单侧临时大量堆土或材料、设备，以及行走重型机械设备；④对已造成基础墙体开裂、变形、轴线偏移等严重影响结构受力性能的质量事故，要会同设计部门，根据具体损坏情况，采取加固措施（如填塞缝隙、加围套等）进行处理，或将基础墙体局部或大部分拆除重砌。

建筑工程回填土施工质量控制是一项系统工程，涉及多方面的问题。施工时应规范回填土的质量检测过程，确保回填土质量和试验报告的可靠性，避免将土夯成橡皮土或夯散，保证工程顺利进行，降低返工率，从而提高建筑物的整体形象和使用寿命[11-15]。

**7.2.5.4　基坑回填施工质量控制**

（1）基底处理必须符合设计要求或施工规范的规定。

（2）回填的土料必须符合设计要求或施工规范的规定。

（3）回填土必须按规定分层夯压密实。回填土每层都应测定夯实后的干土质量密度，符合设计要求后才能摊铺上层土。取样测定压实后的干土质量密度，其合格率不应小于 90%；不合格的干土质量密度的最低值与设计值的差，不应大于 0.08g/cm³，且不应集中。环刀取样的方法及数量应符合规定[15]。

（4）允许偏差项目，应满足表 7-2 的规定。

表 7-2　填土工程施工允许偏差

| 项次 | 项目 | 允许偏差（mm） | 检验方法 |
|---|---|---|---|
| 1 | 顶面标高 | +0，−50 | 用水准仪或拉线尺量检查 |
| 2 | 表面平整度 | 20 | 用 2m 靠尺和楔形塞尺尺量检查 |

## 7.2.6 典型工程案例

**1. 西安某项目基坑回填工程**

西安交大科技创新港科创基地是教育部与陕西省共建的国家级项目,以"国家使命担当、全球科教高地、服务陕西引擎、创新驱动平台、智慧学镇示范"为定位。该项目位于西咸新区沣西新城,占地 117 万 $m^2$,建筑面积 159 万 $m^2$,包括教学科研机构和学生学习生活区共 52 个单体建筑项目,其中最大的一个单体项目建筑面积达 18 万多 $m^2$,工程总投资 75.3 亿元,由陕西建工集团有限公司施工总承包,如图 7-1 所示。2017 年 2 月 26 日创新港科创基地正式开工,同园区规划道路、总体及绿化平行交叉施工,2018 年 10 月 28 日竣工,工期仅 583d。

2017 年 3 月 25 日创新港科创基地土方工程全面展开,创新港工程原状地面较永久地面高程差 2m 多,从设计及施工两阶段,针对土方整体平衡做了仔细策划。开挖土方共 96 万 $m^3$,就地回填 67 万 $m^3$,二次回填了 29 万 $m^3$,做到土方无外运,全部场内平衡,如图 7-2 所示。

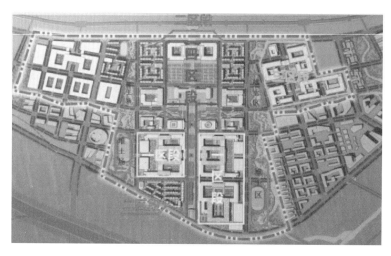

图 7-1 项目设计规划图

**2. 某管沟回填项目**

某河流域(宝安片区)水环境综合整治项目包括 6 大项目,46 个子项,流域面积 112.65km$^2$,总投资 152.10 亿元。6 大项目分别是:河道综合整治工程、片区排涝工程、雨污分流管网工程、水生态修复工程、补水工程、综合形象提升工程。其中雨污分流管网工程含 18 个子项(15 个片区、3 项接驳工程),片区总面积 45km$^2$,管道总长 804km,投资 55.62 亿,占总投资的 36.57%。原设计图纸中,管槽开挖后,土方直接运走,需要找到弃土场地,还需要大量的运输费;管道敷设完成后,回填石粉碴,并要求石粉碴最大粒径小于 40mm,分层夯实厚度为 100~200mm。同样,石粉碴需要花钱从外地购买,还需要花费大量的运输费。如果管道敷设完成后,采用灰土回填,则既可以减少土方外运费用,又可以减少采购石碴费用。[16]

灰土回填的施工工艺:①切割并清除需开挖管沟的路面混凝土;②用反铲开挖管沟土

图 7-2　施工现场照片

方，并将土方堆放在附近晾晒，以降低回填土的含水率；③采购石灰运至现场，拌制灰土。石灰与土的拌和比例为 3：7，拌和均匀后回填管沟，并分层夯实，每层厚度 200mm，压实系数≥0.95。

通过计算分析，按 50% 的地下管网采用灰土回填，本工程可节省投资金额约 1.156 亿元，同时每天减少 2100 车次货车的运输量，既缓解了交通拥堵，又可以让路面更干净整洁，产生良好的社会及环境效益，值得推广应用。

**3. 某污水厂结构物周边回填土方项目**

某污水处理厂位于白河河畔，是既有一期、二期厂区的扩建工程（含部分改建），新建三期工程污水处理能力为 20 万 $m^3/d$，中型城市排污处理能力将得到巨大提升，提升城市功能和生活体验。污泥浓缩池混凝土强度等级为 C30，抗渗等级为 P6 混凝土，底板厚 50cm，壁板厚 40cm，单池半径 9.8m，圆心处倒锥台直径为 2m。该结构物高度为 7.5m，中心为一个直径 2m 配水井。其施工完成实体如图 7-3 所示。[17]

在土方回填前，对构筑物及周边区域进行清理，清理废旧木模板及钢筋和其余杂物，保证回填前基坑清理干净，如有必要将原基底清除 20cm，但不得扰动原状土层。在回填前，对回填料进行试验检测，现场回填的土方来源为同一区域附近膜细格栅开挖的土方，试验检测该土方的内摩擦角度、天然含水率、液限、塑限、击实试验、CBR 值、颗粒分析及有机质含量。设计要求回填一次性填完，回填基坑不得受水浸泡。

基坑在满水试验全部合格后，及时回填，回填采用黏性土，有机物含量不超过 5%，压实度不应小于 0.94。构筑物间距过窄，无法通行大型机械，采用 60D 挖掘机进入池中心整平及运输，采用装载机将黏土堆放在基坑外侧，先在池壁外侧标记上分层回填的记号，每层虚铺厚度不超过 20cm。采用平板夯或蛙式打夯机对土方分层夯实。每夯实一层，采用灌砂法和环刀法检测压实度。逐层由内向外环形对称回填压实。为确保压实到位，在保证夯击遍数的同时，在回填过程中适当洒水，确保施工含水量保持在大于最佳含水量 1%～2%。

图 7-3　施工完成实体图

## 7.3　工程渣土再生流态填筑料在回填工程中的应用技术

### 7.3.1　工程渣土再生流态填筑料简介

目前，我国建筑渣土的处理方式为填埋及资源化利用，以运往渣土场堆填、废弃矿坑回填为主。为满足处置巨量渣土的需求，许多城市已建或规划建设大量渣土场，但由于建筑渣土产量逐年增加，渣土场地逐渐饱和，土地资源匮乏，渣土的处置困境越来越突出。渣土场填埋无疑是目前建筑渣土最主要的处理方式，但实际的填埋要更加多样化，有工程中的水塘、凹地回填，还有采石场回填、矿山回填，修建公园的造景回填，以及围海造陆。大部分建筑渣土填埋场都没有经过专业设计，也未进行可靠的理论验证，建设过程中缺乏防渗、排水等设施，压实处理不到位，存在崩塌、滑坡等安全隐患，造成填埋场固结缓慢、填埋场容量利用率低、地基承载力低的问题。

工程渣土中的主要矿物包括各类造岩矿物，具体有石英、蒙脱石、方解石、伊利石、高岭土、赤铁矿、辉沸石、莫来石及石膏等。化学成分组成主要有 $SiO_2$、$Al_2O_3$、$TiO_2$、$Fe_2O_3$ 等物质，其干密度一般为 $1.5\sim2.7g/cm^3$，含水率为 $10\%\sim45\%$。目前，国内外针对建筑渣土的组成和物理化学性质的研究并不多，未对不同区域和不同工程中产生的建筑渣土的资源性、污染性和工程性质进行综合研究，且没有形成系统的组成和物化性质数据库，给渣土的再利用造成困难。在基坑回填工程中，往往会遇到回填时施工操作空间狭小，传统回填材料（土质填料、级配砂石填料等）与结构物界面存在死角的状况，导致碾压夯实质量难以保证，往往因压实不足而产生沉降、沉陷等病害，影响工程结构物的正常使用及其寿命。特别是对于一些城市道路路面塌陷等险情，传统回填技术难以满足快速施工条件和良好回填质量要求。

#### 7.3.1.1　工程渣土再生流态填筑料定义

工程渣土再生流态填筑料是以工程渣土为主要原材料，将工程渣土与复合固化剂和适量的水拌和而成的，通过溜槽或泵送，具有流动性的新型回填材料，可用于基槽、孔洞、溶洞等的回填。它可以解决采用灰（素）土回填时存在的对土的要求高、作业面较小、夯实难度大、夯实质量不稳定、与基础结构界面结合不好、干法施工无法保证遇水后发生的各种问题，同时施工时现场浇筑材料为液态，不会产生扬尘污染，绿色环保。

工程渣土再生材料中所用的土优先采用开挖弃土质量较好、数量大的黏土、粉土、砂土等，有机质含量不大于 5%，颗粒最大粒径不大于 50mm，未经处理的污染土不可作为固化土的原材料。工程渣土再生材料中所用的固化剂根据岩土特点和工程性能要求，结合地材，采用"复合矿物设计＋化学激发＋土颗粒表面改性"的技术路线，形成一种有针对性的特殊胶凝材料，解决一般胶凝材料在土颗粒环境中存在的水化条件恶劣、水化产物难以连续分布、耐久性不足等缺点，通过调控机制，使固化剂的水化产物在时间-空间的分布有序发生，在微观结构上形成较密实的固化体，其强度、水稳性以及长期体积稳定性满足工程需求。

### 7.3.1.2 工程渣土再生材料的基本特点

（1）早期强度高、固化时间短。24h 后强度可达到 0.3MPa，满足进行下一步施工的强度。

（2）工程渣土再生流态填筑料具有很好的流动性和自密实性，施工质量可控。具有高流动性，则在自重作用下无须或少许振捣便可自行填充，形成自密实结构的胶凝回填材料。工程渣土再生材料的坍落度为 80～220mm。

（3）工程渣土再生材料具有抗渗性。与天然土壤相比，工程渣土再生流态填筑料的抗渗性大幅提高，渗透系数比天然土壤降低 2～3 个数量级。该特性既可防止地下水对填筑料本身的破坏，同时还可以与边坡、结构外墙皮紧密结合，防止地表水和地下水沿填筑料界面渗入。

（4）工程渣土再生流态填筑料施工可采用泵送和溜槽浇筑两种浇筑方式，施工简单。

（5）以工程渣土为主要原材料，施工成本低。

（6）施工不会产生扬尘污染，绿色环保。

### 7.3.1.3 常用回填材料对比分析

目前，基槽回填常使用的材料有：三七灰土、渣土、泡沫混凝土、砂石、工程渣土再生流态填筑料等，这些材料适用于不同条件，各有优缺点。

施工方式：三七灰土、渣土、砂石采用分层压实的方式，分层厚度可参考相关规范要求；泡沫混凝土、工程渣土再生材料采用泵送或自流平的方式。

生产方式：三七灰土现场搅拌，渣土/砂石采用外运方式，泡沫混凝土/工程渣土再生材料现场搅拌或预拌。

回填利弊：泡沫混凝土/工程渣土再生材料均可实现预拌工艺，减少扬尘污染，但预拌泡沫混凝土在运输过程中会出现消泡现象，质量稳定性较差；三七灰土、泡沫混凝土、工程渣土再生流态填筑料均可现场搅拌，但泡沫混凝土和工程渣土再生流态填筑料采用散装水泥，与三七灰土相比，扬尘较小；对于回填基坑较深，有些部位基坑较窄，作业面太窄等情况，三七灰土、渣土、砂石无法开展压实作业，且卸料均为高空抛洒，尘土飞扬；砂石、泡沫混凝土所用材料均为外运，三七灰土、渣土和工程渣土再生流态填筑料均可以使用现场弃土，节约渣土外运成本；渣土、砂石回填存在天然空隙，泡沫混凝土有吸水粉化现象，工程渣土再生流态填筑料固化后与压实的三七灰土相比防水优势明显。

## 7.3.2 工程渣土再生流态填筑料施工技术

### 7.3.2.1 工程渣土再生流态填筑料施工工艺

工程渣土再生流态填筑料回填基槽可以采用拌和站集中搅拌或现场搅拌两种工艺。

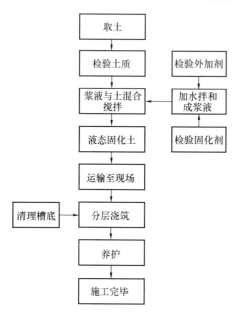

图 7-4 集中搅拌生产与施工工艺流程

（1）集中搅拌

采用拌和站集中搅拌后，利用运输车辆运到现场进行浇筑施工。如图 7-4 所示，其施工流程为：检验土质→固化土配比试验→确定固化剂的配方→检验固化剂→确定固化土配比→固化剂浆液搅拌→运输→搅拌工程渣土再生材料（即固化土）→清理槽底→分层浇筑→养护→施工完毕。

（2）现场搅拌

采用现场搅拌，首先在室内进行固化剂配方优化试验，确定最优配方；然后现场将复合固化剂各组分、外加剂（必要时掺入）等与水按配合比投入浆液拌和器混合成浆液，再将复合固化剂浆液与工程渣土投入搅拌器进行拌和，形成工程渣土再生材料。现场搅拌施工流程为：检验土质→固化土配比试验→确定固化剂的配方→检验固化剂→确定固化土配比→固化剂浆液搅拌→搅拌固化土→清理槽底→分层浇筑→养护→施工完毕。

### 7.3.2.2 工程渣土再生流态填筑料施工设备

工程渣土再生流态填筑料施工需要的机具设备主要由固化剂浆液制备系统、工程渣土筛分及计量系统、材料搅拌系统以及泵送设备等组成，包括的设备有材料存储仓、材料计量装置、筛土机、水泵、拌和控制系统、复合材料搅拌机等，具有材料的筛分、计量、搅拌、运输等功能，如图 7-5 所示。

**1. 固化剂浆液制备系统**

固化剂浆液制备系统主要由固化剂计量设备、输送设备、搅拌设备及控制台等组成，将复合固化剂按配比计量后与适量的水搅拌，制作成固化剂浆液。

**2. 工程渣土筛分及计量系统**

工程渣土筛分及计量系统将经过筛分后满足要求的渣土输送到工程渣土再生材料搅拌系统，同时计量渣土质量。为了降低粉尘，达到环保的目的，搅拌站放置除尘喷雾机。

**3. 工程渣土再生流态填筑料搅拌系统**

将固化浆液泵送到工程渣土再生材料搅拌系统与筛分后的渣土搅拌并计量，泵送设备将工程渣土再生材料直接泵送至基坑肥槽内，也可在搅拌机出料口外设置引导管或输送泵将拌和好的工程渣土再生材料输出到运输车辆内。

### 7.3.2.3 工程渣土再生流态填筑料施工关键点

**1. 工程渣土再生流态填筑料配合比的确定**

施工之前应根据现场工程渣土情况进行工程渣土再生材料配合比的设计，材料用量应依

图 7-5 流态填筑料生产施工系统（北京地下空间有限公司提供）

据工程渣土再生材料强度试验和施工设计确定。工程渣土再生材料流动性采用坍落度控制，一般控制范围为 150～180mm，结合项目施工需要进行优化设计。试验用水应在现场取样测试。

**2. 基槽清理**

基槽回填前，必须对基础、基础墙或地下防水层、保护层等进行检查，并办完相关手续；当地下水位高于基坑（槽）底，施工前应采取排水或降低地下水位的措施，使地下水位经常保持在施工面以下 50cm 左右；施工前应根据工程特点、回填部位、施工条件等，合理确定固化土坍落度、分层厚度等参数；回填前将沟槽、地坪上的积水和有机杂物清除干净；施工前，测量放线工应做好水平高程的标志，如在基坑（槽）或沟的边坡上每隔 3m 设置标高控制点；确定好工程渣土再生材料输送机械、车辆的行走路线，路线应事先检查，必要时要进行加固加宽等准备工作，同时要编好施工方案。

**3. 材料检查与存储**

工程渣土检查与储存：拌和前检查土质的种类、含水量、粒径，有无杂物，是否符合规定。现场堆积的工程渣土要用安全网进行覆盖，防止扬尘污染。

固化剂检查与存储：运至现场的固化剂粉料采用粉罐存储，液剂采用桶装存储，并按照要求进行检验。固化剂存储时间不超过 3 个月，否则应重新进行检验，合格后方可使用。

各种材料按现场总平面布置图确定堆放位置，设置临时设施等，不得随意摆设或堆放。

**4. 工程渣土再生流态填筑料的搅拌**

拌制工程渣土再生材料时，各种计量衡器应保持准确，对材料的含水率，应经常地进行检测，据以调整固化剂和水的用量；配料数量允许偏差（质量计）固化剂 ±2%，外加剂 ±2%；工程渣土再生材料流动性状检查采用坍落度指标控制，坍落度检测办法参照混凝土坍落度检测执行；由于进行配合比试验时，土的重量是按干重度计算的，因此拌和时土的含水量会影响固化土的坍落度，拌和用水量应根据实际的坍落度及时进行调整；工程渣土再生材料应使用专门机械搅拌，搅拌时间以搅拌均匀、和易性及流动性满足要求为准；外加剂应先调成适当浓度的溶液再掺入拌和；工程渣土再生材料拌和过程中应进行试块留置，每个台班留置不宜少于 3 组，试块尺寸可选用边长为 100mm 的立方体，并应进行 3d、7d、28d 的无侧限抗压强度试验。

**5. 工程渣土再生流态填筑料的浇筑**

工程渣土再生流态填筑料浇注时，自由倾落高度一般不宜超过 2m，若超过 2m 时应由导流槽或泵车将搅拌好的工程渣土再生材料导入基槽；浇筑时应分层浇注，在浇注过程中可以人工辅助刮平，与坑（槽）边壁上的标高控制线对应检查，保证每一浇注层基本水平进行；基槽回填应连续进行，尽快完成。施工应防止地面水流入坑（槽）内，应有防雨排水措施。刚回填完毕或尚未初凝的工程渣土再生材料，如遭受雨淋浸泡，则应将积水及松软土除去并补填；回填完成后应及时覆盖基槽，下雨天不能施工；填方应从最低处开始，由下而上整个宽度水平分层均匀回填。深浅坑（槽）相连时，应先填深坑（槽），相平后与浅坑分层分段回填。分段回填时，交接处填成阶梯形，分层交接处应错开，上下层接缝距离不小于 1.0m，接缝处应避开构筑物交界处。接槎时应将槎子垂直切齐；每回填压一层完后，应用人工或小型机械将表面拉毛，以利接合；施工现场需取样，现场每浇筑 100m³ 留置 2～3 组试块，试块制作要求可参考混凝土试块做法，尺寸一般采用 100mm×100mm 规格。

**6. 养护**

浇筑完成后，应进行覆盖养护，以保证强度增长，期间严禁机械行人通过。当因养护、黏土含量、坍落度控制及外部环境造成水分流失，在与基槽两侧结合部出现干缩裂缝时，需同时对施工分段接缝处，在浇筑完成 3d 后进行高压注入固化浆液。如表面会产生一些轻微的裂缝，应在养生期间人工用固化剂浆液将裂缝灌浆。

## 7.3.3 工程渣土再生流态填筑料在回填工程中的质量控制与安全措施

### 7.3.3.1 工程渣土再生流态填筑料施工质量控制

工程渣土再生流态填筑料在基坑回填施工中的质量控制主要有：

（1）固化剂进场必须按批次对其品种、级别、包装或散装仓号、出厂日期等进行验收，并对其强度、凝结时间进行试验，其质量应符合相关规定。当使用中对固化剂质量有怀疑或固化剂出厂日期超过 3 个月时，必须再次进行强度试验，并按试验结果使用。

（2）工程渣土再生流态填筑料拌制采用饮用水作为施工用水时，可不检验；当采用其他水源时，水质应符合现行国家标准《混凝土用水标准（附条文说明）》（JGJ 63—2006）的规定。

（3）拌和用的渣土优先采用开挖弃土质量较好、数量大的黏土、粉土、砂土等，有机质含量不大于 5%，其颗粒最大粒径不大于 50mm。未经处理的污染土不得作为固化土的原材料。

（4）首次使用的工程渣土再生材料配合比应进行开盘鉴定，其原材料、强度、坍落度等应满足设计配合比的要求，每个配合比的固化检查不应少于一次。

（5）回填前将槽内的杂物、积水清除干净，固化土宜采用分层分块方式进行浇筑，浇筑作业应对称进行，浇筑高差不宜大于 1m。首次浇筑不宜超过 0.5m。

（6）浇筑完成后，应立即进行覆盖养护，防止水分流失，期间严禁机械行人通过。在浇筑完填筑体顶层后，应立即对填筑体表面覆盖塑料薄膜或土工布保湿养护。养护时间不少于 7d。

（7）对工程质量验收不合格的，监理单位应责令施工单位进行缺陷修补或返工，并应重新进行质量检验与验收。

### 7.3.3.2 工程渣土再生流态填筑料施工安全措施

各种机械操作人员和车辆应取得操作合格证，不准将机械设备交给无本机操作证的人员操作，对机械操作人员要建立档案，专人管理。

施工组织设计和施工方案要针对工程的特点、施工方法、所使用的机械、设备、电气特殊作业、生产环境和季节影响制订出相应的安全技术措施和审批手续。

吊设备作业时，严禁起吊超出规定重量的物件，吊装的钢丝绳应定期进行检查，凡发现有扭结、变形、断丝、磨损、腐蚀等现象达到破损限度时，及时更新。

安排专门人员在基坑顶部巡视，防止上部坠物。固化土运输车离开边坡 3m 行驶，卸车时严禁将固化土直接投入坑内，防止后轮胎对边坡压力过大产生安全隐患。边坡上面的栏杆全封闭，用安全网围挡。

设备机具有故障时严禁自行拆卸检查，应及时通知临电及机械人员检修。

回填时派人检查边坡有无异常现象，严格按边坡位移观测交底进行观测，并每天检查一次，发现有异常现象时及时通知人员疏散，并及时采取安全措施。

## 7.4 工程渣土再生流态填筑料在回填工程中的应用案例

### 7.4.1 某项目中轴线区域地下公共交通走廊及配套工程基坑两侧肥槽回填

某项目中轴线区域地下公共交通走廊及配套工程总建筑面积 51.65 万 m²，总投资额约为 80 亿元。项目位于光谷高新大道与高新五路之间，主要沿光谷五路及神墩一路、望月路等道路下建设，空间之间互相连通，将建设三层，形成 51.6 万 m² 的立体空间，如图 7-6 所示。

某项目中轴线区域地下公共交通走廊及配套工程 6～10 段，全长 2.6km。基坑深度 9.35～26.43m，下部主体结构与围护桩之间存在 800mm 宽肥槽，主体结构完成后需对肥槽进行回填，肥槽预计需填方 62500m³。传统基坑肥槽回填多采用二八灰土、中粗砂回填，人工或机械夯实，但由于本工程肥槽较为狭窄，施工空间不满足，不能确保回填的密实度及回填强度，后期存在安全隐患，同时维修困难，因此项目决定采用以工程渣土为主要原料，制备具有自密实性能的流动性回填土进行肥槽回填。

回填施工方案：①对肥槽坑底进行清理，将松散垃圾、砂浆、石子等杂物清理干净；②检测土体含水率，对土体进行破碎，通过干燥将含水率控制在 10%～15%，土体破碎后的土粒径不大于 40mm；③将破碎后的土体同固化剂、水进行搅拌，搅拌均匀后测试塌落度，流动性为 180～200mm；④进行肥槽分层回填，直至回填完成，分层厚度不大于 2m，每次浇筑长度不大于 40m，各层流动土浇筑间隔时间小于 3h；⑤覆膜保湿养护，测试 28d 及 90d 强度，最终强度需满足设计要求（大于 0.3MPa）。目前，项目 6b 段肥槽回填已完成约 200m，强度、压实度指标均检验合格，如图 7-7 所示。

图 7-6　地下空间规划效果图

图 7-7　基坑回填施工后照片

## 7.4.2　工程渣土资源再生填筑料场地回填

2010 年上海世博园区修建于南浦大桥和卢浦大桥之间的黄浦江两岸，施工过程中产生了大量的建筑废渣和废土等固体废弃物（简称"渣土"），大量的建筑废弃物运出园区需花费几千万元的财力、人力、物力。利用建筑废弃物作为现场施工场地的底基层与土基，可以变废为宝，节省大量的废弃物外运费用，同时避免废弃物堆放对环境的污染与新的土石方开挖，保护周围环境，如图 7-8 所示。

**1. 固结剂稳定建筑废弃物材料与结构设计**

（1）材料技术要求

① 固结剂

选用固结剂稳定渣土，固结剂技术指标符合相应的行业标准。

图 7-8 建筑废弃物再生利用

② 建筑废弃物

应用的废弃物中不得含有种植土、腐殖土、垃圾土、淤泥质土等，也不得含有杂草、树根或农作物残根等杂物。废弃物的粒径应不大于 100mm，还应满足表 7-3 要求。

表 7-3 建筑废弃物应用要求

| 粒径范围（mm） | 质量百分含量（%） |
| --- | --- |
| $d \leqslant 20$ | $\geqslant 50$ |
| $80 < d \leqslant 100$ | $< 5$ |

渣土中土与渣的比例应控制在 4：6 左右，由于现场渣土均匀性较差，施工时控制在 3：7～5：5。

③ 水

饮用水，pH 值约大于或等于 6 的水均可使用。

④ 固结剂稳定材料技术要求

固结剂及其应用剂量根据结构层位变化，具体的应用剂量及稳定废弃物性能满足表 7-4 技术要求。

表 7-4 固结渣土用于道路不同结构层技术要求

| 层次 | 厚度（cm） | 掺量（%） | 压实度*（%） | 7d 无侧限抗压强度（MPa） |
| --- | --- | --- | --- | --- |
| 上层 | 25 | 6.0 | $\geqslant 96$ | $\geqslant 1.0$ |
| 下层 | 25 | 4.5 | $\geqslant 96$ | $\geqslant 0.6$ |
| 非机动车道稳定层 | 20 | 4.5 | $\geqslant 93$ | $\geqslant 0.6$ |

* 车行道采用重型击实标准，非机动车道采用轻型击实标准。

（2）固结渣土结构层设计

世博园区道路采用固结剂稳定废弃物处理作为场地垫层与土基，替代以往设计场地路面结构中的砾石砂垫层和石灰土加固地基。车行道处理深度 50cm，分两层施工，每层 25cm，如图 7-9 所示。

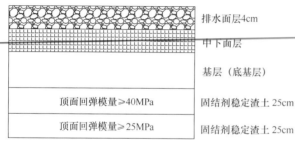

排水面层4cm

中下面层

基层（底基层）

顶面回弹模量≥40MPa | 固结剂稳定渣土25cm

顶面回弹模量≥25MPa | 固结剂稳定渣土25cm

图 7-9　固结剂稳定渣土作为道路垫层与土基

（2）建筑渣土再生利用技术施工工艺及验收标准

通过室内试验，固结剂效果较好，选用固结剂稳定建筑废弃物。为了方便施工，该技术主要采用路拌法，以下提出了路拌法的施工工艺。

1）路拌法施工工艺

路拌法施工的工艺流程宜按图 7-10

的顺序进行。

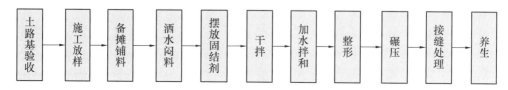

图 7-10　路拌法施工固结剂稳定渣土的工艺流程

**2. 质量控制与验收标准**

世博会园区道路工程固结渣土路基处理的质量验收主要参照上海市工程建设规范《城市道路工程施工质量验收规范》（DGJ 08—118—2005）的有关规定执行。

**3. 建筑渣土在世博园区道路中的应用**

为了施工方便快捷，采用路拌法铺筑。建筑废弃物再生利用施工工序包括备料摊铺渣土、洒水闷料、摆放和摊铺固结剂、拌和、洒水复拌、整形、碾压与养生，如图 7-11 至图 7-14 所示。

图 7-11　固结渣土摊铺

图 7-12　固结渣土碾压

对成型后的土基与垫层，测试顶面当量回弹模量，结果表明，固结渣土顶面具有较好的承载能力，当量回弹模量达到 60MPa 以上。目前，该技术已经在世博园区场地中大面积推广应用。世博园区固结建筑垃圾用于道路及场地路基、垫层及基层，共利用世博园区建筑垃圾约 50 万 m³，节约工程投资 3000 多万元。

图 7-13　固结渣土养生　　　　　　　　图 7-14　固结渣土成型

## 7.4.3　新型流态填筑料管廊肥槽回填应用

以雄安新区某项目基坑肥槽回填为例，本次试验段选在 1 工区（项目部西北侧）。基坑边坡采取放坡支护，管廊主体与边坡之间的肥槽下窄上宽，近似倒梯形。涉及采用流态填筑料的肥槽长度约为 40m，填筑高度为 1m。回填流态填筑料 120m³，回填填筑料强度为 0.7MPa。填筑料所需土源采用现场挖方所需弃土，现堆置在坡顶，土性为砂土。所需填土需从弃土处运至坑内操作平台处。

### 7.4.3.1　施工准备

（1）对所有施工人员进行安全技术培训及安全技术交底。
（2）应按原材料使用计划，组织原材料进场、试验。
（3）组织施工设备进场，并做好安装、调试及标定工作。
（4）填筑前将沟槽内的杂物清除干净。

### 7.4.3.2　材料与设备

**1. 材料**

根据现场取土进行试配，每立方米原材料用量为：土 1030kg，水泥 100kg，水 560kg，外加剂 10kg。

**2. 设备**

设备清单如表 7-5 所示。

表 7-5　设备清单

| 设备名称 | 规格、型号 | 数量 | 功率（kW） | 产地 | 备注 |
|---|---|---|---|---|---|
| 搅拌机 | JS350 | 2 | — | 中国 | — |
| 装载机 | ZL500 | 1 | — | 中国 | — |
| 湿喷机 | — | 1 | — | 中国 | — |
| 手推斗车 | 0.22m³ | 6 | — | 中国 | — |

主要设备：JS350 搅拌机 2 台，小型装载机 1 台，湿喷机 1 台。
零星设备、工具：水泵 2 台、铁锹 6 把、蓄水桶 2 个、电缆、称重设备 1 个。

### 7.4.3.3 施工工艺

施工工艺流程如图 7-15 所示，施工现场如图 7-16 所示。

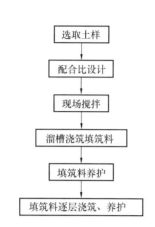

图 7-15　填筑料施工工艺流程图　　　　图 7-16　流态填筑料回填施工照片

## 7.4.4　成都天府国际机场航站区基槽流态固化土回填

成都天府国际机场航站区总建筑面积约 110 万 m²，包含 T1 航站楼、T2 航站楼及 GTC、停车楼等工程。四川三合利源环保建材有限公司负责实施该工程的基槽流态固化土填筑工程。基本技术路线为：针对天府国际机场工程的需要和岩土特性，就地取土，掺入专用的高效岩土固化剂，通过独创工艺和特殊机械拌和均匀，形成具有大流动性的混合料，通过泵送施工或者自主卸料，现场无需振捣浇筑，混合料硬化后形成具有一定强度、高水稳定性、低渗透性和保持长期稳定的新型岩土工程材料——流态固化土。

经过前期充分准备，2018 年 11 月，成都天府国际机场综合管廊开始浇筑流态固化土（如图 7-17 所示），参建各方对实施效果十分满意，从此拉开了流态固化土在四川省境内利用的序幕。

该项目的成功实施，突破了利用当地页岩土为主的工程弃土制备流态型固化土的技术瓶颈，形成了"材料开发—成套设备—工艺优化—施工组织"等全方位的技术体系，使流态固化土技术全面提升，达到了一个新的技术高度。

固化土的无侧限抗压强度设计值为：3d 不小于 0.3MPa，7d 不小于 0.5MPa，28d 不小于 0.8MPa。生产预拌固化土的控制参数：灰土比（固化剂：干土质量）不低于 0.15，拌和物湿容重不低于 1700kg/m³。固化土拌和物坍落度控制在 （220±20)mm，可泵送施工，浇筑时无须振捣。具体数据如表 7-6 所示。

表 7-6　天府国际机场管廊基槽回填预拌流态固化土典型配比及其性能

| 现场湿土<br>（kg/m³） | 固化剂（B 型）<br>（kg/m³） | 外加水<br>（kg/m³） | 拌和物坍落度<br>（mm） | 无侧限抗压强度（MPa） | | |
| --- | --- | --- | --- | --- | --- | --- |
| | | | | 3d | 7d | 28d |
| 1293 | 239 | 388 | 200 | 0.52 | 0.88 | 1.42 |

注：湿土含水率约为 10%。如果含水率变化，则进行必要的调整。

图 7-17　覆盖养护与断面情况

该项目是中国建筑科学研究院周永祥研究员主持的"十三五"国家重点研发计划子课题"利用低品位原料和固废制备岩土固化剂及其应用技术研究"（编号：2018YFD1101002-04）的示范工程。依托最新科研成果，该项目进一步提升技术水平和产品质量，同时为四川三合利源环保建材有限公司正在主编的四川省工程建设地方标准《预拌流态固化土填筑技术标准》提供了科技支撑。

## 7.4.5　四川省妇幼保健院（四川省儿童医学中心）天府院区建设项目的基槽回填

一期项目地下室负一层 1 号楼侧壁回填区域作业面狭窄，传统的回填方法施工难度大，机械无法作业，夯实难度大，危险性高且无法达到甲方回填质量要求。

四川三合利源环保建材有限公司与中国建筑第八工程局紧密合作，采用新型环保填方材料——流态固化土进行回填，有效地解决了上述技术痛点。在回填过程中，建设单位大量采用直放、泵送方式，连续作业，快速施工。在浇筑的同时，进行负一层主体内初装，缩短了施工周期，节约了大量的人力与机械，同时排除了施工期间的危险隐患，最终达到甲方回填质量要求，获得一致好评。回填施工照片如图 7-18 所示。

图 7-18　回填施工照片

### 7.4.6　河北石家庄正定新区安济路综合管廊回填

**1. 项目概况**

石家庄正定新区安济路综合管廊全长 4.2km，其中包含与太行大街、朱河街、顺平大街、新城大街、园博园大街、尉佗街交叉下沉段，下沉段基坑开挖采用排桩支护方式，肥槽宽度为 2m，明挖法施工。

由于现场基槽宽度窄，且工作面深，若采用传统回填工艺，可能会导致基槽回填不够密实，从而造成塌方等工程事故，项目总包方中建二局三公司采用河南绿岩工程科技公司的振动液化固结土技术进行基槽回填施工，设计初凝时间 6～8h，终凝时间 10～12h，28d 标养试件（70.7 mm 立方体试件）0.8MPa，回填方量预估 3 万 m³。

**2. 振动液化固结土技术原理**

振动液化固结土的技术原理为：团聚的土颗粒在振动搅拌和功能组分的共同作用下获得充分分散，土颗粒与固化剂中的固体颗粒在搅拌过程中呈液化状态，从而形成颗粒的连续嵌锁分布，在低用水量的情况下，即可制备出可泵送、大流动性的固化土工程材料（如图 7-19 所示）。

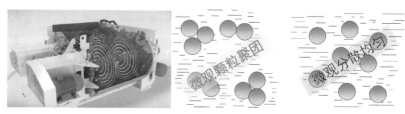

图 7-19　振动液化固结土技术原理

振动液化固结土的两大支撑技术："高效岩土固化剂"和"振动搅拌技术"。

流态填筑料具有自密实、免振捣的特点，不需要压实工艺，强度可以调控，特别适用于狭窄空间的填筑。振动液化固结土不仅充分利用了废弃渣土，还解决了以前流态填筑料存在的土颗粒难以完全分散、固化土匀质性不好以及搅拌效率不高、用水量大等问题。

振动液化固结土具有如下特殊优势：有机-无机固化剂协同作用，相同材料成本下，固化土强度可提高 0.5～2MPa；采用振动搅拌设备，搅拌均匀，土颗粒充分分散，固化土匀质性好；依靠土颗粒与固化剂中的固体颗粒在搅拌中成液化状态，从而形成颗粒的连续嵌锁分布，在获得相同的流动性的情况下，用水量降低 30%～50%，干缩率降低 30% 以上；可根据工程需要，制备具有特殊性能的固化土材料，包括低渗透、高早强、自憎水、抗腐蚀、轻质等多种功能的固化土材料。

**3. 项目实施情况**

该管廊深基坑回填采用振动液化固结土技术，利用基坑开挖弃土为主要原料，加入一定比例的专用岩土固化剂和水，通过专用的振动搅拌设备进行充分拌和，形成坍落度（200±20)mm 可泵送、自密实的流态化岩土工程材料，可采用罐车运输、泵送或溜槽进行现场回填浇筑。流态浇筑填充效果好，自流平，无须二次夯实，硬化质密。施工现场如图 7-20 所示。

图 7-20　施工现场照片

施工过程中，由于采用的是自动化模块式成套设备，配料精准，效率高，现场生产、转场方便，适应各种场地环境，最大限度地与本项目工作面多且散的特点契合。此外，施工弃土就地再利用，为施工单位降低了外运弃土的成本和二次倾倒的扬尘污染，绿色环保。

# 7.5　本章小结

我国目前处于快速城镇化阶段，许多大型城市人地矛盾和交通拥堵问题日益突出。许多城市进行了大规模的工程建设、地下空间开发和轨道交通建设，产生了大量的工程渣土，如何高效处理和合理利用工程渣土已经成为我国目前面临的一个严峻的环境和生态问题。建筑渣土的处置方式与其所具有的工程特性及资源性有关，主要的处置方式有土方平衡、工程化应用、资源化应用。工程渣土的处置方式较多，最便捷的方式是就地回填，省去末端处置的费用；也可以用于其他基坑开挖场地的土方平衡、生活垃圾填埋场的表层覆盖土及农业用地的表层土；工程渣土可作为堆山造景的原材料，还可以作为路基材料进行路基建设。除了堆填、回填的填埋方式以外，建筑渣土的资源化利用也是其重要的处置方式之一。本章主要介绍了工程渣土的直接回填和资源再利用施工技术，可以解决渣土场地土地资源匮乏的问题，减少堆填失稳滑坡的安全隐患，降低工程造价。

## 参考文献

[1] 左洁. 建筑废弃物在水稳碎石基层再利用技术研究[D]. 江苏：东南大学，2018.

[2] 毛兴中. 道路水泥混凝土的再生试验研究[D]. 西安：长安大学，2007.

[3] 张志红. 建筑废弃物再生利用的调查与研究[D]. 青岛：山东科技大学，2006.

[4] 贾新玲. 郑州一帆公司建筑垃圾再生集成设备开发项目可行性研究[D]. 南京：南京理工大学.2010.

[5] 冷发光，何更新，张仁瑜，等. 国内外建筑垃圾资源化现状及发展趋势[J]. 房建材料与绿色建筑，2009(9)：341-346.

[6] 李湘洲. 国外建筑垃圾利用现状及我国的差距[J]. 砖瓦世界，2012(06)：9-13.

[7] 杨卫国，王京，暴雷，郭栋. 建筑垃圾综合利用研究[J]. 施工技术，2011，40(23)：100-102.

[8] 张慧清. 浅谈建筑工程土方的回填与压实技术[J]. 江西建材，2020(12)：160-162.

[9] 黄海波. 土方回填质量控制[J]. 科学咨询，2014(5)：53-54.

[10] 陈海棠. 基于建筑工程土方施工技术的探究[J]. 建筑工程技术与设计，2016，36(12)：89-91.

[11] https：//baike. baidu. com/item/%E5%9F%BA%E5%9D%91%E5%9B%9E%E5%A1%AB/5223180？fr=aladdin.

[12] 赵培尧. 区间明挖法基坑开挖施工[J]. 城市建设理论研究(电子版)，2013(16)：181-183.

[13] 王鑑. 浅谈深基坑建筑周围土方回填的技术措施[J]. 甘肃科技，2020，36(5)：89-91.

[14] 李树诚. 回填土施工工艺标准及流程[J]. 房地产导刊，2014(31)：144-145.

[15] 刘永芳. 论述建筑工程基础回填土施工技术措施[J]. 科学与财富，2013，(5)：327.

[16] 王星明. 管沟采用灰土回填的效果分析[J]. 中国新技术新产品，2016(21)：81-82.

[17] 肖巨洪，韩魁，王维维，等. 浅谈污水厂结构物周边回填土的技术要点[J]. 现代物业(中旬刊)2020(7)：124-125.

[18] http：//d. wanfangdata. com. cn/periodical/csjsllyj2012042541.

[19] http：//qikan. cqvip. com/Qikan/Article/Detail？id=45469593.

[20] 姬新伟. 简论人工回填土施工质量控制要点[J]. 科技信息，2012(33)：378.

[21] 胡景媛. 试析冬季土方工程施工技术要点[J]. 黑龙江科技信息，2013(32)：207+60.

[22] 姜守国，杜家刚，郭琳. 浅析路基土方的冬季施工技术要求[J]. 建筑工程技术与设计，2014(20)：317+202.

[23] 王建刚，张金喜，郭阳阳. 建筑垃圾控制性低强度材料性能及工程应用[A]//中国科学技术协会，交通运输部，中国工程院. 2018世界交通运输大会论文集[C]. 中国科学技术协会，交通运输部，中国工程院：中国公路学会，2018：10.

[24] 魏建军，张金喜，王建刚. 建筑垃圾细料生产流动化回填材料的性能[J]. 土木建筑与环境工程，2016，38(3)：96-103.

[25] 贾冬冬. 低强度流动性建筑垃圾回填材料基本性能研究[D]. 北京：北京工业大学，2014.

[26] 余松霖. 建筑渣土工程特性与矿坑填埋场沉降[D]. 杭州：浙江大学，2019.

[27] 雷霆. 建筑垃圾低强度流动化回填材料性能优化及中试研究[D]. 北京：北京工业大学，2017.

# 8 渣土类建筑垃圾在绿化工程中的应用技术及典型案例

## 8.1 渣土类建筑垃圾在绿化工程中的应用综述

### 8.1.1 绿化工程用土概述

绿化工程的概念有广义和狭义之分。广义的绿化工程是指用来绿化或美化环境的建设工程，其概念基本等同于园林工程，是以园林建设中的工程技术为研究对象，其特点是以工程技术为手段，塑造园林艺术形象。它是在一定的地域运用工程技术和艺术手段，通过改造地形（或进一步筑山、叠石、理水）、种植树木花草、营造建筑和布置园路等途径创造美的近自然的环境和游憩境域。

狭义的绿化工程常被称为园林种植工程，是园林工程中的重要组成部分，也是园林工程中最具生命力和活力的部分。绿化泛指除天然植被以外的，为改善环境而进行的人工植被的种植。根据通用的施工方法，绿化工程常被安排在园林建设的最后阶段进行。具体工作内容是按照设计要求，种树、栽花、植草，并使其成活，尽早发挥最佳效果[1]。

在上述内容中，改造地形、营造建筑、布置园路等广义的绿化工程用土主要利用土的工程性质，与一般的建筑、道路土方工程没有太大区别，在此不做赘述。而园林种植工程用土主要从土的土壤结构、有机物含量、营养元素含量和有毒有害因素等方面考虑，具有绿化工程用土的特殊性，是本章主要讨论的内容。

同时，建筑渣土种类繁多，为了降低利用成本、提高利用效率，需要选取特定的表层种植土作为绿化工程渣土应用的基础。因此，本章讨论的主要内容是将表层种植土通过剥离、收集、存储、改良等措施应用到绿化种植工程中。

### 8.1.2 绿化工程种植土要求

绿化工程对种植土的要求和农田耕地类似，要求有良好的物理结构和丰富的营养。土壤作为园林植物的直接载体，影响园林植物的生长，进而影响其生态功能的发挥，土壤质量是园林绿化质量的关键[2]。

我国对于绿化种植用土的规范标准主要有《绿化种植土壤》（CJ/T 340—2016)[3]，其中主要规定了一般绿化种植土或绿化养护用土壤的要求、检测及改良修复。

绿化种植土壤是用于种植花卉、草坪、地被、灌木、乔木、藤本等植物所使用的自然土壤或人工配制土壤，具备常规土壤的外观，有一定疏松度、无明显可视杂物、常规土色、无明显异味。规范中对于种植土的具体技术指标分为通用主控指标、土壤肥力、土壤渗入要求、障碍因子4个方面。其中，通用主控指标包括：pH、含盐量、有机质含量、质地、土壤入渗率。具体技术要求如表 8-1 所示。

表 8-1 绿化种植土壤主控指标的技术要求

| | 主控指标 | | 技术要求 |
|---|---|---|---|
| 1 | pH | 一般植物 | 2.5∶1 水土比 | 5.0～8.3 |
| | | | 水饱和浸提 | 5.0～8.0 |
| | | 特殊要求 | | 特殊植物或种植所需并在设计中说明 |
| 2 | 含盐量 | 可溶性盐浓度 EC 值（mS/cm）（适用于一般绿化） | 5∶1 水土比 | 0.15～0.9 |
| | | | 水饱和浸提 | 0.30～3.0 |
| | | 质量法（g/kg）（适用于盐碱土） | 基本种植 | ≤1.0 |
| | | | 盐碱地耐盐植物种植 | ≤1.5 |
| 3 | 有机质（g/kg） | | | 12～80 |
| 4 | 质地 | | | 壤土类（部分植物可用砂土类） |
| 5 | 土壤入渗率（mm/h） | | | ≥5 |

对于生物滞留池种植土层或植物园、公园、花坛等对绿化景观质量要求较高的绿化种植土壤，除符合表 8-1 中 pH、含盐量、质地和入渗率 4 项主控指标外，阳离子交换量和有机质也应符合表 8-2 的规定；其他养分指标宜根据实际情况满足表 8-2 中水解性氮、有效磷、速效钾、有效硫、有效镁、有效钙、有效铁、有效锰、有效铜、有效锌、有效钼和可溶性氯12 项指标中的部分或全部指标。

表 8-2 绿化种植土壤肥力的技术要求

| | 养分控制指标 | 技术要求 |
|---|---|---|
| 1 | 阳离子交换量（CEC）[cmol（＋）/kg] | ≥10 |
| 2 | 有机质（g/kg） | 20～80 |
| 3 | 水解性氮（N）（mg/kg） | 40～200 |
| 4 | 有效磷（mg/kg） | 5～60 |
| 5 | 速效钾（mg/kg） | 60～300 |
| 6 | 有效硫（mg/kg） | 20～500 |
| 7 | 有效镁（mg/kg） | 50～280 |
| 8 | 有效钙（mg/kg） | 200～500 |
| 9 | 有效铁（mg/kg） | 4～350 |
| 10 | 有效锰（mg/kg） | 0.6～25 |
| 11 | 有效铜[a]（mg/kg） | 0.3～8 |
| 12 | 有效锌[a]（mg/kg） | 1～10 |
| 13 | 有效钼（mg/kg） | 0.04～2 |
| 14 | 可溶性氯[b]（mg/kg） | ＞10 |

[a]铜、锌若作为重金属污染控制指标，对应的指标要求见表 8-4；

[b]水饱和浸提，若可溶性氯作为盐害指标，对应的指标要求见表 8-3。

若种植土用于一般绿化种植，其表层土壤入渗率（0～20cm）应达到表 8-1 中不小于 5mm/h 的规定，若绿地用于雨水调蓄或净化，其土壤入渗率应在 10～360mm/h 之间。

绿化种植土壤存在某种潜在障碍因子时，该障碍因子应符合表 8-3 的规定。当种植土壤存在水分障碍时，其入渗率应满足上文有关入渗率的技术要求。

表 8-3　绿化种植土壤潜在障碍因子的技术要求

| 潜在障碍因子控制指标 | | | 技术要求 |
|---|---|---|---|
| 压实 | 密度（mg/m³）<br>（有地下构筑物或特殊设计要求的除外） | | <1.35 |
| | 非毛管孔隙度（%） | | 5～25 |
| 石砾含量<br>（排除水或通气<br>等特殊要求） | 总含量（粒径≥2mm）（质量百分比，%） | | ≤20 |
| | 不同粒径 | 草坪（粒径）（mm） | 最大粒径≤20 |
| | | 其他（mm） | 最大粒径≤30 |
| 水分障碍 | 含水量（g/kg） | | 在稳定凋萎含水量和田间持水量之间 |
| 种植土壤下构筑物称重 | 密度（mg/m³） | | ≤0.5 |
| | 最大湿密度（mg/m³） | | ≤0.8 |
| 潜在毒害 | 发芽指数（GI）（%） | | >80 |
| 盐害 | 可溶性氯*（Cl）（mg/L） | | <180 |
| | 交换性钠（Na）（mg/kg） | | <120 |
| | 钠吸附比*（SAR） | | <3 |
| 硼害 | 可溶性硼*（B）（mg/L） | | <1 |
| * 水饱和浸提 | | | |

对于土壤环境质量的要求，主要是控制土壤中的重金属含量，根据绿地与人群接触的密切程度，采用不同含量的重金属控制指标。具体规定如下：

（1）水源涵养林等属于自然保育的绿（林）地，其重金属含量应在表 8-4 中 I 级范围内；

（2）植物园、公园、学校、居住区等与人接触较密切的绿（林）地，其重金属含量应在表 8-4 中 II 级范围内；

（3）道路绿化带、工厂附属绿地等有潜在污染源的绿（林）地或防护林等与人接触较少的绿（林）地，其重金属含量应在表 8-4 中 III 级范围内；

（4）废弃矿地、污染土壤修复等重金属潜在污染严重或曾经受污染的绿（林）地，其重金属含量应在表 8-4 中 IV 级范围内。

表 8-4　绿化种植土壤重金属含量的技术要求

| 序号 | 控制项目 | I 级 | II 级 | | III 级 | | IV 级 | |
|---|---|---|---|---|---|---|---|---|
| | | | pH<6.5 | pH>6.5 | pH<6.5 | pH>6.5 | pH<6.5 | pH>6.5 |
| 1 | 总镉≤ | 0.40 | 0.60 | 0.80 | 1.0 | 1.2 | 1.5 | 2 |
| 2 | 总汞≤ | 0.40 | 0.60 | 1.2 | 1.2 | 1.5 | 1.8 | 2 |
| 3 | 总铅≤ | 85 | 200 | 300 | 350 | 450 | 500 | 530 |
| 4 | 总铬≤ | 100 | 150 | 200 | 250 | 250 | 300 | 400 |
| 5 | 总砷≤ | 30 | 35 | 30 | 40 | 35 | 55 | 45 |
| 6 | 总镍≤ | 40 | 50 | 80 | 100 | 150 | 200 | 220 |

| 序号 | 控制项目 | I 级 | II 级 | | III 级 | | IV 级 | |
|---|---|---|---|---|---|---|---|---|
| | | | pH<6.5 | pH>6.5 | pH<6.5 | pH>6.5 | pH<6.5 | pH>6.5 |
| 7 | 总铜≤ | 40 | 150 | 300 | 350 | 400 | 500 | 600 |
| 8 | 总锌≤ | 150 | 250 | 350 | 450 | 500 | 500 | 800 |

注：单位为 mm/kg。

### 8.1.3 绿化工程种植土的生产

渣土中的土方类材料是绿化工程种植土生产的基础，种植土的生产就是要以尽可能低的成本将土方类渣土生产成为适合的绿化工程种植土。由于绿化工程种植土的标准较高，渣土的产生和种植土的利用存在时间和空间上的错配，所以要通过收集、存放、改良等步骤，将已有的工程渣土转变为可利用的种植土。

#### 8.1.3.1 渣土收集

工程渣土的收集为种植土生产提供了基础的原材料。原材料的好坏直接决定种植土生产的成本、效率以及种植土的优劣，所以渣土收集作为种植土生产的第一步至关重要。由于绿化工程种植土在土壤结构、肥力等方面的要求，表层土壤作为种植土的基础生产材料是比较合适的。但是表层土壤产生的条件和自身的性质千差万别，对于不同条件的表层土壤，将其生产成为合格的绿化工程用种植土所需的改良措施、工艺、配方也是不同的。因此，对表层土壤进行收集前，首先要进行调查分析研究，对表层土壤的相关指标进行检测，再有选择、有分类地将适合作为种植土原料的渣土收集起来。

#### 8.1.3.2 渣土存放

由于建筑渣土产生与绿化工程种植之间存在时间与空间的不匹配，表层土壤在剥离收集后必然要进行存放。渣土的堆存、运输及管理都对场地有一定要求，在运输、生产的过程中，还存在扬尘污染的风险。表层土壤在堆放过程中由于长时间堆放、风吹雨淋等原因，会产生结块结团、性能退化的现象。种植土的生产过程要使用大量的机械设备和厂房建筑。因此，渣土存放场地要做到合理规划，考虑渣土分类存放、种植土生产改良、场地内运输、排水、降尘等各方面的要求。

**1. 分类存放**

为了有利于后期种植土的生产、改良、利用，表层种植土在分类收集后，要对应分类存放。堆存场地要根据渣土数量和分类情况做好存区划分，分区的数量至少要满足收集到的渣土的分类。

**2. 生产场地**

渣土收集完成后，还需要进行改良生产才能达到绿化工程种植土标准要求。生产场地通常与堆放场地共同布置，以减少装卸倒运的成本。改良生产需要一些专用土方机械设备，设备的布置需要一定面积，如果要全天候生产，为减少天气条件的影响，还应建造厂房提供室内生产的条件。除了机械设备以外，各种原材料、添加剂的存放场地也需要准备，存放条件要满足原材料的存放要求。同时，还要有生产改良完成后的成品种植土的存放场地。以上这些场地的规模、面积要满足实际项目需求。

**3. 场内道路**

渣土生产改良为种植土项目的工程数量通常较大，因此场地内面临较大的运输压力。场地内道路交通组织要满足符合生产的交通流量要求，使各存土区域都可方便到达，交通流线要满足种植土生产改良的工艺要求。场地内道路的设置可结合存土区域划分，用道路分隔开各存土区域，道路宽度要满足土方车辆双向通行的要求，道路承载力要满足重载车辆行驶的条件。同时道路使用还要考虑清洁、排水、照明、安全监控等技术问题。

**4. 其他**

除了上述主要问题以外，存土场的规划还应考虑围挡、大门、管理用房等附属设施。所有这些设施及场地都应满足所需种植土存放和生产改良的需求。

#### 8.1.3.3 生产改良

生产改良是种植土生产中最关键的环节，要通过多种措施，保证生产出的种植土满足绿化工程要求，避免对植物造成损伤。使用堆放的表土前，要对存在的杂质、杂草、树枝进行清除。再根据种植土含水率的要求，将含水率过高的表土进行深翻晾晒。接着再使用机械对土壤进行破碎，将土壤粒径控制在 5cm 以下。最后进行改良，通过试验确定改良方案和材料配比，将改良材料均匀拌和进表土内，最终得到质地均匀、种植性能优良的绿化种植土。

## 8.2 上海迪士尼绿化工程中的渣土改良应用案例

### 8.2.1 项目概况

在我国开展的大规模表土保护项目中，上海迪士尼绿化工程是先例。上海迪士尼一期位于浦东新区原川沙黄楼地区，占地面积约 3.9km²。该区域内主要分布为农田，其表土经过农民多年的种植养护，具有较好的再利用价值。

在迪士尼项目开发整体策划过程中，施工单位提出了对整个度假区核心区域景观用种植土进行整体置换土壤的要求，主要目的是希望通过土壤置换营造出一个最适合植物生长的土壤基础，创造出一个绝对安全的旅游环境。

本项目对整个度假区范围进行了详细的环境评估和土样分析，建立了完善的农田表土收集保护利用规程，将度假区区域内可以收集保护的农田表土采用标准的操作方法进行了收拢保护，将此作为后续种植土生产研发的基础材料；另一方面，针对迪士尼建设、运营标准，结合上海地区实际情况，建立了上海迪士尼度假区种植土标准，其中包含了 4 大类、31 项指标，除了常规意义上确保植物立地生长的 pH 值、EC 值，以及 N、P、K 等常规指标外，还增加了大量元素及微量元素控制指标，以期使植物能够展现出最佳的景观效果。同时，迪士尼种植土标准中还特别对重金属指标、PCB 石油芳烃残留指标等做了严格的要求，确保整个迪士尼土壤环境对游客的绝对安全。

### 8.2.2 上海迪士尼项目渣土改良方案

上海迪士尼项目渣土改良利用工作分为表土保护和机械化改良生产两部分[4]。

首先，针对项目实际情况，制订了切实可行的表土调查收集方案。通过对该区域的表层土壤的调查和分析检测，施工单位对优质的表层土壤进行了分类收集、剥离和储存，作为后续绿化建设用土的储备,同时,还对堆放储备的表土进行了保护和现场维护;另一方面,勘探、调查、收集、剥离、堆放储存等每一环节均设置由多家单位组成的监理组对其进行监管,以确保"表土保护"的理念真正落地生根。该区域共收集表土 20 多万 $m^3$,缓解了迪士尼绿化建设用土匮乏的问题,也为迪士尼绿化用土的质量提供了保证。

机械化改良生产种植土前,首先对改良前的原土进行机械化处理,包括清杂及整理、晾晒、土壤破碎、细粉碎、筛分再加工等多个步骤。

原土的物理化学性质与迪士尼绿化用土的高标准相比还有缺陷,需要进行改良后利用。结合大量试验,项目研制了基本能达到迪士尼绿化种植土要求的改良方案,而且鉴于迪士尼绿化用土需求量较大的特点,项目用自动流水化搅拌设备来生产绿化用土。该装置主要通过各种材料(如表土、改良基质、有机肥等)的仓皮带机将原料传送至主皮带机,再经过主皮带机传送至 3m 长的连续式搅拌笼,经加水拌和充分后,由主皮带机将改良土壤传送至成品储料仓,最后由自卸式卡车驳运至待检测区域,大大提高了绿化用土的生产速度。该自动化流水装置示意图如图 8-1 所示。

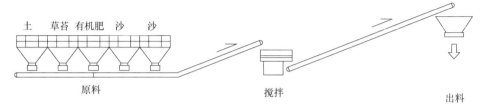

图 8-1　种植土生产设备示意图

该自动化流水装置,可以根据土壤的改良要求,从不同的进料口添加不同的改良材料,而且可以通过终控设备对进料的速度和量进行严格控制,原土及改良材料的下料计量与控制主要通过以下方法进行:

(1)通过测量各原材料的含水率,计算绿化用土生产的质量比配方;

(2)根据配方,计算出每分钟各原料出料量;

(3)根据流量与出料数量对照表,将每种原材料下料频率手动输入控制室电脑内。

此外,在各原材料经由螺旋搅拌机出料后,设置一喷水装置对生产的绿化用土成品进行洒水操作,以确保原土改良均匀。对同一配方不同批次的绿化用土成品进行检测后发现,各项指标的变异系数均小于 20%。

综上所述,通过大量的组合尝试,项目在 2000 余组不同的配比试验中,得出了迪士尼种植土配方,并且在国内开创性地建立了种植土生产工厂,通过自动化流水线的方式进行大批量、高标准的种植土生产,累计完成 120 多万 $m^3$ 的高品质种植土。

## 8.3　雄安新区开发建设中的表层土收集应用案例

### 8.3.1　项目概况

根据容东片区建设规划,约 $7.65km^2$ 的现状农田将被构筑物压占,该区域 $0 \sim 30cm$ 厚度的表土具有保留和再利用价值,剥离保护表土总量约 275.4 万 $m^3$。

剥离表土的区域位于容城县城以东、启动区和荣乌高速以北、津保铁路以南、张市村以西，涉及八于乡、大河镇、容城镇 3 个乡镇，以及白塔、马庄、张市、河西、南文、南文营、大八于、南八于、南张堡、龚庄等多个村庄。为使剥离的表土得以有效保护，在容东片区东侧津保线以南、留村以北、南郑村以东、刘合庄村以西区域内选择约 0.62km 地块作为剥离土建设选址地。项目建设内容包括：堆场建设、围挡施工、防风抑尘网施工、管护用房、停车场、堆场内运输道路的铺设、场外运输道路的铺设、表土堆存等。施工单位将剥离表土运至堆场后，运营单位根据土壤土质情况将堆场分成 12 个区域，并对堆土进行护坡、覆盖保护等，为容东片区及雄安新区建设提供种植土供应。

本项目首先是完成表土的整理与归集，即按照建设项目的时序将建设用地的表土进行剥离，之后运输至堆土场进行储存；再对储存的部分表土进行改良，使其达到再利用的价值，并将其应用于园林绿化、花卉生产、有机农业等，将表土资源价值最大化；最后待堆土取土完成、堆场运营结束后，对堆土场进行复垦，使其能重新耕植，满足新区耕地的利用标准。

## 8.3.2 雄安新区表层土情况

雄安新区容东片区归集土的主要理化指标如表 8-5 所示，与行业标准、地方标准对比，可知：

（1）容东 0～20cm 或 0～30cm 归集土的 pH 值（8.4 和 8.5）均不符合现行绿化土壤的有关标准（行业标准和一线城市地方标准）。这两个土层的 pH 均超过城建部门绿化用土标准 pH 值的上限（8.3），且远超北京、上海、深圳等地方标准 pH 值的上限（多数城市要求为 7.5）。

（2）容东 0～20cm 或 0～30cm 归集土的可溶性盐浓度 EC 值（0.12）均不符合现行绿化土壤的有关标准（行业标准和一线城市（上海）地方标准）。这两个土层的可溶性盐浓度 EC 值均达不到相关标准的下限值，反映了土壤中有效离子的含量太低。

（3）容东归集土的有机质含量不高，达不到国内一线城市（如北京、上海、深圳）地方相关土壤标准的要求。0～20cm 和 0～30cm 土层有机质分别为 15.3g/kg 和 13g/kg，远低于地方标准（大于 20g/kg），仅勉强达到城建行业标准的下限。

（4）容东归集土的阳离子交换量（CEC）不高，远远达不到行业标准的要求。0～20cm 和 0～30cm 两个土层的 CEC 指标值比行标低两倍多，反映了土壤的保水保肥能力不足。

表 8-5 容东片区归集土主要理化指标与行标及地标比较表

| 指标项 | pH（2.5：1） | 可溶性盐浓度 EC（5：1）（mS/cm） | 有机质（g/kg） | 阳离子交换量 [cmol（+）/kg] |
|---|---|---|---|---|
| 容东归集土（0～20cm） | 8.4 | 0.12 | 15.3 | 4.53 |
| 容东归集土（0～30cm） | 8.5 | 0.12 | 13 | 4.1 |
| 行业标准《绿化种植土壤》（CJ/T 340—2016） | 5.0～8.3 | 0.15～0.9 | 12～80 | ≥10 |

| 指标项 | pH (2.5:1) | | 可溶性盐浓度 EC<br>(5:1) (mS/cm) | 有机质<br>(g/kg) | | 阳离子交换量<br>[cmol (+) /kg] |
|---|---|---|---|---|---|---|
| 是否达标 | × | | × | √ | | × |
| 上海市地方标准<br>《园林绿化工程种植<br>土壤质量验收规范》<br>(DB31/T 769—2013) | 6.5~8.0 | | 0.35~2.5 | 20~80<br>(作为养分<br>指标要求) | | — |
| 是否达标 | × | | × | × | | — |
| 北京市地方标准<br>《园林绿化种植土壤》<br>(DB11/T 864—2012) | 6.5~7.5 | 一级 | — | ≥25 | 一级 | — |
| 是否达标 | × | | | × | | — |
| 深圳市地方标准<br>《园林绿化种植土质量》<br>(DB 440300/T 34—2008) | 5.0~7.5 | | ≤1.3 | ≥25 | | — |
| 是否达标 | × | | √ | × | | — |

通过上述的基础理化数据分析可知，现状表土主要存在以下问题：

（1）土壤偏碱性（pH 平均为 8.4）不利于丰富当地植被品种的多样性，这将造成景观生态较单一、生态系统较薄弱。

（2）土壤有机质含量不高，无法满足新区绿地植被的养分需求，尤其对于那些凸显新区高品位、高品质的苗木，无法保证其正常生长。

（3）现状归集土的保肥性能比较差（阳离子交换量 CEC 很低，数值在 5 以下），若不进行必要的土壤改良，则无法给新区绿地植被提供一个良好的土壤生长环境。

绿化种植土有 4 项主控指标，容东现状归集土实测数据中有 3 项达不到绿化种植土合格指标要求，有机质含量较低，各实测数据远低于北京、上海、深圳等一线城市绿化种植用土及各指标值。因此，需要对容东现状表土进行改良后再作为绿化工程种植土应用。

从土壤理化性质、养分状况、重金属类、有机污染物类、生物学指标五大类控制指标的角度出发，把容东表土的质量现状与美国迪士尼及国内有关土壤标准进行对比，详见表 8-6。通过对比可知：

（1）容东归集土在土壤理化指标、养分指标等多项指标上，均达不到美国迪士尼标准要求，甚至多数指标还达不到国内城建行业标准的最低要求，如 pH、可溶性盐浓度 EC 值、有机质、速效钾、有效硫、有效锌、有效钼等理化、养分指标。

（2）容东归集土在某些重金属类的控制指标上，均达不到迪士尼标准要求。如铬、镍、钴、钒等重金属污染物的含量超出了迪士尼标准的阈值范围，增加了土壤污染的潜在风险。迪士尼标准与国内行业和地方标准相比，在重金属污染物类指标控制上更为严格，要求控制的重金属种类更多，上下限范围设置的也更窄。

表 8-6 容东表土六大类控制指标与美国迪士尼及国内相关种植土标准对比表

| 类别 | 指标项目 | 容东归集土(0～20cm) | 迪士尼标准 | 是否达标 | 行业标准《绿化种植土壤》(CJ/T 340—2016) | 是否达标 | 北京市地方标准《园林绿化种植土壤》(DB11/T 864—2020) | 是否达标 |
|---|---|---|---|---|---|---|---|---|
| 理化指标 | pH | 8.4 | 6.5～7.8 | × | 5.0～8.3 | × | 6.5～7.5(2.5∶1水土比) | × |
| | 可溶性盐浓度EC值/(mS/cm) | 0.12 | 0.5～2.5 | × | 0.15～0.9 | × | ≤0.9（5∶1水土比） | × |
| | 阳离子交换量/(cmol（+）/kg) | 4.53 | 不要求 | | ≥10 | × | 不作要求 | |
| | 质地 | 粉壤土 | 砂壤土 | √ | 壤土类 | √ | 壤土类 | |
| 养分指标 | 可溶性氯（mg/L） | — | ≤150 | — | ＞10 | — | ≤100 | |
| | 交换性钠/（mg/kg） | | 0～100 | | ＜120 | | ≤100 | |
| | 钠吸附比（SAR） | | ＜3 | | ＜3 | | 不作要求 | |
| | 有机质/（g/kg） | 15.3 | 30～60 | × | 20～80 | × | ≥30 | × |
| | 水解氮/（mg/kg） | 83 | 不要求 | | 40～200 | | 60～200 | |
| | 有效磷/（mg/kg） | 31.6 | 10～40 | √ | 5～60 | √ | 10～60 | √ |
| | 速效钾/（mg/kg） | 67 | 100～220 | × | 60～300 | √ | 80～300 | × |
| | 有效硼（mg/L） | — | ≤1 | | ＜1 | — | 不作要求 | |
| | 有效镁/（mg/kg） | 82.83 | 50～150 | √ | 50～280 | √ | 不作要求 | |
| | 有效硫/（mg/kg） | 5.67 | 25～500 | × | 20～500 | × | 不作要求 | |
| | 有效铁/（mg/kg） | 4.69 | 4～35 | √ | 4～350 | √ | 5～30 | — |
| | 有效锰/（mg/kg） | 0.94 | 0.6～6 | √ | 0.6～25 | √ | 1～20 | |
| | 有效钼/（mg/kg） | 7.50 | 0.1～2 | × | 0.04～2 | × | 不作要求 | |
| | 有效锌/（mg/kg） | 0.71 | 1～8 | × | 1～10 | × | 1～10 | |
| | 有效铜/（mg/kg） | 0.84 | 0.3～8 | √ | 0.3～8 | √ | 0.5～5 | |
| 重金属类污染指标 | 总镉/（mg/kg） | 未检出 | ＜1 | √ | ≤0.4（Ⅰ级） | √ | ≤1.2 | √ |
| | 总汞/（mg/kg） | 0.07 | ＜1 | √ | ≤0.4（Ⅰ级） | √ | ≤1.5 | √ |
| | 总铅/（mg/kg） | 8 | ＜30 | √ | ≤85（Ⅰ级） | √ | ≤70 | √ |
| | 总铬/（mg/kg） | 52.69 | ＜10 | × | ≤100（Ⅰ级） | √ | ≤200 | √ |
| | 总砷/（mg/kg） | — | ＜1 | — | ≤30（Ⅰ级） | — | ≤20 | — |
| | 总镍/（mg/kg） | 19.72 | ＜5 | × | ≤40（Ⅰ级） | √ | ≤80 | √ |
| | 总钴/（mg/kg） | 13.48 | ＜2 | × | 不作要求 | — | 不作要求 | — |
| | 硒/（mg/kg） | — | ＜3 | — | 不作要求 | — | 不作要求 | — |
| | 银/（mg/kg） | 未检出 | ＜0.5 | √ | 不作要求 | — | 不作要求 | — |
| | 钒/（mg/kg） | 65.59 | ＜3 | × | 不作要求 | — | 不作要求 | — |
| | 铝/（mg/kg） | 3.56 | ＜30 | √ | 不作要求 | — | 不作要求 | — |

| 类别 | 指标项目 | 容东归集土（0～20cm） | 迪士尼标准 | 是否达标 | 行业标准《绿化种植土壤》（CJ/T 340—2016） | 是否达标 | 北京市地方标准《园林绿化种植土壤》（DB11/T 864—2020） | 是否达标 |
|---|---|---|---|---|---|---|---|---|
| 有机污染物 | 石油碳氢化合物/（mg/kg） | — | <50 | — | 不作要求 | — | 不作要求 | — |
| | 有机苯环挥发烃（苯、甲苯、二甲苯和乙基苯）/（mg/kg） | — | <0.5 | — | 不作要求 | — | 不作要求 | — |
| 生物环境 | 碳氮比（C/N） | 9.6 | 9～22 | ✓ | 不作要求 | — | 不作要求 | — |
| | 发芽指数（GI）/（%） | — | ≥80 | — | >80 | — | >80 | — |

## 8.3.3 雄安新区表层土收集案例

容东片区表土的剥离和运输实施单位具体负责表层土收集，建设方组织研究制定表土剥离标准。相关施工单位严格按标准要求实施，负责对剥离前的土壤进行检测、确定剥离深度、清理地表垃圾杂物、将表土剥离运输至堆场。

耕地表土资源剥离再利用存在着质量、污染风险、成本等方面的制约因素。对可剥离耕地进行质量和污染风险评价，在充分考虑耕地质量和污染风险的前提下对非农建设占用的耕地进行表土剥离，可降低表土剥离再利用的污染风险和成本。

在进行可剥离适宜性评价时，建设方应将土壤污染评价放在第一位，实行重金属污染一票否决制，重金属污染物含量等于或者低于《土壤环境质量 农用地土壤污染风险管控标准》（GB 15618—2018）中规定的"农用地土壤污染风险管制值"时才可进行剥离，详见表 8-7。

表 8-7 农用地土壤污染风险管制值（单位：mg/kg）

| 序号 | 污染物项目 | 风险管制值 | | | |
|---|---|---|---|---|---|
| | | pH≤5.5 | 5.5<pH≤6.5 | 6.5<pH≤7.5 | pH≥7.5 |
| 1 | 镉 | 1.5 | 2.0 | 3.0 | 4.0 |
| 2 | 汞 | 2.0 | 2.5 | 4.0 | 6.0 |
| 3 | 砷 | 200 | 150 | 120 | 100 |
| 4 | 铅 | 400 | 500 | 700 | 1000 |
| 5 | 铬 | 800 | 800 | 1000 | 1300 |

在确定土壤的污染程度满足污染条件要求的基础上，综合考虑土壤的物理特性和化学特性，分析土壤的质量，再与经济成本相结合，得出欲剥离土壤的综合指标。对于不同的土壤类型，表土剥离对土壤厚度、土壤质地、土壤结构、土壤孔隙度、土壤有机质含量、土壤水分、土壤 pH 值等都有一定的要求。针对容东片区土壤的特点，选择 pH 值、可溶性盐浓度 EC 值、有机质作为土壤质量评价指标，参照《耕作层土壤剥离利用技术规范》（TD/T

1048—2016）和《建设占用耕地表土剥离技术规范》（DB 22/T 2278—2015）中的相关规定，确定容东片区表土剥离的控制标准，见表 8-8，建议仅对满足该控制标准的表土区域进行剥离。

表 8-8  容东片区表土剥离控制标准

| 指标 | pH 值 | 可溶性盐浓度 EC 值（mS/cm） | 有机质（g/kg） |
| --- | --- | --- | --- |
| 数值 | 6～9 | 0.1～1 | ≥10 |

表土土壤质量的检测参照《土壤环境监测技术规范》（HJ/T 166—2004）中的相关标准进行。

**1. 布点方案**

为了保证样品的代表性，采取采集混合样的方案。将全部表土区域根据地形分布及建筑物、绿轴位置划分为面积相近的 15 个土壤单元，每个土壤单元设 8 个采样区，单个采样区可以是自然分割的一个田块，也可以由多个田块所构成，其范围确定为 250m×250m。每个采样区的样品为农田土壤混合样。容东片区的农田地块地势平坦，土壤组成和受污染程度相对比较均匀，采用梅花点法进行采样，每个采样区内设 5 个分点进行采样，每个分点采集的土样质量一致，保持在 1kg 左右；有机农药污染物采样在中心分点采集鲜样即可，注意避光保存，及时检测。采集工具主要配有不锈钢采样管、PVC 衬片、工程塑料切割头、不锈钢切割头、采样管固定器、心形壤土钻头、延长杆、手柄、吸能锤、竹刀、竹铲、刮刀、铝箱包装等。

**2. 检测项目**

（1）重金属污染物：镉、汞、砷、铅、铬、铜；

（2）有机农药污染物：六六六、滴滴涕、苯并［α］芘；

（3）土壤质量指标：pH、可溶性盐浓度 EC 值，有机质、有效磷、速效钾含量。

**3. 土壤检测实验室**

为节约土壤检测成本，提升土壤检测效率，建设单位规划于表土剥离区域内建设土壤检测实验室，配置低成本检测仪器与专业检测人员，对于部分检测难度较低、检测流程简便的检测项目就近检测。

检测实验室规划面积 60～80m²，配置实验操作台面积 20～30m²，配置实验仪器与材料包括光学显微镜 1 台、便携式 pH 计 3 台、电导率测试仪 1 台、紫外可见分光光度计 1 台、冷原子吸收测汞仪 1 台、恒温磁力搅拌器 2 台、高速离心机 1 台、化学冷藏柜 1 台、通风橱 1 座、冷冻干燥机 1 台、恒温振荡器 1 台、真空泵 2 台、玻璃装置若干、各类化学试剂若干、常用实验耗材若干。

实验室预计可以承担的检测项目包括土壤质地分析、土壤孔隙度分析、土壤 pH 值测定、土壤可溶性盐浓度 EC 值测定、砷元素含量测定、汞元素含量测定等。为保证土样检测数据的精确性及可靠性，在进行土壤检测时需设置土壤标样同步检测。

**4. 土壤委外送检**

对于表土剥离区现场及检测实验室不便检测、检测仪器成本高昂的部分测试项目，进行委外送检，由专业检测机构进行检测，主要如表 8-9 所示。

表 8-9　委外送检项目表

| 检测项目 | 检测仪器 | 检测方法 |
|---|---|---|
| 镉 | 原子吸收光谱仪 | 石墨炉原子吸收分光光度法 |
| 铜 | 原子吸收光谱仪 | 火焰原子吸收分光光度法 |
| 铅 | 原子吸收光谱仪 | 石墨炉原子吸收分光光度法 |
| 铬 | 原子吸收光谱仪 | 火焰原子吸收分光光度法 |
| 六六六 | 气相色谱仪 | 电子捕获气相色谱法 |
| 滴滴涕 | 气相色谱仪 | 电子捕获气相色谱法 |
| 多环芳烃 | 液相色谱仪 | 高效液相色谱法 |

按照国土资源部《耕作层土壤剥离利用技术规范》（TD/T 1048—2016）及农林部《绿化用表土保护技术规范》（LY/T 2445—2015），在容东片区拟剥离区进行调查采样和检测。检测结果表明，0～20cm 表土层有机质含量（1.52%）以及土壤 pH 值、可溶性盐浓度 EC 值、土质状况均满足标准要求（有机质大于 1%，参照《建设占用耕地表土剥离技术规范》（DB 22/T 2278—2015）），建议剥离；20～30cm 表土层有机质均值为 0.85%，可视情况剥离；30cm 以下表土层因有机质急剧下降，保护意义不大。表土剥离时，可根据实际检测结果，选择 0～30cm 的优质表土土壤进行整理归集、堆存、再利用。

在施工单位进入建设区域进行剥离表土前，应委托具有相应资质的勘察设计单位对片区区域的表土进行调查，根据现场实际的土壤腐殖质层厚度，划分表土剥离单元，分别确定每个单元的表土剥离厚度，然后由施工单位进行施工。

勘察设计单位进行布点取样，要遵循土壤调查点的代表性和均匀性、稳定性的原则，实现以点控面，采样之前应做好采集剥离单元控制标高初始值的工作，并将剥离单元的划分以及相应单元的初始值报告上报表土归集运营团队。

对采样表土进行检测，检测最终结果应包含表土采样代表的地点、坐标及土壤的质量情况，进而确定每个剥离单元不同的剥离厚度。将以上内容形成书面报告，由勘察设计单位提交至表土归集运营团队进行复核。

容东片区占地区域的表土剥离可使用推土机、拖式铲运机、挖掘机、运土车等作业机械。根据地形、土壤厚度、土壤均一性和作业便捷性等条件，将剥离区划分出不同的施工区，每个施工区再按条带划分出具有相同性质的剥离单元。

表土剥离后，应对剥离施工区实施抑尘覆盖，拟加盖 3 层密目安全网（≥2000 目）。为防止剥离区内涝积水，剥离区域应保留原农田沟渠。工程未全面启动前不得拆除农田排涝设施，以确保雨季排涝工作。在封冻厚度超过 5cm 时应停止剥离施工。

剥离后的表土运到堆集场后分类分区堆放，各分区间有运输道路分隔，场地内设有防风抑尘网，土堆坡脚设置排水沟，场地外围布置绿篱围墙。场内道路设计 8m 宽，满足双向行驶需求。场地设置南北 2 个出入口，出入口处设置车辆冲洗设备、滤水装置、泥浆沉淀池及停车场等，在南侧出入口设置管理用房。

场地内照明采用固定和移动相结合的方式。在管理用房、停车场、出入口等重点区域设置约 17 盏 LED 路灯，灯杆高度 5m，表土堆存区域布置约 10 台移动式自发电照明车（图 8-2），以满足夜间施工需要。

堆场排水措施为堆场内部道路两侧、堆场四周及土堆四周布置排水沟，排水沟尺寸为深50cm、宽80cm，排水沟采用草籽植草防护。

堆场污水主要来自车辆冲洗用水及堆场运营管理人员的生活用水，其有机物含量较低，采用化学药剂处理法即可。选用设备为一体化污水处理设备，主要包括格栅、化学处理池、絮凝沉淀池、过滤池等，处理后即可达到《城市污水再生利用城市杂用水水质》（GB/T 18920—2020）一级A标准，满足场地车辆冲洗、洒水降尘及消防需求。处理后剩余废物外运消纳。

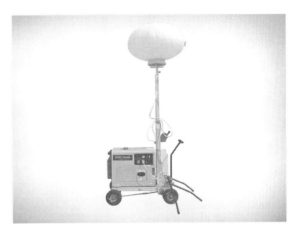

图8-2　照明车

在堆场内安装监控设备，满足建设管理平台要求，提供7×24h昼夜监控和扬尘空气质量监控。本项目根据面积分布，安装约16套监控设备。

场内防风抑尘网是施工单位利用空气动力学原理，按照实施现场环境风洞试验结果，加工成一定几何形状、开孔率和不同孔形组合挡风抑尘墙，使流通的空气（强风）从外通过墙体时，在墙体内侧形成上、下干扰的气流以达到外侧强风、内侧弱风，外侧小风、内侧无风的效果，从而防止粉尘的飞扬。防风抑尘网主要布置范围是堆场内各区块外围，根据设计土堆高度5m，测算得出防风抑尘网高度达到15m可减少扬尘约80%，达到抑尘目的。根据项目情况，拟在堆场周边区块围设防风抑尘网。防风抑尘网的施工主要分为地下基础、挡土墙、支撑结构、挡风板安装四个部分。防风抑尘网采用钢支架进行支护，支架结构无特殊要求，主要考虑能给防风抑尘网提供足够的强度。桁架采用单体式，即一根钢管，使其与横梁、骨架、底座焊接形成支撑结构。所有钢结构需做防腐处理，刷面漆使其与挡风板颜色对应（图8-3）。

图8-3　防风抑尘网效果图

容东片区归集土属于壤土，在水分较低即干土时其安息角较大，可达 50°。为充分合理地利用堆场面积，本项目采用干土的堆积方式。当遇到堆土层表面湿润的情况时，应中止堆土，待土方干燥后再堆土，且在堆土过程中随时检查土壤的理化特性（如土壤种类、粒径、含水率等），并根据其特性调整土壤的安息角，保障土壤的安全堆放。表土设计堆高不大于 5m，土地边坡角小于 50°，坡脚线距外围网距离大于 5m。土堆规模符合计划要求后，坡面采用土工布防护，坡顶和裸露土地采用盖土网防护。

自卸卡车运至堆场倒土点后，听从现场管理人员指挥，将表土倒置于指定位置，当场地表面倒满后，用推土机推平并轻度碾压，碾压时保持中间高于周边地势，以便于排水，然后继续在经过碾压的土层上倾倒表土，再碾压，如此反复。当达到设计高度时，夯实整形，顶部应保持缓坡度以利于排水。为避免破坏表土特性，机械操作时避免过度碾压。同时，在堆场周边修建排水沟，避免造成场内积水。

## 8.4  本章小结

在绿化工程中科学利用渣土类建筑垃圾，一方面可以减少废弃物数量、节约资源，另一方面可以提高绿化种植土的标准，保证绿化工程的质量，有巨大的社会效益和经济价值。在利用渣土生产绿化种植土的过程中，主要控制渣土调查分析、分类收集存放、机械化改良生产、分级利用等几方面内容。目前，我国在绿化工程中的渣土应用总体还比较粗放，仅有一些有益的尝试，未来还需对应用标准、改良材料及配方进行研究，以便用更低的改良利用成本生产更高质量的绿化种植土。

**参考文献**

[1] 唐小敏，徐克艰. 绿化工程[M]. 北京：中国建筑工业出版社，2008.
[2] 阮琳，陈连芳，蒋爱琼. 广州市绿地土壤质量评价及其管理对策[J]. 广东园林，2008(4)：20-22.
[3] 中华人民共和国住房和城乡建设部. 绿化种植土壤：CJ/T 340—2016[S]. 北京：中国标准出版社，2016.
[4] 施少华，梁晶，吕子文. 上海迪士尼一期绿化用土生产[J]. 园林，2014(7)：64-67.

# 9 渣土类建筑垃圾在围填海工程及其他项目中的应用技术及典型案例

## 9.1 工程渣土在围填海工程及其他项目中的应用综述

　　土地作为经济发展的战略资源，其重要性和稀缺性随着城市发展与日俱增。在我国沿海城市，向海要地已逐渐成为产业转移和港口建设的重要举措。

　　填海造陆，古已有之。近年来伴随着大型疏浚设备的投入，我国掀起了一轮现代化的填海造陆高潮。从环渤海、长三角、珠三角到南海，城市、港口、产业园、机场等各种填海工程遍地开花。

　　在填海造陆的发展历史中，最初人们普遍使用砂土作为填料以便快速成陆。但是随着20世纪90年代后我国填海造陆项目的持续快速增长，沿海各地的砂源几乎告罄。为解决造陆砂土不足的问题，保证填海工程持续发展，在随后的造陆项目中，施工单位开始逐渐选择海域疏浚泥土代替砂土作为造陆填料，砂土用量大幅减少，疏浚泥土也得到充分利用、变废为宝。但是利用疏浚泥土造陆也带来了两个问题，即吹填泥土形成的地基都是超软基，承载力低，无法满足后续工程施工机械进场的要求，并且需要对吹填泥土进行处理，以满足成陆后正常使用的要求。

　　针对围填海及陆域大面积回填工程的吹填泥土加固处理问题，目前各工程普遍采用的技术手段是通过预压方法使土体排水达到固结，其基本原理是通过设置中粗砂垫层作为施工机械进场的持力层和水平排水通道，同时结合作为竖向排水通道的排水板，在使用抽真空设备形成的压力差下，土体内自由水通过排水通道排出，从而减小土颗粒间隙，提高土体承载力。该方法大大提高了软土的承载能力，促进了吹填泥土造地技术的推广应用。

　　然而，预压方法还是需要大量的中粗砂作为垫层。随着我国经济建设快速发展，填海造陆规模急剧扩大，所需的砂石资源数量极大，导致砂源愈加紧缺，砂石材料价格飞涨，同时对生态环境造成破坏，制约了社会的可持续发展。因此，在摆脱对中粗砂资源的依赖，降低工程费用的选择中，工程渣土凭借其土质好、成本低、环境友好的优势脱颖而出，在填海工程中得到了越来越多的应用。

　　与疏浚泥土相比，工程渣土含水率低、土质较硬，并且将工程渣土作为造陆工程的填料，可帮助解决工程渣土的弃置问题。因此，对于填海项目而言，只需少量费用即可获取价廉质优的填料，提高加固效果，降低工程成本，同时避免工程渣土弃置带来的环境破坏问题，一举数得。

　　另外，在对吹填泥土进行地基处理加固时，取消中粗砂垫层，代之以在吹填泥土表层回填或吹填工程渣土形成硬壳层，满足工程机械进场的初设条件，再采用无砂垫层真空预压技术或直排式真空预压技术等工艺进行地基处理，实现填海造陆的目标。

目前，我国已在多个围填海及陆域大面积回填项目中使用工程渣土。如：在中国香港国际机场第三跑道填海工程中，将香港某地区的公众填料进行筛分处理后成为合格物料，用作填海回填料使用；在深圳液化天然气应急调峰站项目配套码头工程中，采用工程渣土和机制再生料进行水下回填，通过真空预压、堆载预压对地基进行处理，作为水平排水垫层；在广州港南沙港区四期工程中，通过先吹填疏浚泥土，再吹填工程渣土的方法，将工程渣土作为造陆的填料和软基处理的硬壳层，从而实现建筑垃圾资源化利用的目的。其中，中国香港国际机场第三跑道填海工程所采用的公众填料和深圳液化天然气应急调峰站项目配套码头工程中所采用的机制再生料均属于分离渣土，主要是拆建建筑时的废弃料，如岩石、混凝土、沥青、瓦砾、砖块、石块及泥土等，进行筛选或者处理后形成，以下章节内容统称为工程渣土。

从未来的发展趋势看，面对砂石来源匮乏和造价高昂的压力，采用工程渣土作为填海及陆域大面积回填工程填料和软基处理硬壳层的方法将得到越来越广泛使用。

## 9.2 中国香港国际机场第三跑道填海工程公众填料回填碾压回收利用案例

### 9.2.1 项目概况

中国香港机场管理局为配合未来航空交通量增长及巩固中国香港地区作为国际航空枢纽的地位，计划扩建中国香港国际机场第三跑道系统工程。其中，3206 标段填海工程为中国交建联营体在中国香港地区承建的工程，主要是在现有机场岛以北填海拓地约 650 万 m²，相当于 34 个维多利亚公园或 100 个香港会议展览中心新翼人工岛。整个工程总回填量约 1 亿 m³，工期紧，任务重。

为有效解决本项目回填料紧张的难题，同时缓解中国香港地区的工程渣土库存压力，施工单位对将军澳 137 区和屯门 38 区工程渣土库内的工程渣土进行筛分，海运至机场第三跑道现场进行回填、碾压，将建筑垃圾筛分处理为合格物料后作为填海回填料使用，从而实现建筑垃圾资源化利用。

香港国际机场 3206 标段填海工程计划使用工程渣土总量约 1150 万 m³（约 2000 万 t），占总回填工程量的 13%。工程渣土填海项目由中交第四航务工程勘察设计院有限公司实施，主要工作内容包括：设计建造 4 套工程渣土筛分和装船系统；对将军澳第 137 区、屯门第 38 区工程渣土库内的惰性建筑废物进行筛选；将筛选后的合格物料通过海运的方式运送至中国香港国际机场第三跑道项目施工现场，进行水下回填或者陆上回填、碾压。

### 9.2.2 中国香港地区公众填料回收利用管理策略

#### 9.2.2.1 中国香港建筑垃圾的定义

根据中国香港《废物处置（建筑废物处置收费）规例》（第 354 章，附属法例 N）相关定义，建筑废物相关物料定义如下[1]：

工程渣土（公众填料）的定义为：拆建物料建筑废物中的惰性物料，主要包括岩石、混凝土、沥青、瓦砾、砖块、石块及泥土等，可用于填海或地盘整平，或者循环再造。拆建物料建筑废物中的非惰性物料主要包括竹、木材、包装物品、塑料等，只能于堆填区弃置。

### 9.2.2.2　中国香港工程渣土产生及管理策略

建筑与房地产业一直是中国香港经济的重要支柱产业。特区政府每年投入大量财力用于发展城市基础工程。大规模的建设活动必然产生大量的建筑垃圾。香港特区建筑废物产生量巨大，近期数据平均为 6590t/d，都市固体废物 9290t，特别废物 1620t，每年产生的废物总量将近 620 万 t。如果按照传统的堆放和直接填埋等方式处理庞大的建筑废物，则会占据大面积的土地，造成香港地区用地矛盾进一步突出。香港地区目前仅有将军澳 137 区和屯门 38 区工程渣土库可供建筑废物堆放，两个填料库内的剩余堆填空间即将用完，且按照特区政府规划，将军澳 137 区工程渣土库将会按照政府规划短期内清空，土地用作它途。随着香港地区大型基础建设工程的推进，产生的建筑废物将逐年增加，香港地区的建筑废物处理面临非常大的压力。

香港地区的建筑废物实行严格的分类和收费制度，建筑废物分为惰性建筑废物和非惰性建筑废物，其中惰性建筑废物可循环使用，例如用于填海工程等，非惰性物料则在堆填区堆填处理。

特区政府管理工程渣土的部门为土木工程拓展署（CEDD），其管理工程渣土的策略为减少、分类、再用、再造，分别定义如下：

（1）减少：透过改善规划、设计及施工管理，减少在源头产生的工程渣土总数量。政府部门须为工务工程制订管理计划，以在设计阶段审慎检验减少产生工程渣土的方法，并在施工阶段监察该计划的实施。

（2）分类：把木材、纸张或塑胶等废料从工程渣土中筛选出来，确保可再用或再造的工程渣土不会被弃置在堆填区。政府工程合约承办商须制订及推行废物管理计划，以执行现场筛选分类工作以及实施运载记录制度，确保将工程渣土及废物运送至适当的接收地点/设备进行处理。

（3）再用：尽量把工程渣土再用于填海或地盘平整工程。然而，由于填海及地盘平整工程大量减少，把工程渣土再用于上述工程会更困难。为解决该问题，香港已启用两个临时填料库，暂时储存工程渣土，待日后在新的填海工程中使用。目前，工程渣土已经用于内地填海工程、香港迪士尼、港珠澳人工岛、香港三跑回填工程。

（4）再造：把合适的工程渣土加工成再造碎石料，供循环利用。

拆建物料是建筑活动所产生的惰性物料（例如泥土、石料及碎混凝土）和废料的混合物。香港将大量的惰性物料用于填海工程循环利用。到了 2002 年年中，大部分的填海工程无法进一步接收工程渣土。为此，特区政府临时规划了两个比较大的填料库，分别为将军澳 137 区工程渣土库和屯门 38 区工程渣土库。工程渣土库是工程建设和运作的填料库，以便临时储存工程渣土，补充本港整体工程渣土容量的预期短缺。当工程渣土出现剩余时，便会利用趸船将填料运送至填料库内堆存。

中国香港特区政府对于建筑废物的管理方针如下：

（1）从源头上大力减少相关建筑废物的产生；

（2）通过各种措施尽可能提高建筑废物的回收利用，提高绿色循环再造的成效；

（3）堆填区建筑废物接收量尽可能减少。

香港特区政府为此采取的措施包括：

（1）在交通方便的地点，辟设足够的公众填土区及趸船转运站；

（2）堆填区征收行政费用计划；

（3）提倡建筑废物分类；

（4）提倡建筑废物进行回收再用，循环再造；

（5）改善建筑工程的设计[2]，并提高施工管理水平，以不产生建筑废物为目标，减少建筑废物。

与此同时，香港特区政府以立法的形式对建筑废物进行管理[3]，具体如下：

（1）1988年，颁布了《减少废弃物示范计划》，以求减少并控制废弃物数量；

（2）1989年，颁布了《10年废弃物处置计划》，完善对废弃物的管理；

（3）1996年，颁布了《香港房屋环境评估条例》，用于认证评估住宅和商业办公楼的环境表现；

（4）1999年，"废弃物控制委员会"成立并运作，主要负责环保条例执行情况的监管。

上述相关政策和措施中，对于建筑废物管理的策略为：

（1）"谁产生谁付费"，针对产生者征收一定的建筑废物处理费用；

（2）修订《建筑物条例》，明确规定所有新建成的楼房需要提供满足法律要求的废物分类和废物回收用地；

（3）拆毁公共建筑工程施工现场，需要配套建筑废物分类机械；

（4）大力推行《减少废弃物示范计划》，要求并支持私人建筑在拆卸施工中对建筑废物分类；

（5）设立建筑废物集中分类处理厂，分离其中的惰性成分、活性成分，惰性成分以堆填的方式处理，活性成分以相应的处理流程处理；

（6）建立健全相关法规[4]；

（7）填海工程中减少海砂进口，尽可能使用本地可供利用的处理后合格的建筑废物进行海域等工程的回填；

（8）研究设置新形式的垃圾处理场所，例如，利用旧的采石场等空地；

（9）推进堆填区的相关修复工程；

（10）积极鼓励公私企业利用新工艺、新技术处理建筑废物。

## 9.2.3 工程渣土在本项目中的应用背景

### 9.2.3.1 中国香港填海工程回填料利用历史

中国香港维港南岸港岛山势陡峭，北岸九龙半岛较平坦。为了开拓海港用地，兴建码头仓库、房屋商厦，两岸都得开展填海工程。根据记录，第一座码头在中环，建于1843年；第一幅填海造地，则于1852年在文咸东街附近进行。中国香港填海的回填料初始来自移平区内的山岗；19世纪50年代来自区内平整地盘的挖土或者特定的采泥区；19世纪90年代以抽取区内的海砂作为回填料；20世纪以来，随着香港地区环保政策的进一步严格，香港区域内严禁炸山取石，严禁抽砂回填，回填料以当地的建筑废物和外来砂为主[5]。

近年来，港珠澳香港口岸人工岛使用的回填料主要为部分筛分处理后的建筑废物和外来海砂；东涌新市镇填海大部分回填料使用经处理后的建筑废物和少量的外来海砂；中国香港三跑填海工程及后续规划的龙鼓滩、明日大屿填海工程填海回填料中，香港当地产生的工程渣土均作为回填料使用。

### 9.2.3.2　本项目中的回填料使用情况

中国香港国际机场为了适应客、货运增长的需求，于 2016 年开始建造第三跑道工程，计划新造填海工程造地 650 万 $m^2$，填海回填用料约 1 亿 $m^3$。受制于严格的环保要求，中国香港区域内严禁吹填、严禁开山炸石，所有的填海用料全部依赖于进口或者当地的建筑废物回收利用。

为了解决中国香港地区的建筑废物处理难题，同时解决部分三跑工程的填海用料问题，中国香港特区政府要求，中国香港国际机场管理局在机场第三跑道项目填海工程建设中使用本地建筑废物总量需超过总回填量的 10%，其余的回填料以采购海外砂、内地石粉、内地砂等为主。

建筑废物回收用于填海工程在香港比较常见，其模式主要分为两类：

（1）建筑废物不经处理，直接填海，此类在 20 世纪初期之前利用较多；

（2）建筑废物经过筛分处理后，精细化填海，在港珠澳香港口岸人工岛填海项目中，使用约 200 万 t。

填料库内的建筑废物经筛分、处理后，用于填海工程，尤其是水上部分的回填碾压需要满足严苛的标准规范要求，并需要达到一定的压实度要求，以减少地基沉降变形，提高承载力，如此类型的建筑废物回收回用在机场这样高等级工程的填海工程中尚属首次。

大型机场工程对回填场地的地基稳定性要求非常高，土基的压实度关系着地基的沉降问题，土基压实与否是评价场道土基施工效果的一个重要方面，决定了机场基础的使用状态和寿命，影响机场未来的长期使用性能。如何能够用较低的成本取得符合相关要求的压实度性能，从而提高压实效率、夯实压实效果，针对不同的土基压实施工采用有针对性的有效方法是十分重要的[6]。

### 9.2.3.3　建筑废物回填碾压区域

建筑废物回填碾压区域划分的主要依据如下：

（1）建筑废物回填碾压的施工效率相对于海砂要低，受施工工期计划的影响，填海工程要求交地快而回填建筑废料来不及的地块优先安排海砂回填，其余以建筑废物回填为主；

（2）建筑废物回填碾压的压实效果较海砂差，地基处理的难度较大，机场关键区域以海砂回填为主，非关键区以建筑废物回填为主；

（3）受建筑废物回填碾压施工及后续地基处理施工工艺的影响，建筑废物回填碾压区域以机场非关键性建筑物地段为主。

例如：机场跑道的南北两侧临近海堤的草坪、停机坪等位置以建筑废物回填、碾压为主，图 9-1 为公众填料回填碾压施工区域分布图。

## 9.2.4　回填碾压工程实施方案

### 9.2.4.1　工程渣土筛分及装船实施方案

为保证工程渣土经筛分后满足中国香港三跑道填海工程的质量要求，同时，确保其筛分量符合回填现场的回填进度要求，施工单位结合香港地区工程渣土的特点，研发了工程渣土筛分生产及配套装船系统，确保为项目填海施工提供稳定的供料。

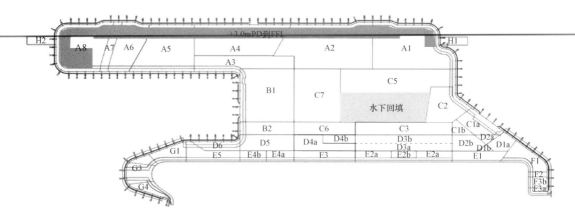

图 9-1　公众填料回填碾压施工区域分布图

根据工程渣土总回填 2000 万 t 需求和 2 年生产周期的生产计划，本工程计划在将军澳堆填区建设 3 条工程渣土筛分生产出运装船生产线，在屯门建设 1 条工程渣土筛分生产出运装船生产线。每条生产线筛分生产粒径≤100mm 填料进行装船作业，效率为 900t/h。本节以将军澳筛分生产线为例，对筛分流程、设备选型等进行详细阐述。

**1. 工程渣土筛分装船系统总体布置**

经过对地理条件、工程渣土特点、场地情况、工程实施需要等多方面进行分析，工程渣土筛分装船流程和筛分装船平面布置分别如图 9-2 和图 9-3 所示。

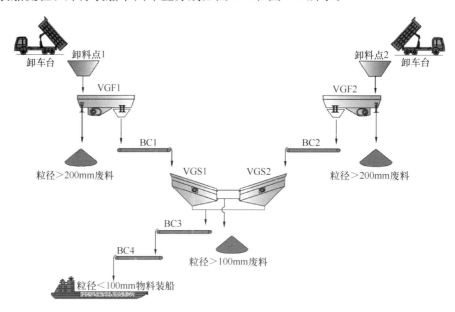

图 9-2　工程渣土筛分装船流程

具体筛分装船流程如下：

（1）挖机在生产线后方填料回收区域取工程渣土后喂料自卸汽车；

（2）自卸汽车运载工程渣土经地磅运输至卸车平台；

（3）自卸汽车在卸车平台上分别卸载工程渣土至卸料点；

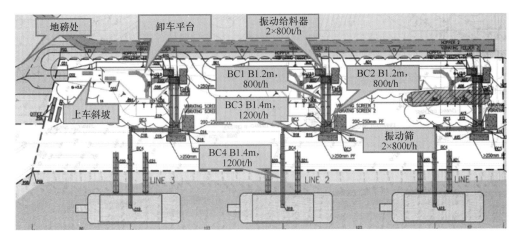

图 9-3 将军澳填料区工程渣土筛分装船系统设备布置

（4）每个卸料点对应 1 个棒条振动给料机（VGF1/2），对卸载工程渣土进行初级筛选，淘汰工程渣土。主要为不规则混凝土、石块等；

（5）每个棒条给料机分别对应 1 条皮带机（BC1/BC2），将初级筛选后的物料各自运输至振动筛（VGS1/VGS2）；

（6）振动筛对来料进行二级筛选，淘汰工程渣土，筛选合格的粒径≤100mm 的物料落至 BC3 皮带机；

（7）BC3 皮带机将合格的工程渣土转运至 BC4 固定悬臂皮带机（外伸出海）进行装船作业；

（8）振动给料机和振动筛淘汰的不合规格工程渣土物料（废料）通过自卸汽车运输至场地后方废料存放区。

筛分装船系统设备布置如图 9-4 所示。

图 9-4 将军澳工程渣土筛分装船系统设备布置俯视图

**2. 工程渣土筛分装船系统设备选型**

根据单个卸车点可达到的卸车效率，确定一级筛分，即棒条振动给料机处理能力为

800t/h。根据颗分试验分析，粒径＞100mm 的工程渣土占比达 30％以上，针对筛出废料后的粒径≤100mm 的物料，其最大出运能力可达 1200t/h，各设备选型满足设计产能所需，筛分线路设备配置了棒条振动给料机、皮带机、振动筛等。图 9-5 为经过选型后建成的臂式装船固定皮带机实况图。

图 9-5　臂式装船固定皮带机

### 9.2.4.2　工程渣土海运实施方案

**1. 工程渣土来源及海运航线情况**

（1）本工程的工程渣土来源

① 将军澳 137 区公众填料库，距离机场三跑道现场的海运距离为 42km，约 43km；

② 屯门 38 区公众填料库，距离机场三跑道现场的海运距离为 5km，约 6km。

（2）海运航线情况

根据中国香港《船舶及港口管制规例》，本航线上船舶航行限制如下（限高或限速）：

① 限制区域 1：汲水门限高 41m；青马大桥限高 53m；

② 限制区域 2：维多利亚湾附近，整体长度≤60m 的船只的最高许可航速为 10 节，而整体长度＞60m 的船只的最高许可航速则为 8 节；

③ 限制区域 3：将军澳周边，整体长度≤60m 的船只的最高许可航速为 15 节，而整体长度＞60m 的船只的最高许可航速则为 10 节；

④ 限制区域 4：运输全线任何高速船于日落后半小时至日出前半小时在航行于中国香港水域内时：整体长度 60m 以上船舶航速不超过 10 节，整体长度≤60m 以下船舶航速不超过 15 节。

**2. 海运船舶优劣势分析**

横鸡罂作为中国香港地区最常用的一种近海海上运输船舶，其甲板上设有带抓斗的吊杆和控制吊杆俯、仰和旋转的支架，它是一种非自航起重驳船，俗称"横鸡罂"，由于它没有动力，所以需要配置拖轮拖带航行，一艘 900HP 拖轮拖带一艘 2000t 横鸡罂，一般静水航速在 3.5km/h 左右。

由于上述横鸡凳航速较慢，同时机场三跑道现场有限高要求，因此，针对本项目运输的特点设计了一种自航平板驳船。

上述两种类型船舶，其各有特点和优势。在机场三跑道建设初期，水下（－1.0mPD，PD 为香港主水平基准）抛填阶段，由于使用量大，可水下直接抛填施工，也可转驳给小型开体驳施工，同时，中国香港地区可供选择的横鸡凳较多，因此，横鸡凳被大量使用。到了机场三跑道建设中后期，水下（－1.0mPD～＋2.5mPD）回填及陆上回填（＋2.5mPD 以上）施工阶段，横鸡凳逐步退场，取而代之的是 4000t 自航平板驳船，该船航速快，装载量大，操纵性能好，卸船速度快，满足限高要求，可以在整个机场三跑道现场使用。

**3. 船舶靠泊码头方案**

本项目在施工过程中，机场三跑道填海工程施工现场不设置专用码头，只是针对不同阶段和回填区域设置临时靠泊点。

（1）横鸡凳靠泊方案

机场三跑道填海施工现场的新建海堤形式大部分为斜坡堤，其中设置有 4 段直立堤；横鸡凳卸船是侧方抛料上岸，选择直立堤作为横鸡凳临时靠泊点比较合适。

（2）4000t 自航平板驳靠泊方案

针对本项目专门设计建造的 4000t 自航平板驳，因其卸船方式采用的是滚装车辆卸船，靠泊形式为船头顶靠，跳板搭接上岸。考虑水深条件和回填区域就近原则，本项目根据总体施工计划和回填区域，按计划进度分阶段设置了 7 个靠泊点作为其临时靠泊码头。

### 9.2.4.3 水下回填实施方案

**1. 横鸡凳抛填方案**

中国香港机场第三跑道在填海施工中为了加快施工进度，克服工程渣土不能采用皮带船卸载的困难，经过详细调研，中国香港市场运输船舶主要以拖轮拖带横鸡凳为主，在机场限高区以外，满足横鸡凳吃水的非重要区域，可以采用横鸡凳直接抛填的方式进行水下抛填施工。

（1）施工流程

横鸡凳水下抛填施工流程图如图 9-6 所示。

（2）施工工艺

① 水深测量：为了满足吃水条件，在定位抛填开始前，要对当前的施工区域进行"扫海"以明确水深条件，保证抛填工作顺利进行；

② 环保架安装：如图 9-7 所示，为了防止横鸡凳水下抛填过程对于周边海域造成污染，开始抛填之前，先要将用于防污的环保架紧贴横鸡凳吊装到位，环保架系泊于横鸡凳边；

③ 抛填：横鸡凳通过抓斗，将物料从环保架中抛填入水，根据测量所得水深，每抛填一定斗数的物料后，通过收放横鸡凳锚缆，移动到下一个位置进行抛填，直至抛填完成；

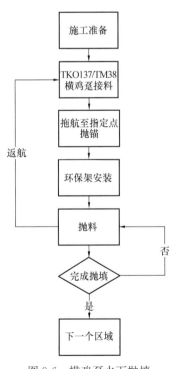

图 9-6　横鸡凳水下抛填
施工流程图

图 9-7　横鸡跫环保架安装实景图

④ 测量验收：横鸡跫抛填完成后，进行水深测量，根据水深测量结果验证物料抛填的最终厚度，以确定是否满足预定的物料铺设目标。水下抛填现场如图 9-8 所示。

图 9-8　横鸡跫水下抛填实景图

**2. 开体驳抛填方案**

为解决工程渣土水下（−1.0mPD 以下）回填产能、回填工艺、回填工艺对材料的适用性等问题，特别是为了解决此工艺存在的不足，对自航小开体驳水抛施工工艺做进一步深入研究，以适应在香港高环保要求下，同时满足既有机场侧施工需要，建造一批"一种新型浅吃水、低净空、高环保的开体驳船"，建造 12 艘该类型 200m³ 自航开体驳（图 9-9）用于 −1.0mPD 以下水下抛填。相关数据见表 9-1。

表 9-1　200m³ 自航开体驳主要参数表

| 总长 | 34.94m | 总高度 | 8.5m（水面以上） |
| --- | --- | --- | --- |
| 型宽 | 10.00m | 定员 | 4 人 |
| 型深 | 3.00m | 航速 | 15km/h |
| 满载吃水 | 1.60m | 满载排水量 | 468m³ |

图 9-9　200m³自航开体驳

（1）工艺原理

开体驳具备自航自卸功能，通过船上的定位系统实现精准定位。施工时，开体驳在施工区域外接料，满载或半载后按照预定航线航行至施工区域，通过定位系统，精准定位并航行至预定的施工单元格，开启底舱门释放物料，完成物料抛填。回填后，进行测深仪探测调查，确认回填质量。

（2）施工流程

开体驳施工流程如图 9-10 所示。

（3）施工工艺

① 施工海底地形图测量：海底地形图可直观反映地形情况，为开体驳抛填施工的准确性和安全性提供保障。在完成下层砂垫层施工后，开体驳施工之前，利用水下地形测量设备测量水下地形，为开体驳水抛作业提供指导；

② 施工网格划分（图 9-11）：开体驳抛填作业的关键是合理划分回填施工网格，施工网格划分应根据海底地形现状、开体驳料舱打开的角度、回填厚度、抛填工程量等具体进行划分。沿船前进方向抛填，打开料舱，缓慢释放物料，完成回填；

③ 过驳点的布置：过驳点的提取需根据施工区域、航线、限高及水深等条件确定，考虑 4000t 自航平板驳船以及横鸡罣供料，限高不高于 20m、水深不浅于−4.0mPD，且临近施工区临时航道，便于开体驳及供料船航行。

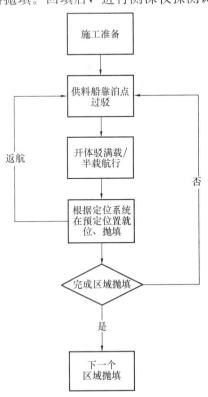

图 9-10　开体驳工艺流程图

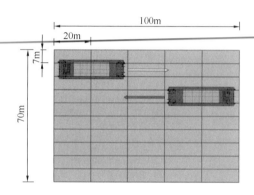

图 9-11　施工区域单元网格划分示意图

**3. 环保措施**

为了满足中国香港地区相关海上施工环境保护的规定，重点克服开敞水域水下抛填作业时的环保影响，施工单位在开体驳周围配置了环保帷幕，在航行过程中收起帷幕，在抛填过程中，对于易污染的地方开体驳需要打开环保帷幕，将每次抛填对环保的影响降至最低。

**9.2.4.4　陆上回填及碾压实施方案**

中国香港机场第三跑道项目为了解决回填砂料来源紧张的问题，优先使用香港本地的工程渣土作为填海回填料使用。根据相关要求，部分填海区域水下回填可以使用工程渣土进行填海作业，其回填高程为：−1.0mPD 到 +2.5mPD，该部分施工区域采用陆上推填的方式进行填海施工。

**1. 陆上推填流程**

陆上推填具体流程如图 9-12 所示。

**2. 施工工艺**

（1）物料运输：中国香港市场上主要的运输设备为 30t 或者 38t 的自卸车，主要用于平整道路上物料的转运，受工程渣土类物料所形成地基的影响，此类设备难以满足施工现场需要。为此，采用 45t 的铰接式自卸车（鳄鱼仔）进行物料转运，鳄鱼仔动力好，适应各种复杂的地形条件。常规自卸车与鳄鱼仔的对比图如图 9-13 所示。

（2）临时施工道路：中国香港地区常年降雨量较大，工程渣土含水率较高，受其影响承载力低，设备在回填过程中容易陷机，推填成本高，施工效率低，采用常规情况的直接"进占法"很难满足施工需要。为了克服此类困难，施工过程中铺设临时道路，临时道路采用填料推平、压实后铺设碎石的形式，在日常施工过程中不断维护，边回填边向前拓展，回填沿着临时道路向两侧推进形成树枝状网络，逐渐合拢。

（3）回填施工要点：根据施工进度安排以及安全需要，泥尾边坡需要按照 1：5 控制，同时，场地内侧回填点需要用不同颜色旗帜作为安全警示，海堤抛料点不得超过 2m 高堆。图 9-14 为安全要点布置图。

通过上述的回填措施，成功克服了工程渣土在填海施工中由于物料含水率高以及受降雨影响严重等问题，有效地提高了填海施工效率。相关推填施工内容如图 9-15、图 9-16 所示。

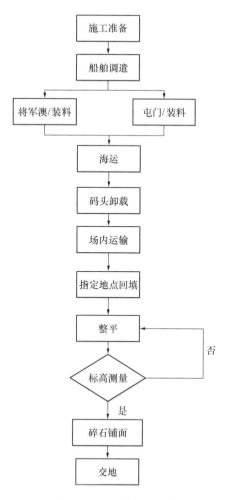

图 9-12　陆上推填流程图

图 9-13   常规自卸车和鳄鱼仔对比图

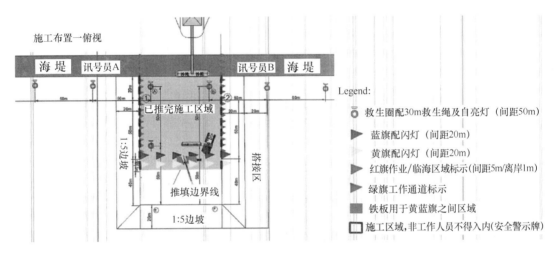

图 9-14   安全要点布置图

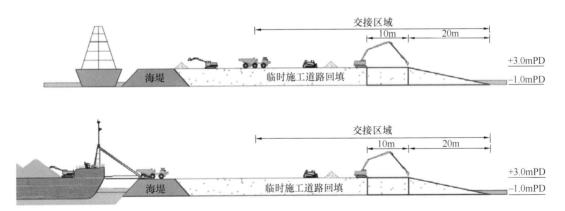

图 9-15   推填施工示意图

图 9-16　泥尾推填施工

### 9.2.4.5　陆上碾压实施方案

**1. 回填及碾压方案**

（1）试验区施工（典型试验）

在进行大面积回填碾压施工之前，首先进行碾压试验区施工。试验的目的如下：

① 选定压实设备；

② 确定合理的施工参数：碾压厚度、最优含水率、压实方法、压实遍数；

③ 确定有关质量控制技术要求；

④ 确定压实度检测方法，对比灌砂法和核子密度仪法对回填料的适用情况，并相互验证检测结果。

在 C2 区设置 33m×33m 平面尺寸的碾压试验区（图 9-17 至图 9-20），实际碾压范围为 20m×20m，分左右 2 幅。其中，左幅碾压 12 遍，右幅碾压 10 遍。

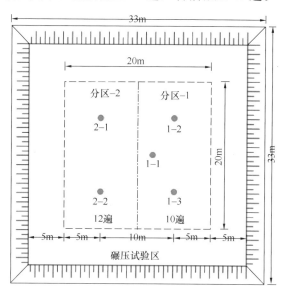

图 9-17　试验区平面布置图

（2）经试验确定最后施工参数如下：

① 采用 20t 单钢轮振动压路机进行碾压施工；

② 每层松铺厚度为 650mm，压实厚度约为 600mm；

图 9-18 试验区碾压施工

图 9-19 试验区 NDT 检测

图 9-20 试验区 SRT 检测

③ 灌砂法和核子密度仪法都可以作为工程渣土回填碾压施工压实度的检测方法，本工程推荐使用核子密度仪进行压实度检测。

**2. 陆上段回填及碾压施工**

（1）陆上段回填碾压施工工艺流程

施工流程图见图 9-21。

（2）陆上段填筑施工方法

① 陆上段施工采用"四区段、八流程"工艺组织施工，提高工效保证工程质量；

② 四区段：填筑区、推平区、碾压区、检测区；

③ 八流程：测量放样、挖装运输、卸土填筑、摊铺整平、晾晒（洒水）、碾压、检测（NDT）、交付。

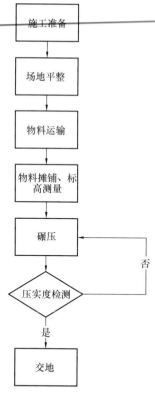

图 9-21 陆上段回填碾压
施工流程图

# 9.3 深圳液化天然气应急调峰站项目配套码头填海工程案例

## 9.3.1 项目概况

深圳液化天然气应急调峰站项目位于深圳大鹏湾东北岸迭福北片区，具体位于中海油深圳 LNG 项目（迭福站址）北侧，其西北侧为下洞港区油码头，距离约 4.0km。

深圳液化天然气应急调峰站项目建设规模为一期 $300 \times 10^4$ t/a LNG，具备储存、应急安保、调峰等重要功能。外输天然气压力为 8.4 MPaG，温度 ≥2℃。基本负荷时外输天然气量为 42 亿标准 $m^3$/年，调峰时外输天然气设计值为 47.16 亿标准 $m^3$/年（折合气量 53.84 万标准 $m^3$/h）。应急情况时安保气量为 121.0 万标准 $m^3$/h。项目一期建设 2 座储存能力为 20 万 $m^3$ 坑内安装的全容式 LNG 储罐。考虑后期发展，项目用地南侧预留 2 座储罐罐位及相应配套设施，二期扩建后总规模为 600 万 t/年。

本工程应急调峰站陆域纵深约为 450m，水平宽度约为 582m。陆域基本由填海形成，通过护岸以及东侧的陆域边界形成闭合的区域，陆域形成总面积约为 25.4 万 $m^2$，站区陆域使用高程为 6.0m，设计交工高程为 5.7m。陆域外围护岸总长 1401.3m，其中，北护岸长 423.29m，西护岸长 384.31m，西南护岸长 213.88m，南护岸长 379.82m。本工程陆域平面布置图见图 9-22。

## 9.3.2 深圳地区工程渣土供应现状

### 9.3.2.1 工程渣土供应现状

随着深圳城市建设速度的不断加快和城市开发力度的不断加大，房地产开发、城市轨道交通建设等大型市政项目产生了大量工程渣土，对于工程渣土的处置使本来就用地紧张的深圳更加"捉襟见肘"。大量工程渣土未能有效回收利用，规划建设的工程渣土收纳场被快速填满，供需矛盾日益突出，使得深圳面临严峻的工程渣土处置"危机"。

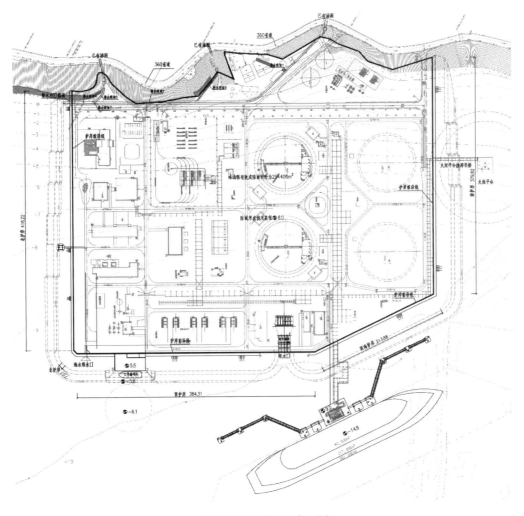

图 9-22  陆域平面布置图

根据深圳市住房和城乡建设局印发的《深圳市 2018 年度余泥工程渣土受纳场实施规划》（以下简称《规划》），深圳市近些年 79.6% 的余泥工程渣土需要运往周边城市，严重依赖异地处置。为破解这一难题，深圳近年拟重点建设 8 座余泥工程渣土受纳场，分布在南山、龙岗、龙华等 6 区。《规划》还建议加快填海相关手续申请进度，积极向国家海洋局争取划定深圳市海上惰性拆迁物料处置区。

**1. 现有库容远远不足**

余泥工程渣土主要包括工程弃土和拆建物料两大类。《规划》根据各方数据估算，2017 年深圳市政府投资项目弃土约 6265 万 m³、社会投资项目弃土约 2700 万 m³、治水提质工程项目清淤弃土约 1990.16 万 m³。另外，2017 年深圳市拆建物料产生量为 992 万 m³。以此估测，2017 年至 2020 年深圳市建筑废弃物产生总量约 3.97 亿 m³。

深圳市余泥工程渣土主要处置路径有：向惠州、东莞、中山、珠海等周边城市区域海陆外运填埋，本地受纳填埋，工程回填利用，综合利用等。其中，海陆外运量占总量的79.6%。《规划》指出，现阶段深圳市余泥工程渣土的处置极大程度上依赖于异地处置，但缺乏规划和实施计划，具有高度不可控的特点，一旦出现某些经济上的纠纷或行政、法律上的问题，将会引发深圳市大量余泥工程渣土无处可去的问题。余泥工程渣土受纳场已远远不能承载城市发展建设产生的余泥工程渣土量。

**2. 重点建设 8 座受纳场**

此前深圳市规划国土委、市城管局、市住建局等部门联合编制《深圳市余泥工程渣土受纳场专项规划（2011—2020）》（以下简称《规划》），规划在全市新扩建余泥工程渣土受纳场 46 座，合计新增陆域填埋库容约 1.7 亿 m³，能基本满足全市至 2020 年的排放需求。然而，由于水源保护、征地拆迁、项目选址冲突、临近环境敏感点、经过村道的影响以及众多历史遗留问题的存在，许多规划受纳场的建设工作一直推进困难，部分受纳场甚至因为乱倒乱排现象，尚未启用就已经被填满。

此次《规划》指出，光明滑坡事故的发生，警示受纳场的安全问题是选址研究中的首要分析因素。同时，将环境影响作为余泥工程渣土受纳场规划选址的重要因子，避开一级、二级饮用水源保护区和基本农田等环境敏感区域，并从全市层面统筹考虑拟建余泥工程渣土受纳场的选址，避免长距离运输。根据现场踏勘和各区相关部门的意见，初步选取近期可重点建设的余泥工程渣土受纳场 8 座，分布在南山、龙岗、龙华等 6 区，如光明区的白花受纳场、龙华区的犁头山受纳场、南山区西丽街道的下围岭受纳场等。

受深圳市土地极度紧张的限制，目前不存在绝对完美的场址，各场址或多或少存在一些问题。《规划》称，如部分受纳场属地质灾害（高）易发区，还有部分场址和周边建筑的距离较近，在确定受纳场建设后，应同步对可能影响范围内的建筑予以拆除，特别是违法建筑。

**3. 加快填海申请进度**

深圳市陆域受纳库容难以满足长期需求，考虑到海域使用权等填海相关手续申请尚需一定周期、弃土与填海工程难以同步等因素，陆域受纳仍是近期主要的余泥工程渣土受纳渠道之一。

《规划》建议，相关部门应对余泥工程渣土从产生到处置进行全链条统筹管控，建立台账，摸清"家底"，掌握全市范围内余泥工程渣土的产生量和增量数据。并且加强建设工程竖向规划设计管理，控制地下空间开挖，增加余土回填，减少建筑废弃物排放，尽快开展弃土循环利用技术的适用性相关研究论证，使建筑废弃物综合利用率提高至 90%。

在填海方面，《规划》建议，由深圳市规划国土委牵头，协调各填海项目申报主体，加快填海相关手续申请进度，积极向国家海洋局争取划定深圳市海上惰性拆迁物料处置区。填海手续完备后，可将暂存于受纳场的余泥工程渣土转运至填海区域，满足填海区集中使用土石方的工期需求，同时释放陆域受纳场空间资源，作为后续的余泥工程渣土暂存、中转场所，提供应急保障功能。

在区域统筹方面，《规划》建议深圳市政府将余泥工程渣土受纳问题纳入深莞惠党政联席会议议题，并积极协调珠三角区域城市，提高弃土外运量。

### 9.3.2.2 机制再生料供应现状

随着我国城市化进程的不断推进，大量老龄建筑、水泥混凝土路面拆除改造，产生了大量的建筑垃圾。根据中国战略性新兴产业环保联盟估计，2017 年共计产生建筑垃圾 15.93 亿 t，2020 年预计突破 30 亿 t，由于施工地点和建筑物结构的不同，产生的建筑垃圾组成和占比也有所不同[7]。表9-2给出了不同结构类型建筑建筑垃圾组成。

表9-2　不同结构类型建筑建筑垃圾组成

| 组成成分 | 比例（%） | | |
|---|---|---|---|
| | 砖混结构 | 框架结构 | 框架-剪力墙结构 |
| 废砖瓦 | 30～50 | 15～30 | 10～20 |
| 废砂浆 | 8～15 | 10～20 | 10～20 |
| 废混凝土 | 8～15 | 15～30 | 15～35 |
| 桩头 | — | 8～15 | 8～20 |
| 包装材料 | 5～15 | 5～20 | 10～20 |
| 屋面材料 | 2～5 | 2～5 | 2～5 |
| 钢材 | 1～5 | 2～8 | 2～8 |
| 木材 | 1～5 | 1～5 | 1～5 |
| 其他 | 10～20 | 10～20 | 10～20 |
| 垃圾产生量（kg/m$^2$） | 50～200 | 45～150 | 40～150 |

大部分地区建筑垃圾未经处理便直接运往郊外或乡村废弃物场露天堆放或填埋。如此简单粗犷地处理建筑垃圾，将会侵占土地，污染水体、大气及土壤，从而破坏生态环境，危及人类生命健康。

另一方面，随着我国城市化的快速发展，砂石骨料的需求大幅增加，使得大量山林遭到破坏，生态环境不断恶化。我国对山石的过量开采，已经造成生态景观破坏严重、地质灾害频发以及矿山塌方等问题。

将废弃建筑垃圾循环再利用，一方面能够缓解天然骨料资源日趋匮乏的局面；另一方面，可以解决建筑垃圾随意堆放、侵占公共用地和环境污染等问题。我国对建筑垃圾再利用通常采用以下4种方法：（1）用于制作再生骨料；（2）用于道路垫层或路基填料；（3）用于景观工程；（4）用于地基加固工程。

## 9.3.3　工程渣土在本项目中的应用分析

本项目陆域回填量较大，因此在选择回填料时，应考虑不同回填料对工程的适用性，进行多方案多角度分析，综合选取最优方案。陆域形成平面图如图9-23所示。

陆域形成常用的回填料包括砂料、疏浚土、一般开挖土以及惰性拆建物料等，以下分别论述上述各种填料对本项目陆域形成的适用性。

疏浚泥土是常见的填料之一，在深圳港、广州港、天津港、厦门港沿海等地区运用广泛。在吹填疏浚泥土至一定高程后进行地基处理，可以使地基强度大大增加，从而提供一定的承载力。该场地表层为淤泥，在吹填疏浚土形成陆域后进行地基处理，使二者一同获得有效处理。当砂料不足时，该填料可作补充回填，大大降低工程造价。若能结合本工程港池开挖，既能解决部分疏浚土的弃方问题，又能将疏浚土变废为宝。

本工程疏浚工程量不能完全满足整个陆域回填量的要求，且首期两个储罐区陆域形成工期紧迫，需于2018年12月完成场地移交，以确保总体院能够按计划进行储罐的基坑开挖施工；另外，本工程靠近岸边区表层分布有粉细砂，基岩埋深较浅，不适宜吹填疏浚土再进行

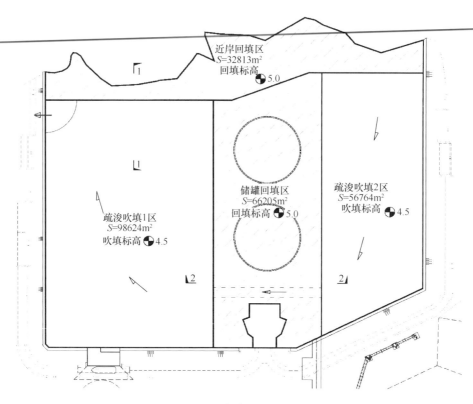

图 9-23　陆域形成平面图

真空预压处理。因此，综合疏浚工程量、使用要求、工期要求、场地现状条件及工程费用等，场地南北两块区域采用吹填疏浚土成陆，近岸回填区及储罐回填区必须寻求其他替代填料。

砂料是最常见的填料之一，回填工艺较灵活，有吹填、陆上推填、抛填等多种形式。砂的工程性质好，利于后续地基处理，且地基处理方便、简单，同时不存在吹填疏浚土以及抛填开山土石时对环境的影响问题，因此，采用砂料作为填海造地材料的方法在大型围填海工程中得到广泛运用。大型填筑工程的需砂量大，供砂强度要求较高，为保证成陆的顺利实施，一般宜在场地周边选定几个砂源点为工程建设提供稳定可靠的砂源供应。

但随着国家环保政策的加强，政府对砂料的开采限制日趋严格，并且近年来大规模的填海及软基处理工程等用砂量大，致使砂价格大幅上涨，砂料逐渐成为稀缺资源，对工程的实施造成了重大影响。根据深圳市 2018 年砂料市场现状，砂价已由 2017 年约 50 元/m³，上涨到 100～200 元/m³（船方，不含税价格），且有进一步上涨趋势。考虑本工程回填量大，整体投资受回填料单价的影响明显，且砂料市场供应不稳定，供应量不能满足工期要求，本工程不考虑采用回填砂形成陆域。

近年来，深圳市余泥工程渣土排放非常困难，政府部门规定的受纳场根本无法容纳轨道交通、旧城改造、地产开发项目所产生的余泥工程渣土，这也直接导致偷排乱倒现象猖獗。"没有不能利用的垃圾，只有放错位置的资源"，对工程渣土资源进行必要分类和综合利用已经势在必行。本项目根据深圳地区工程渣土及建材市场现状，将建筑工程渣土应用于填海造陆，其一可就近利用当地其他工程弃土，其二采用工程渣土回填造地后地基处理可采用强夯法或插塑料排水板加固，简单、经济。

综上，本工程 LNG 储罐回填区、近岸回填区（参见图 9-24）选择采用回填建筑工程渣土成陆方案。

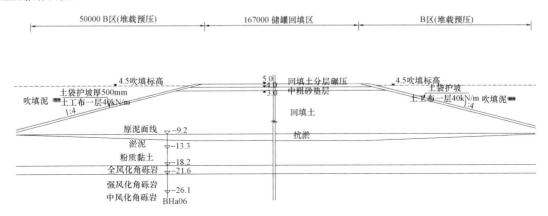

图 9-24  首期两个储罐范围回填断面图

此外，为提高疏浚吹填区的地基强度及减少工后残余沉降，须采用真空预压或堆载预压进行地基处理，需要约 9.6 万 $m^3$ 排水砂垫层。经综合比选，采用工程附近的惰性拆建物料厂加工的机制再生料（角砾）作为排水垫层。

机制角砾材料为建筑废料的破碎产物，是一种可再生的环保材料，在我国城市，尤其是深圳地区材料供应充足、价格适宜。机制角砾的成功应用不仅解决了深圳 LNG 项目地基处理施工的燃眉之急，同时也为其他类似的工程提供了有益参考。

## 9.3.4  本项目采用工程渣土的主要技术参数

### 9.3.4.1  工程渣土及主要技术参数

（1）回填土宜选用级配良好的砾类土、砂类土，不得为污染土、有机质土、淤泥类土等。回填土物理力学指标应符合如下要求：天然重度 $\gamma > 16.5 \text{kN/m}^3$，塑性指数 IP<17，承载比 CBR≥3%，填料最大粒径不大于 150mm。

（2）回填土出水后需进行分层碾压：采用自重 20t 的振动压路机进行压实，最大分层厚度不超过 50cm，表层压实度达到 94%。

（3）考虑环保要求与供应条件，并结合现场实际情况，采取陆上推填的方式。

（4）陆上推填施工易产生淤泥隆起现象，施工过程中应随时监测淤泥高度，推填前进方向的淤泥隆起高度超过 2m 时，应进行适当清淤，具体清淤量按实计量。应合理安排回填施工顺序，有效减少淤泥隆起现象。

（5）回填施工过程中，应控制填筑边坡坡度，防止出现滑移现象，并加强相关监测及人工巡视，避免安全隐患。为确保行车安全，防止南、北两区块吹填过程中的边坡冲刷，坡面采用土袋护坡。

（6）陆上推填过程中，由于推填料厚度大，会造成回填料挤入淤泥层中，由于具体挤入深度难以准确预测，需通过勘察工作确定，并做好现场回填料的沉降观测和相关监测数据的统计等。

#### 9.3.4.2 机制再生料及主要技术参数

（1）排水垫层采用 0.6m 厚角砾料（机制再生料），施工时严格按设计要求的范围与厚度摊铺，并应尽可能减少"拱淤"现象。

（2）角砾料重度不小于 17kN/m³，含泥量≤5％；渗透系数不小于 $5×10^{-3}$cm/s。

（3）为了确保场地回填料的压实效果，角砾料应级配良好，即不均匀系数 $C_u$≥5，曲率系数 $C_c$＝1～3。

## 9.3.5 工程渣土的应用方案

### 9.3.5.1 首期两个 LNG 储罐区工程渣土回填方案

**1. 方案实施**

首期两个 LNG 罐区回填施工主要由两个方向向前推进，一是由陆侧向海侧推进，即通过临时道路经过近岸区到达 LNG 罐区，平面上呈"抛物线状"推进（图 9-25）；二是由海侧向陆侧推进，即通过取水口两侧回填区，从泵房基础后方向岸侧推进，首先平行推进50m，然后按"抛物线状"推进（图 9-26）。土方填筑在罐区中部合拢，合拢通道宽 50m，合拢时把施工区域内的淤泥向两侧疏浚土回填区排挤，以尽量减少该区域内淤泥残留，避免淤泥影响工程渣土填筑质量。

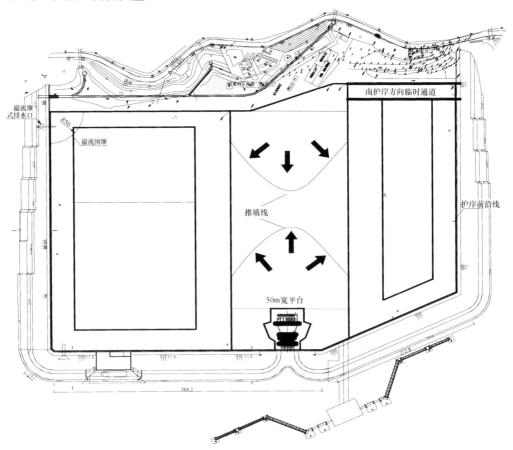

图 9-25 罐区回填土施工顺序 1

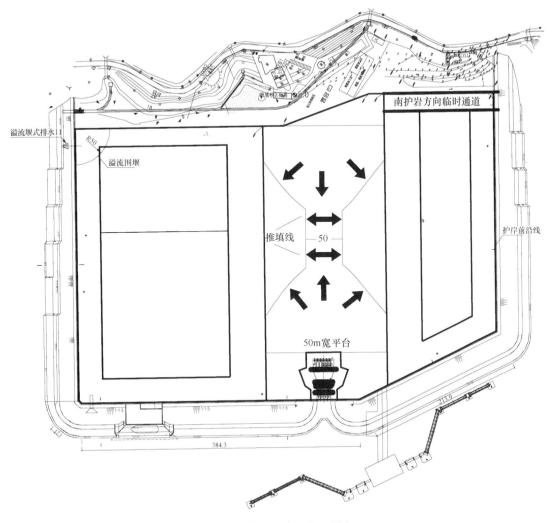

图 9-26　罐区回填土施工顺序 2

因 LNG 罐区土方填筑较高，填筑的临时边坡较陡，且经海水浸泡的土体强度降低，为确保边坡安全稳定，自卸车倾倒土方时，要求与边坡顶面边线距离不小于 15m，土方倾倒后由推土机进行推填施工。

土方回填施工一次出水，标高＋3.5m 左右（常水位＋1.5～2.0m）。回填高程达到设计要求后，两侧按 1∶4 的设计要求修理边坡，为防止海水冲刷，铺设土工布，并覆盖土袋进行防护。土工布设计标准为 40kN/m，铺设一层，土袋厚 500mm，土工布及土袋分别在现场缝制及填充，待验收合格后人工铺设，水下区由潜水员配合铺设。

LNG 罐区回填后，根据后续地质钻孔探明罐区内残留淤泥厚度，进行地基处理。钻孔布置图如图 9-27 所示。

**2. 实施效果分析**

通过对回填区进行地质钻孔得知，首期 2 个储罐区仅西南角面积约 4000m² 范围内有部分残留淤泥，其余约 5.5 万 m² 范围内无残留淤泥。地基承载力试验结果表明，施工结果满足地基承载力 120kPa 的设计要求。完工后场区整体沉降均匀，无明显不均匀沉降。

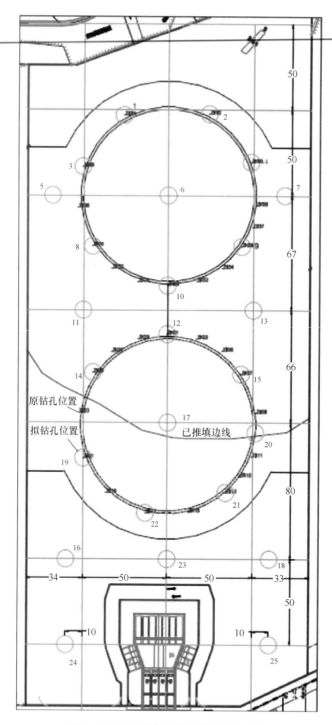

图 9-27　LNG 罐区回填后钻孔布置图

### 3. 经济效益分析

按照市场砂价 250 元/m³ 和其他工程弃土单价 45 元/m³ 统计，本次施工节约工程费用约 2.2 亿元；相较于吹填淤泥预压加固方案，工程节约费用约 600 万元，经济效益可观。此外，采用工程渣土回填方案，工程渣土量充足，施工速度快，保障了建设单位节点工期的实现，也取得了良好的社会效益。

### 9.3.5.2　机制角砾材料在排水垫层中的应用

本节针对机制角砾料应用于真空预压深层地基处理排水垫层，进行施工技术、排水及加固效果和经济效益等方面的分析。

**1. 施工方案优化**

本工程地基处理面积共约 188364m²，分为 A、B、C、D、E 区，A 区 20737m²，B 区 78587m²，C 区 35277m²，D 区 32628m²，E 区 21135m²，其中 A、E 区采用真空预压工艺，B 区采用堆载预压工艺，C 区采用真空联合堆载预压工艺。考虑到真空预压，本工程采用了新技术，即通过蝶形接头将排水板和排水管路直接相连，以有效减少排水垫层厚度。由于中粗砂价格居高不下，且供应难以保障，故将原设计方案中的 2m 厚中砂垫层（A、B、C、E 区）调整为 0.6m 厚机制角砾垫层，堆载砂调整为堆载土，垫层调整后的地基处理分区图和主要施工步骤如图 9-28 和图 9-29 所示。

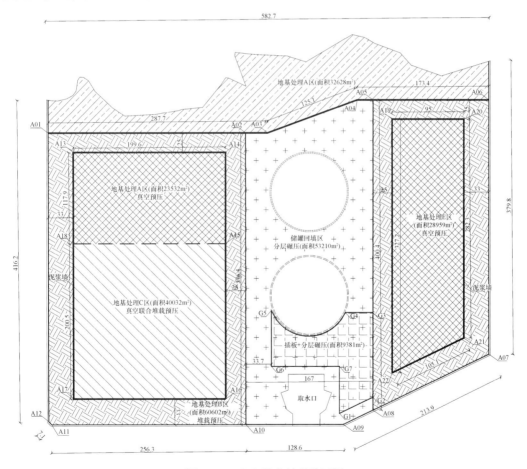

图 9-28　LNG 地基处理分区图

与原设计方案相比，在排水垫层和堆载料调整后，为保证达到预定的真空度，防止机制角砾料刺破密封膜，将密封膜下和膜上的无纺土工布（350g/m²）由 1 层均调整为 2 层。

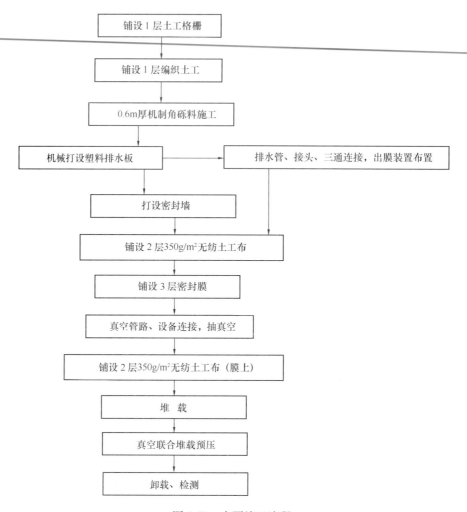

图 9-29　主要施工流程

**2. 施工技术分析**

排水垫层采用的机制角砾料为建筑垃圾再生骨料，见图 9-30。

机制角砾料（再生骨料）的颗粒级配是其基本的物理性质之一，基于已有学者的研究成果，粒径为 0~5mm 的骨料占比较少，粒径为 5~14mm 的占比超过 80%[8]。

本案例中，机制角砾料被用于真空预压和堆载预压地基处理的水平排水垫层，具有以下特点：

（1）机制角砾料的骨料空隙较大，渗透系数远大于中砂，作为水平排水垫层有更好的排水效果；

（2）机制角砾料的内摩擦角较大，在排水板打设过程中，不会像中砂一样因为砂土局部液化导致承载力骤降而影响插板施工，插板施工的进度和安全有保证；

（3）机制角砾料多尖锐和棱角，在密封膜下需考虑增铺一层土工布，即由原设计的铺设 1 层 350g/m² 无纺土工布调整为铺设 2 层 350g/m² 无纺土工布，以防止密封膜在真空压力作用下被刺破。

图 9-30　垫层采用的机制角砾料

机制角砾料运输、摊铺施工过程见图 9-31。

图 9-31　机制角砾料垫层施工

机制角砾料排水垫层施工完成后，进行排水板打设，见图 9-32。

排水板打设完成后，进行 2 层 350g/m² 无纺土工布的铺设施工，见图 9-33。

**3. 加固效果分析**

深层真空预压地基处理抽真空后，膜下真空度增长较快，5d 左右膜下真空度即达到 80kPa 以上，与传统真空预压的中粗砂垫层相比（7～14d 膜下真空度达到 80kPa 以上），角砾料的水平排水垫层真空度传递得更快，且由于膜下有 2 层 350g/m² 无纺土工布，在膜下真空压力达到 80kPa 以上后，密封膜未有破损，真空度保持较好，说明机制角砾料可完全替代中粗砂垫层。

**4. 经济效益分析**

原设计方案中，A 区 20737m²、B 区 78587m²、C 区 35277m² 和 E 区 21135m² 的中粗砂垫层厚度为 2m，将中粗砂替换为角砾料后，对其经济性进行分析，见表 9-3。

图 9-32　排水板打设施工

图 9-33　膜下 2 层 350g/m² 无纺土工布的铺设

表 9-3　机制角砾料作为排水垫层后的经济性分析

| 区域 | 砂工程量 (m³) | 角砾料工程量 (m³) | 砂单价 (元/m³) | 角砾料单价 (元/m³) | 合价 1 (砂) (元) | 合价 2 (角砾料) (元) | 增铺土工布费用 | 备注 |
|---|---|---|---|---|---|---|---|---|
| A 区 | 41474 | 8294.8 | | | | | | |
| B 区 | 157174 | 31434.8 | 250 | 80 | 77868000 | 4983552 | 300000 | 砂的厚度为 2m，角砾料的厚度为 0.6m |
| C 区 | 70554 | 14110.8 | | | | | | |
| E 区 | 42270 | 8454.0 | | | | | | |
| 合计 | 311472 | 62294.4 | — | — | — | — | — | — |

由表 9-3 可知，设计方案优化后，采用机制角砾料替代中砂可大量节约成本，且市场上角砾料来源充足，施工进度和质量均可得到保证，具有很好的经济效益和社会效益。

## 9.4　广州港南沙港区四期码头工程案例

### 9.4.1　项目概况

广州港南沙港区四期码头位于粤港澳大湾区核心区域，珠江口龙穴岛中部，通江达海，地理位置优越。为了适应未来科学技术进步、产业结构升级、劳动力成本增加等发展趋势，作为支撑广州成为国际航运中心的广州港南沙港区四期工程，将建设成为全球首个集人工智能、卫星导航、精准定位、大数据、云计算、安全防范等前沿科技为一体的新一代"全自动化集装箱码头"，打造自动化码头的新标杆。

码头设计年通过能力为 490 万 TEU，其中海轮码头设计年通过能力为 300 万 TEU，驳船泊位设计年通过能力为 190 万 TEU。

项目建设 2 个 10 万 t 级和 2 个 5 万 t 级集装箱泊位（水工结构均按靠泊 10 万 t 级集装箱船设计建设），泊位长度 1460m；12 个 2kt 级集装箱内河驳船泊位（其中与 5 万 t 级泊位相接的 2 个泊位水工结构按靠泊 1 万 t 级集装箱海船设计建设，其余 10 个泊位水工结构按靠泊 1kt 级集装箱海船设计建设），泊位长度 984m；4 个工作船泊位，泊位长度 200m。

码头陆域纵深 650～840m，陆域总面积约 120.6 万 $m^2$，主要分为前沿作业区、集装箱堆场、道路、辅建区及配套设施、预留场地等。广州港南沙四期工程整体效果如图 9-34 所示。

图 9-34　南沙四期自动化码头项目鸟瞰图

本项目是在原陆域工程区域范围内，利用工程渣土材料进行部分区域的吹填，陆域增高至设计标高的同时进行软基处理，其区域位于工程西南侧，如图 9-35 所示，处理面积约为 35 万 $m^2$，约占总面积的 30%。

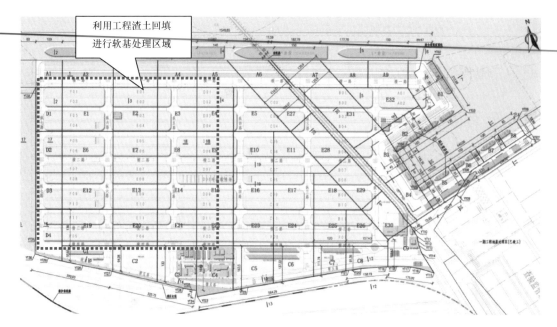

图 9-35　南沙四期工程渣土材料吹填区域示意图

## 9.4.2　工程渣土在本项目中的应用背景

### 9.4.2.1　砂土在本项目地基处理中的使用情况

本项目场区内的淤泥、淤泥质土等软土层厚度较均匀，原状淤泥和淤泥质土层厚度较大，原状软土和吹填疏浚软土总厚度约 20m。该软土层具有高含水量、高孔隙比、高压缩性、易触变、承载力低等特性。我国南方沿海处理软土地基的主要方法之一为真空预压法，该方法自 20 世纪 80 年代在我国成功应用以来，在淤泥类软土地基的加固处理中得到了广泛使用，是经济、适宜、可行、有效、快速的地基处理方案。本工程主要采用真空预压法对软土层进行地基处理。

真空预压方案工作原理为利用抽真空装置抽气时在密封膜内外形成大气压差，并通过抽真空设备→主管→滤管→砂垫层→排水板的顺序传递压差，土体中的孔隙水在压差作用下沿排水板、砂垫层、滤管排出，从而达到土体加固的目的。真空预压主要流程如下：

（1）在吹填淤泥至设计标高基础上吹填厚中细砂，铺一层土工垫层。

（2）在吹填中细砂基础上吹填中粗砂垫层，砂垫层内埋设带有滤水孔的分布管道，砂垫层上方覆盖不透气的密封膜与大气隔绝。

（3）插塑料排水板打穿淤泥或淤泥质土层。

（4）插完塑料排水板后进行泥浆搅拌墙施工。

（5）当固结度达到设计要求时卸载，并整平场地至交工标高。

真空预压法中砂垫层扮演的"角色"有 3 个：其一，在传递大气压差的过程中作为排水通道，保证土体中的孔隙水顺畅排出；其二，同时考虑到吹填的淤泥等软土承载力低，砂垫层铺设在吹填软土表层中可形成硬壳层，为后续施打排水板的机械设备及铺设滤管、密封膜的施工人员提供进场条件；其三，砂垫层可以作为道路堆场结构的基层，港口工程地基工作区深度一般取 1.5m，工作区范围内的土质要求较高、压实度要求也较高。

因此，真空预压技术需要砂垫层具有良好的透水性，其中细砂垫层要求含泥量不大于 10%，渗透系数不小于 $1 \times 10^{-3}$ cm/s，垫层砂干密度不小于 $15kN/m^3$；中、粗砂垫层，含泥量不大于 5%，渗透系数不小于 $5 \times 10^{-3}$ cm/s，垫层砂干密度不小于 $15kN/m^3$。

真空预压中砂垫层厚度约 1.5m，积少成多之下，当地基处理面积较大时，砂的用量也将十分巨大。本项目地基处理总面积约 120 万 $m^2$，地基处理用砂量约 180 万 $m^3$。

本工程细砂和粗砂主要考虑利用海砂，其中海砂可利用本工程疏浚砂，充分利用疏浚砂可节省回填料采购费用和疏浚砂外抛费用，在疏浚砂不能满足工程要求的情况下才可考虑外购海砂。

自 2017 年以来，全国砂石料资源供应日趋紧张，在珠三角区域更是有巨大的缺口。近年来，随着粤港澳大湾区工程建设需求不断增大，而砂石厂因许可证到期、环保政策等原因而陆续关闭，导致砂石开采量和存量明显减少。

2018 年，广东省价格监测中心发布调查报告显示，以广州的关闭力度为例，截至当时的统计时间，珠江口原有的 5 个合法采砂点已经关停 4 个；洗砂场 48 个已经关停 41 个；砂石堆场码头 139 个已关停 111 个。全省采石场从 2017 年的 1057 家，在 2018 年内减少超过 250 家，如清远阳山县原有的 3 家开采碎石企业现全部关停。从需求量来看，2017 年，广东省仅预拌混凝土站需要砂的用量就达 6840 万 $m^3$，而 2018 年，全省河砂计划开采量仅有 393.3 万 $m^3$，缺口巨大。

2020 年 4 月，广东省价格监测中心再次公布的调查显示，2019 年四季度，广东大型工程基建项目密集施工，砂石、混凝土等建材市场需求达到顶峰，建材价格大幅上涨，创年内新高，直至新冠疫情期间全国停工停产才回落。从 2020 年全年来看，广东省将新基建项目作为重点投资对象，已公布计划投资 7000 亿，预计全年建材需求总量高于往年，供需缺口将更加凸显。

随着市场上砂价不断提高，广州港南沙港区砂垫层价格从 10 年前的 50～60 元/$m^3$，一路涨到南沙港区四期工程开工时的约 120 元/$m^3$。在本工程建设过程中，砂源一直都十分紧张，砂价虽有起伏，但是一直维持在高位，最高甚至达到 300 元/$m^3$，造成工程投资大幅增加，严重影响了工程建设进度。

考虑到如果通过合理选择工程渣土类别，控制好工程渣土质量，那么经过浅层处理的工程渣土可以替代砂土作为施工垫层，满足后续施工机械的进场需要，并且可以作为道路和堆场的基层，满足后续道路和堆场等上部结构的使用要求。因此，有必要对后续部分尚未回填砂垫层的区域，用工程渣土替代砂层，并对地基处理方案进行优化调整。

### 9.4.2.2 工程渣土在本项目地基处理中的应用

砂源储量锐减，砂价飞涨，项目因此受到巨大冲击。本项目在大面积地基处理采用传统工艺进行真空预压的同时，考虑在部分范围采用直排式真空预压工艺。

直排式真空预压的主要工作原理是将排水板和滤管直接连接，抽真空时，真空度通过真空设备→主管→滤管→排水板的顺序传递，土体中的孔隙水通过排水板、滤管、主管排出。直排式真空预压工艺取消了砂垫层的水平排水通道作用，砂垫层仅作为后续施工机械进场的施工垫层。

与传统真空预压工艺不同，砂垫层在直排式真空预压工艺中的地位已不是不可替代，因此对于砂源紧张、砂价高企的地区，可以因地制宜，根据当地的材料来源采用其他材料替代砂垫层作为施工垫层。

本项目位于珠三角地区，周边城市在房建工程、市政工程、轨道交通工程建设过程中会产生大量工程渣土，其中部分工程渣土土质较硬，易于形成硬壳层，适合铺设于软土表层。因此，本项目在直排式真空预压处理范围中，采用工程渣土替代砂土作为施工垫层，满足了后续施工机械的进场需要，并且可以作为道路和堆场的基层，满足后续路场等上部结构使用要求。

## 9.4.3 工程渣土"盾构土"的来源

### 9.4.3.1 广州地区工程渣土处置现状

近年来，广州市各种工程渣土年均排放量已经超过 2400 万 $m^3$，约有 2100 万 $m^3$ 是建设工程开挖产生的，主要由地铁工程产生。这些工程渣土，主要通过专门的消纳场地回填，大部分运往佛山、中山、东莞等地回填，仅有小部分用于建设工地源头自我平衡及工地间相互利用回填，进行循环利用。

整个工程渣土处理和运输过程中，建筑废弃物偷排、乱排现象时有发生，路面余泥成片、某地一夜之间冒出一座"建筑垃圾山"等情况仍然存在。管理好地铁项目"盾构土"的处置是工程渣土处理的重点。

广州市工程渣土处理主要通过消纳场来解决，利用专门的消纳场堆放工程渣土，不仅占用大量土地，运输和倾倒过程产生撒漏、粉尘、灰砂飞扬等问题会造成环境污染，危害人民群众身体健康。

近年来，工程建设力度越来越大，地铁建设规模也越来越大，因此，相关单位有必要做好建筑废弃物等工程渣土的循环利用和资源化工作，避免远距离运输带来的道路交通压力、环境污染，尽量少占用消纳场容量。

根据《广州市建筑废弃物管理条例》，工程渣土处理应当遵循减量化、资源化、无害化原则。广州市地方政府已经制定了生产、销售、使用工程渣土等建筑废弃物综合利用产品的优惠政策，并采取措施，扶持和发展建筑废弃物综合利用项目，鼓励企业利用建筑废弃物生产建筑材料和进行再生利用。当地政府还要求在工程建设过程中，建设单位在满足使用功能的前提下，优先选用工程渣土作为路基等回填材料。

工程渣土处理常用消纳场所包括消纳场、土地平整工程、生态修复工程、围填海工程、回填项目等，另有部分用于生产再生建材进行循环利用。

根据现状来看，广州对建筑垃圾的处理方式仍以填埋为主，广州产生的建筑垃圾只有12.5%（约 300 万 $m^3$）能够直接利用作为建设工程的建筑骨料、道路垫层以及建筑材料的生产原料。根据广州市的实际情况，消纳场剩余容量比较紧张，一般维持在 1500 万 $m^3$ 左右，需要当地政府每年不断规划增加新的消纳场来容纳工程渣土。

不断提高工程渣土的循环利用比例，不但可以解决消纳场地占地越来越大、造成土地资源浪费的问题，还可以部分解决砂石料等建筑材料供应紧张、价格飞涨的问题。

港区成陆工程具有用土量大、土质要求较低等特点，并且工程用土可以通过水上运输运至场地内。水运运输具有运量大、施工速度快、不占用道路，以及撒漏、粉尘、灰砂飞扬问题小等优点。

近年来，珠三角地区港口工程土方需求量大，通过分选利用广州地区工程渣土，可以解决大量工程渣土去向问题，大大减轻工程渣土处理压力。

#### 9.4.3.2　广州地区工程渣土性质

广州地区的工程渣土，一般称为建筑废弃物，主要分为余泥、余渣、泥浆和其他废弃物四类。目前广州建筑废弃物年均排放量约为 2400 万 $m^3$，其中，下挖余泥约为 2100 万 $m^3$，拆卸类工程渣土约为 300 万 $m^3$。

广州市土地类型多样，地形复杂，地势自北向南降低，东北部为中低山区，中部为丘陵盆地，南部为沿海冲积平原。由于受各种自然因素的互相作用，广州市形成多样的地貌类型，主要可划分为以下几种：

（1）中低山地：是海拔 400～500m 以上的山地，主要分布在广州市的东北部，一般坡度为 20～25°以上，成土母质以花岗岩和砂页岩为主。

（2）丘陵地：是海拔 400～500m 以下垂直地带内的坡地，主要分布在山地、盆谷地和平原之间，在增城区、从化区、花都区以及市区东部、北部均有分布，成土母质主要由砂页岩、花岗岩和变质岩构成。

（3）岗台地：是相对高程 80m 以下、坡度小于 15°的缓坡地或低平坡地，主要分布在增城区、从化区、白云区和黄埔区四区，番禺区、花都区、天河区亦有零星分布，成土母质以堆积红土、红色岩系和砂页岩为主。

（4）冲积平原：主要有珠江三角洲平原、流溪河冲积的广花平原以及番禺区和南沙区沿海地带的冲积、海积平原，土层深厚。

（5）滩涂：主要分布在南沙区南沙、万顷沙和新垦镇沿海一带。

广州地区第四系土层划分为四大层（见表 9-4），第一层为人工活动影响的表层土，第二层为全新世三角洲相（海陆交互相）沉积或陆相冲洪积沉积的淤泥、淤泥质土、黏性土和砂性土，第三层为更新世三角洲相（海陆交互相）沉积或陆相冲洪积沉积的淤泥、淤泥质土、黏性土和砂性土及坡积土，第四层为原岩风化残积土。

表 9-4　第四系土层划分表

| 序号 | 成因类型和沉积时代 | 主要土层 |
|---|---|---|
| 第一层 | 表层土（$Q_4^{ml}$） | 杂填土、耕土、冲填土、素填土 |
| 第二层 | 全新世（$Q_h$）三角洲相（$Q_4^{mc}$）和陆相冲洪积（$Q_4^{al+pl}$）沉积土 | 三角洲相（$Q_4^{mc}$）：淤泥、淤泥质土、淤泥质砂土、灰色或灰黑色砂土（松散）、灰色或灰黑色黏性土（主要为软塑） |
| | | 陆相（$Q_4^{al+pl}$）：灰色或灰黄色黏性土（主要为软塑、层薄）、灰色或灰黄色砂土（主要为松散）、淤泥和淤泥质土 |
| 第三层 | 更新世（$Q_p$）三角洲相（$Q_3^{mc}$）和陆相冲洪积（$Q_3^{al+pl}$）沉积土或坡积土（$Q_3^{dl}$） | 三角洲相（$Q_3^{mc}$）：淤泥、淤泥质土、灰黄或灰白色砂土（稍密以上、部分松散）、灰色或灰黄色黏性土（软塑至可塑、少部分硬塑） |
| | | 陆相（$Q_3^{al+pl}$）：灰黄、灰白或花斑色黏性土（可塑至硬塑为主、层厚大）、灰黄或灰白色砂土（稍密至中密为主）、淤泥和淤泥质土 |
| | | 坡积土（$Q_3^{dl}$）：黏性土 |
| 第四层 | 残积土（$Q_3^{dl}$） | 碎屑岩类风化残积土：黏土、粉质黏土、粉土 |
| | | 岩浆岩和变质岩类残积土：砂质黏性土、砾质黏性土、黏性土 |
| | | 石灰岩类残积土：红黏土 |

残积土层以下为岩层。不同区域残积土层岩性不同，越秀区、天河区及海珠区主要是红

色的沉积岩残积土，而花都区、从化区、黄埔区、番禺区延伸至南沙区一般是变质岩残积土，类似于花岗岩或花岗片麻岩、片麻岩等，白云区基本是灰岩。

淤泥层主要分布在珠江水网的两岸，冲积平原和滩涂区域范围内，包括老城区、番禺区、南沙区等广大地区，地面标高2～8m，地形平坦；沉积物多为灰色、深灰色的淤泥、淤泥质土等。

山地、丘陵、岗台地的工程地质条件简单，基本没有不良工程地质条件；以碳酸盐为下卧硬层区域工程地质条件较为复杂；以碎屑岩为下卧硬土层区域，主要工程问题是表层软土、上部饱和砂层。

根据现状，拆卸类工程渣土一般性质较好，可以利用为各类道路垫层骨料、低强度等级混凝土骨料以及墙材原料；约2100万 $m^3$ 的下挖工程渣土中，部分质量较好的砂土、风化岩、碎石等可用作道路的路基填土，部分利用为回填工地基坑和待开发建设用地标高的填充料，还有少量用于园林绿化和造景，其余主要在消纳场处理。

结合广州地区的地质条件概况，并考虑到目前工程渣土主要是地铁工程和建筑基坑工程开挖产生的，珠江水网范围内冲积平原和滩涂以外区域的开挖料大部分性质较好，以粉质黏土、黏质粉土、砂土、风化岩、碎石等为主，可以满足港口工程的需要。将广州地区工程渣土用于港口工程，不但可以解决工程渣土处置问题，而且可以大大降低工程造价，缩短工程工期。

## 9.4.4 工程渣土在本项目中应用实施方案

### 9.4.4.1 设计标准

本项目中对工程渣土的利用主要是解决港区陆域部门区域的增高，软基处理后的设计指标如下：

（1）使用荷载。场地使用荷载按50kPa考虑。

（2）大面积场地交工标高。大面积场地使用标高为6.0m，预留约0.70m结构层后，地基处理后交工标高为5.30m。

（3）工后残余沉降。使用期主固结残余沉降不大于25cm。

（4）交工标高处地基承载力。地基处理后交工面的地基容许承载力大于120kPa。

### 9.4.4.2 场地条件

整个陆域范围原始地形以水塘为主，水塘内的泥面标高约为－1.0～＋3.0m，水塘的塘梗顶标高约为＋4.0～＋5.0m。

根据地质勘察资料，本工程天然地基土层自上而下依次为淤泥、淤泥质土、砂层、砂混黏性土或黏性土混砂、粉质黏土等，需进行加固处理才能满足场地使用要求。

### 9.4.4.3 设计方案

本工程大面积软基处理主要采用南沙地区成熟可靠、应用广泛、经验丰富的真空预压工艺。软基处理前须填筑吹填围堰形成围闭结构，并吹填疏浚土成陆。

本工程真空预压处理总面积约为120万 $m^2$，每个真空预压分区面积约为2～3万 $m^2$。场地内约85万 $m^2$ 范围内场地采用传统真空预压法进行处理，在吹填疏浚土上部铺设了1.5m厚的砂垫层（1.0m中细砂＋0.5m中粗砂）。其中，中细砂垫层垫层要求含泥量不大于10%，渗透系数不小于 $1×10^{-3}$cm/s；中粗砂垫层要求含泥量不大于5%，渗透系数不小

于 $5 \times 10^{-3}$ cm/s。

此外，工程尚有 35 万 m² 场地未进行地基处理，仍需大量砂料。已施工砂垫层部分外购，部分利用港池航道疏浚砂，目前，港池航道疏浚砂已经开采殆尽，市场上砂源日趋紧张，砂价不断上涨，迫切需要调整地基处理方案，减少砂料用量。

将砂垫层改为工程渣土可以大大减少外购砂的工程量，但是一般工程渣土渗透系数较低，排水性能较差，不能作为水平排水层，真空预压需要由传统工艺调整为直排式工艺，即将塑料排水板与真空管路直接相连，真空度通过真空滤管直接传递到排水板中。

根据道路与堆场使用要求，采用吹填疏浚软土成陆的地基，地基顶面（地基处理交工面）以下的性质良好土层厚度应大于 1.2m。中粗砂和中细砂受力性质较好，易于压实，很容易满足后续道路和堆场等上部结构使用要求，因此，传统真空预压地基处理工程中普遍采用砂料作为垫层，既可以满足结构需要，又可以起到排水垫层的作用。图 9-36 和图 9-37 为两种真空预压工艺的典型断面图。

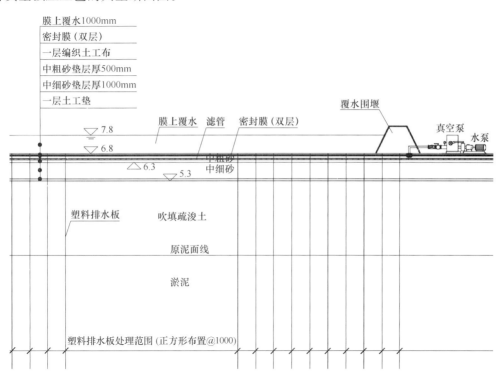

图 9-36　砂垫层真空预压典型断面图（滤管间距 6m）

将砂垫层改为工程渣土，对工程渣土性质和回填施工都有较高的要求。

**1. 工程渣土性质要求**

由于城市工程渣土性质多样，替代砂垫层的工程渣土要求性质良好，易于压实，并且 CBR 不小于 5%。

工程渣土可以是开山土、碎石土、砂土、黏质砂土、粉质砂土、砂质黏土等，上述土类的混合土也可用于场地回填；不得采用淤泥、淤泥质土、泥炭、膨胀土、草皮、腐殖土、耕植土以及有机质含量大于 5% 的土等。

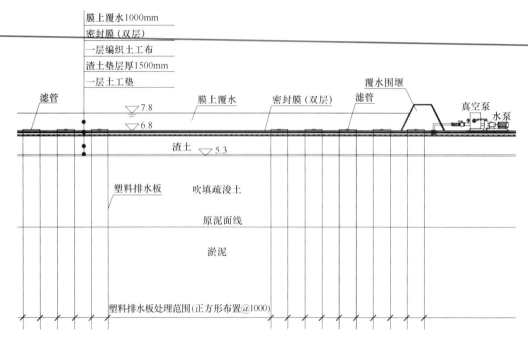

图 9-37　工程渣土垫层真空预压典型断面图（滤管间距 2m）

**2. 工程渣土回填施工要求**

考虑到场地软土厚度较大、强度较低，应通过水上运输将工程渣土运至工程项目所在地，采用分区、分层均匀吹填的方式进行工程渣土回填施工，可以确保工程渣土厚度均匀。回填完成后的场地具有较高的地基承载力，为下一阶段的打设塑料排水板、打设密封墙等提供良好的场地。

避免在工程渣土回填过程中发生严重挤淤，形成淤泥包，以免给后续施工带来困难，影响其施工进度和工程质量。

若表层软土强度很低，施工区域可能发生严重挤淤，可铺设一层土工垫层；在工期允许的条件下，吹填土尽量考虑一定时间的晾晒，为工程渣土回填提供较好的施工条件。

一般工程渣土透水性较差，当降雨量较大或插板后排水板排水形成积水，场地内排水不畅时，地表承载力会大大降低，会导致排水板施打困难，并可能会影响管路和密封膜等的施工，延长施工工期。因此，施工单位需要做好地表排水措施，及时排出地表积水。

### 9.4.4.4　施工方案

本工程地基处理总面积约为 120 万 $m^2$，其中约 85 万 $m^2$ 的场地采用传统真空预压工艺进行处理，吹填疏浚土上部回填 1.5m 砂料作为工作垫层；另外约 35 万 $m^2$ 场地采用直排式真空预压工艺进行地基处理，吹填疏浚土上部回填 1.5m 工程渣土作为工作垫层，回填量约为 52.5 万 $m^3$。工程渣土吹填施工实景见图 9-38。

工程渣土回填采用绞吸船进行吹填施工。绞吸式挖泥船具有挖掘适应性强、施工效率高的特点。

施工过程中绞吸船尽量靠近吹填区，水上管线尽量采用沉管，以减少占用水域，保证通航安全。定点吹填，减少移船次数。

图 9-38　工程渣土吹填施工实景图

工程渣土吹填质量控制要点如下：

（1）从吹填区远离排水口处开始吹填，逐渐向排水口方向靠近，以增加吹填尾水中泥浆沉淀时间，减少对周边水域环境的影响。

（2）吹填管线布设和间隔距离根据实际吹填土的成陆情况和吹填土的自然流淌坡降确定。本工程围区内部吹填管线是通过架管隔堤进行延伸布置的（图 9-39），根据实际吹填高程监测情况，及时调整架管隔堤的布置走向，进而延伸管线进行吹填施工，确保吹填标高和平整度。

图 9-39　工程渣土吹填管线铺设实景图

（3）吹填区内水位由排水口闸板控制，随吹填泥面及吹填区内的水位增高而逐步加高，一般高出吹填泥面 0.3m，直至吹填至设计吹填标高。

吹填施工时，需布设一条吹填管线，布置原则如下：

（1）水上管线采用浮管，浮管尽量靠近一期围堰一侧，以减少占用通航水域。

（2）吹填管口应与围堰保持一定的距离（大于 20m），以确保围堰的整体稳定性。

（3）吹填管口尽量远离排水口，使水流有较长的流程，以增强泥浆在吹填区内的沉淀效果。

（4）吹填管线泥浆出口处设置消能头，以减少管头的冲刷，避免管头形成较大的冲坑，保证吹填平整度。

（5）管线三通位置安装新型液压闸阀，闸阀自带柴油机，绞吸船在不停机的状态下可自由切换管线，避免因绞吸船停机切换管线影响施工时间。

（6）目前管线进场长度为 2000m，其中浮管 800m、岸管 1200m。根据吹填施工情况，及时调整管线长度。

## 9.5 本章小节

在围填海及陆域大面积回填工程中，疏浚土与砂作为回填料被广泛应用，特别是在软基处理阶段，砂料用量大，面对如今地材来源匮乏和造价高昂的现状，采用工程渣土作为填海工程回填料和软基处理硬壳层将成为发展趋势。

本章以在填海及陆域大面积回填工程中采用工程渣土的应用背景为出发点，选取三个填海或码头工程案例，分别针对工程渣土的来源和种类、应用工程规模和实施方案进行详述。中国香港国际机场第三跑道填海工程成功对大量工程渣土进行筛分回收，并用于水下回填、陆上回填碾压；深圳液化天然气应急调峰站项目配套码头工程采用工程渣土材料进行水下回填与真空预压、堆载预压地基处理的水平排水垫层；广州港南沙港区四期工程将工程渣土材料应用于造陆的吹填料和软基处理的硬壳层。这三项工程均是首次将工程渣土在大型填海及陆域大面积回填工程中大规模回收利用的成功案例，既解决了工程渣土库存、堆填及回收利用的难题，也为未来大型填海及陆域大面积回填工程回填料提供了替代来源解决方案，实现了工程渣土环保型、资源化回收利用。

以此可以展望，基于目前社会与环境的发展现状和趋势，工程渣土在围填海及陆域大面积回填工程中的应用前景十分广阔。

**参考文献**

［1］《废物处置（建筑废物处置收费）规例》（第 354 章，附属法例 N）.

［2］ OSMANI，PRICE. Architects' perspectives on construction waste reduction by design[J]. Waste Management，2008，28(7)：1147-1158.

［3］ 刘贵文，陈露坤. 香港建筑垃圾的管理及对内地城市的启示[J]. 生态经济(学术版)，2007(02)：227-230.

［4］ LAU H H，WHRTE A，LAW PL. Composition and characteristics of construction waste generated by residential housing project[J]. International Journal of Environmental Research，2008，2(3)：261-268.

［5］ 周子京. 工程人生：香港基建 50 年[M]. 中国香港：香港大学出版社，2003.

［6］ 王家磊．某机场工程回填建筑废物冲击碾压试验研究［J］．四川水泥，2016(10)：69-70.

［7］ 周豪奇，张云宁，赵杰．基于灰色预测模型的建筑垃圾产量研究［J］．武汉理工大学学报(信息与管理工程版)，2016，38(5)：612-615.

［8］ 蒋帅，徐安花，房建宏，等．水泥稳定再生骨料的力学性能研究［J］．青海交通科技，2020，32(1)：76-80＋99.

# 10  结论与展望

　　建筑业作为国民经济的重要物质生产部门，与整个国家经济的发展、人民生活的改善有着密切的关系。我国建筑业持续快速发展，城市建设不断扩张，建筑高度和密度不断提升，建筑业总产值始终保持递增态势，城市发展逐步由增量扩张转向存量优化。大规模城市建设和更新改造活动产生了大量建筑垃圾，是城市固废管理面临的突出难题。

　　工程渣土是我国五大类建筑垃圾中数量最大、问题最严重的一类。建筑业作为我国的支柱产业，在促进我国国民经济增长的同时，也产生了大量基坑土、开槽土、盾构土，占用土地、污染水体、污染空气、影响市容，加剧土地和资源的紧张局面，阻碍经济、社会和环境可持续发展。工程渣土资源化利用是缓解垃圾围城、避免或降低生态环境风险、实现循环经济绿色发展最积极、有效的措施，也是目前垃圾资源化利用领域学术界、工程界的头等大事。

　　本章在全面、详细阐述工程渣土资源化技术与应用的基础上，总结了工程渣土资源化、减量化、无害化相关理论和技术，包括工程渣土资源化五个应用方向；同时，从科研的角度，对未来工程渣土资源化理论和技术的发展进行了展望；最后，以从业者和政府的视角，分别从综合利用、处理模式和全过程管理角度，对工程渣土资源化、减量化目标及如何实现进行展望。

## 10.1  我国工程渣土资源化技术体系现状总结

### 10.1.1  工程渣土资源化及减量化评价体系

#### 10.1.1.1  资源化理论与方法

　　资源化是固废防治三大原则之一，同时也是循环经济核心原则之一。根据《中华人民共和国循环经济促进法》，资源化指将废物直接作为原料进行利用或者对废物进行再生利用。与减少产生量不同，资源化是在废物产生后进行的活动，能够减少废物排放，极高的资源化率还可以提高废物利用率，实现废物零排放。建筑垃圾的定量评价包括直接法和间接法。直接法一般指量化建设各阶段建筑垃圾的减量重量或体积；间接法即通过一系列间接因素对建筑垃圾的减量化效果进行评价，如生命周期评价法、专家打分法、层次分析法等。

#### 10.1.1.2  减量化理论与方法

　　减量化也是循环经济活动的行为准则（"减量化、再利用、资源化"）之一，属源头控制法，即要求投入尽可能少的原料和能源达到既定的生产或消费目的，注意资源节约与废物减排。源头实现废物减量是极其关键与重要的环节，可以减少或规避后续处理处置产生的相应环境、经济和社会影响。对于工程渣土而言，它往往不需要投入额外产品原料，而集中于废物产生与排放方面。因此，人们需要在废物产生源头进行施工建设方案规划设计与比选，减少产生量，并控制与投入尽可能少的燃料能源。如通过对工程各阶段的成本预算、环境排放角度进行量化评价。其中，专家打分与层次分析法等半定量分析方法也可以用于工程渣土减量化评价方法。

#### 10.1.1.3 工程渣土堆填环境及安全评价

"渣土围城"困境凸显，我国工程渣土处理方式逐渐向资源化利用发展，但由于消纳处置量有限，传统的堆填处置仍然是工程渣土的主要处置方式。工程渣土来源于城市工程建设活动，经人工挖运后，不像天然土方开挖那样"干净"，往往会夹杂着其他杂质物质，直接堆填处理会对周边自然环境或城市生态系统带来不确定性的负面影响。与其他垃圾填埋场类似，渣土消纳场会造成相关的生态环境问题，包括对周围生物或者空气、水体及土壤等带来影响。此外，国内外多次发生严重的渣土场滑坡事故早已向社会敲响了警钟，必须高度重视渣土消纳场的安全问题，避免重大灾害的再次发生。

对工程渣土堆填进行环境及安全评价，在宏观层面上，可采用专家调查法确定渣土填埋对周边环境及安全影响的检测指标。检测指标一般指可以比较明显反映填埋场变化情况的指标，如填埋场面积或数量变化。指标权重的确定采用德尔菲法（也称专家调查法）。本专著详细阐述了工程渣土（含混杂杂物）的土壤毒害性污染、空气污染、水体污染、安全风险等方面的评估方法、指标等。

#### 10.1.1.4 资源化与减量化潜力及评价

渣土减量一般指源头减量，可以在规划设计、施工等阶段开展相应减量工作。工程渣土传统消纳方式主要包括工程回填、低洼填埋、矿山回填、竖向消纳等，处理工艺较简单，处理量有限且存在不可持续性。而渣土资源化利用则具有巨大的环境效益，可以节省原生材料，降低能源消耗，减少温室气体排放和土地资源占用率。

城市建设中产生大量余土的原因是多层次的，因此城市土石方平衡的分级控制非常必要：宏观层面，重在引导，结合城市地形设置渣土回填场地，并在城市层面建立土方调配系统，统筹协调土方跨区调配；中观层面，统筹安排土方区内调配，减少外运渣土；微观层面，强调地块土方的精细控制。

资源化过程中碳排放量为耗电所产生的碳排放量，填埋过程中的碳排放量为厌氧填埋碳排放和原生材料开采碳排放之和。以处置每吨渣土为评价基准单位对填埋与资源化进行评价，对比得出结果，渣土资源化处置相比填埋处置会减少大量的二氧化碳排放。

### 10.1.2 典型地区工程渣土理化性能数据库研究与建设

#### 10.1.2.1 工程渣土理化性能数据库现状

在发达国家，主要采取的工程渣土处理方法是"工程渣土源头消减策略"，对工程渣土控制主要采取事前为主，通过科学管理和有效控制措施，在工程渣土形成之前进行减量化，并对工程渣土采取科学手段使其变成再生资源。因此，目前国外并没有渣土数据库方面的研究与报道。在我国，目前在渣土数据库方面的研究较少，虽然部分城市开始着手研究工程渣土资源的分类和综合应用，如武汉市采取堆山造景消纳工程渣土、邯郸市用工程渣土开发出新型节能墙体材料、南京市将工程渣土填埋以前矿坑等，但都仍然处于探索和研究阶段，全国缺乏统一的相关法规保障，各地没有统一标准。因此，我国渣土数据库方面的研究亟待加强。

#### 10.1.2.2 工程渣土理化性能数据库建设方案

渣土样本取样城市的选择以我国典型地质地区划分为基础，优先考虑建筑垃圾迫切需要资源化的城市。经过仔细甄选，征求相关领域专家的意见，研究团队在全国范围内遴选出天津、乌鲁木齐、西安、成都、昆明、北京等 12 个典型代表城市。物理力学指标主要包括粒度、含水率、密度、塑限、液限、塑性指数、液性指数等；化学指标主要包括化学成分（$SiO_2$、$CaO$、$MgO$ 等）、烧失量、酸碱度等。

### 10.1.2.3　工程渣土理化性能数据库建设试点

为了保证渣土样品位置选取和渣土取样的有效性和科学合理性，研究团队在陕西省西安市开展建筑渣土样本取样试点研究，并以此为基础完善建筑渣土样本取样方案，其他 11 个城市按照该完善后的方案开展渣土取样点的布置和选取。团队按照"整体部署，分步实施"的原则推进工作，从城市地区地质特征、城市建设规划调研、渣土信息数据收集、渣土取样试验等方面展开研究。

### 10.1.2.4　工程渣土理化性能数据库的建设与运行

渣土数据库是面向广大高等院校、科研院所、企业的科技人员以及工程技术人员使用的辅助工具，因此，整体数据库的建设贯彻长远规划、逐步提升、可靠实用的思想，遵循安全性、标准性和开放性的原则，同时保证系统的先进性、实用性、成熟性、可靠性、高性能、可扩展性。根据渣土类型与数据，研究团队进行数据库软件开发，录入渣土指标，进行数据库运行。数据库建设采用百度地图的经纬度坐标系，主界面为"'十三五'国家重点研发计划-建筑垃圾资源化全产业链高效利用关键技术研究与应用——全国典型地区渣土数据库"。渣土数据库主要包含前台和后台两个界面。前台主要面向数据库的使用者开放，可以浏览数据库的具体数据，其界面的使用主要以简单、方便、实用、高效为原则；后台主要面向数据库内部管理使用，包括用户管理、数据管理、系统管理三大部分。团队从渣土数据库的需求分析、逻辑结构设计、物理结构设计、数据库实施、数据库运行和维护等方面，建立并运行全国典型地区渣土数据库。

## 10.1.3　工程渣土资源化五个应用方向

渣土类建筑垃圾的资源化处理关键技术作为渣土资源化利用的前端措施，在整个资源化过程中具有至关重要的作用，对于保护耕地、节约能源、降低建筑能耗、有效利用废弃物、减少环境污染、提高建筑工业化水平等方面具有重要意义。不同地区的渣土性能各不相同，不同工程应根据渣土的理化特性、资源化处理的技术要求，因地制宜、合理选择适宜的处置方式和应用技术，实现整体技术处置的最优化，使渣土得到有效的资源化利用。下面总结工程渣土在五种方向上的应用。

### 10.1.3.1　工程渣土在墙体材料中的应用

对于墙体材料而言，建筑渣土是一种可再生利用的资源且利用率很高。本书提出采用建筑渣土制备的烧结砖及砌块，是一种新型的墙体材料。新型墙体材料具有轻质、高强度、保温、节能、节土、装饰性好等优良特性，能够节约原材料，保护耕地，减少建筑废弃物造成的环境污染，采用新型墙体材料进行建筑建造是一项节约资源、保护生态的有效途径。

适合用于制备烧结制品的建筑渣土是以 $SiO_2$ 为主要成分的黏土质材料。通常，建筑渣土中夹杂着大块碎石、大块硬化土，应对其进行破碎处理，使用颚式破碎机、圆锥破碎机将其破碎后筛分，控制粉料最大粒径在 2mm 以内。通常，粒径小于 0.05mm 的粉料称为塑性颗粒，粒径在 0.05～1.2mm 之间的粉料称为填充颗粒，粒径在 1.2～2mm 之间的粉料称为骨架颗粒。混合料中较合理的颗粒组成应该是塑性颗粒占 35%～50%，填充颗粒占 20%～65%，骨架颗粒小于 30%。

采用新型墙体材料不但使房屋功能大大改善，还可以使建筑物内外更具现代气息，满足人们的审美要求。有的新型墙体材料可以显著减轻建筑物自重，为推广轻型建筑结构创造了条件，推动了建筑施工技术现代化进程，大大加快了建房速度。

#### 10.1.3.2　工程渣土在道路材料中的应用

经过研究与实践发现，将渣土利用于道路工程建设中，是消纳渣土最为有效的方式之一，具有消纳量大、可操作性强等特点，不仅能够满足道路工程的质量要求，而且能够降低环境污染，节约道路材料，节约工程成本，有利于社会、经济的可持续发展，是一种消纳量大、性能稳定、经济有效的资源化途径。这对提高我国建筑垃圾资源化利用率具有积极的意义，也是统筹建筑垃圾资源化全产业链的关键环节之一。不同地域的渣土理化特性差异较大，不同渣土需要进行细化分类，确定不同的稳定技术形式，分类应用于道路工程中：对于组分单一、理化性能指标良好的渣土，采用常规的稳定方式直接在现场进行应用；对于组分较为复杂、杂物含量较多的渣土，在应用前应对其进行过筛、除杂等工艺处理，将渣土中的杂物及超粒径颗粒去除。

渣土类建筑垃圾按照来源不同可分为Ⅰ类渣土和Ⅱ类渣土两大类。Ⅰ类渣土是指各类建筑物、构筑物、管网等工程拆除和建设过程中所产生的弃土，其通常与拆除垃圾和工程垃圾混在一起；Ⅱ类渣土是指各类建筑物、构筑物、管网等地基开挖过程中产生的弃土，即《建筑垃圾处理技术标准》（CJJ 134—2019）中定义的工程渣土。

渣土在使用前宜进行过筛处理，将渣土中的杂物及超粒径颗粒去除，不满足要求的渣土使用前宜采用分选、筛分、破碎等工艺进行处理，根据组分不同，采用适宜的处理工艺。Ⅰ类渣土在道路工程中的资源化利用的技术途径，主要是将无机结合料稳定分离渣土应用于道路底基层，减少工程建设对土的消耗；Ⅱ类渣土主要应用于城镇道路、各等级公路路基以及路面底基层，针对渣土不同的理化特性采用适宜的稳定方式。

#### 10.1.3.3　工程渣土在回填工程中的应用

渣土类建筑垃圾用于建筑工程回填的方式主要有地基填土、基坑（槽）或管沟回填、室内地坪回填、室外场地回填平整等，是就地利用渣土最经济的方式之一。建设项目类别不同，工程回填渣土量的比例也有所不同，且回填对土方含水率要求较高。对于高含水率的渣土，需采取脱水、化学固化或加筋等处理后才能应用于实际工程；而对于低含水率的渣土，可以通过简单处理或直接应用于加固软土地基、路基换填、土方回填等。回填渣土为碎石类土时，回填或碾压前宜洒水润湿。

工程渣土直接回填适用于建筑物、构筑物大面积平整场地、大型基坑和管沟等回填土工程。基坑回填前，施工单位应根据工程特点、填方土料种类、密实度要求、施工条件等，合理确定填方土料含水率控制范围、虚铺厚度和压实遍数等参数。

#### 10.1.3.4　工程渣土在绿化工程中的应用

建筑行业会产生大量的建筑垃圾。这些建筑垃圾可以在园林景观中利用，有的建筑垃圾需要再加工，有的则可以直接利用，渣土、混凝土块、砖瓦片、竹木料、钢材等，都是在园林景观建设中需要大量使用的材料。渣土在园林绿化工程中的应用包括作为回填材料、制备环保砌块、制备再生混凝土、造地形堆山、砌筑生态墙等。

**1. 造地形、堆山**

园林设计讲究地形规划，规划设计之初，设计师多考虑地形变换带来的景观效果，这些地形的制造可以通过建筑垃圾堆放来实现。这样可以将城市里的建筑垃圾直接就地利用，减少土壤破坏。

**2. 生态墙**

很多园林生态景观需要进行墙体建设，生态墙可以采用混凝土块、渣土等进行堆砌。将大混凝土块打成规格在 10～30cm 的小块，填充到铁丝、尼龙绳中成为墙体结构，或者加工成规整的砖石，砌筑成墙。这些都是将废弃建筑垃圾转为适宜的建筑材料的有效方法，在园林建设中用途广泛，如建筑的园林护岸、围护结构、挡土墙等。随着土壤的附着、植物的生长，这些墙体结构最后成为生态墙。

**3. 种植土基质**

园林绿化中，植物的生长介质一般用种植土，实践发现，也可以将建筑垃圾中的碎砖石、矿渣和渣土加入种植土作为种植土基质，但是需要在种植土中再加入腐殖质和有机物，以利于培育微生物和吸收污染物质的植物，达到净化土壤、增加肥力的作用。

**4. 透水铺装**

建筑垃圾中的渣土可以制成渣土砖，该砖与正常的黏土砖相比，抗压性和抗磨性有所提高，吸水性小，质轻保温，隔声性能好，并且价格低廉，使用寿命长。

### 10.1.3.5　工程渣土在围填海及其他工程中的应用

围填海工程是人类利用海洋空间资源，向海洋拓展生存空间和生产空间的一种重要手段。随着我国经济建设快速发展，填海造陆规模急剧扩大，所需的砂石量极大，这导致砂石资源紧缺、砂石材料价格飞涨，同时生态环境遭到破坏，制约了社会的可持续发展。因此，为摆脱对中粗砂资源的依赖，降低工程费用，渣土类建筑垃圾凭借其土质好、成本低、环境友好的优势脱颖而出，在填海工程中得到了越来越多的应用。

工程渣土含水率低、土质较硬，将工程渣土作为造陆工程的填料，可帮助解决工程渣土弃置的问题，因此对填海项目而言，只需少量费用即可获取价廉质优的填料，即可提高加固效果，降低工程成本，同时避免工程渣土弃置带来的环境破坏问题，一举数得。但是，工程渣土在填海施工中存在受降雨影响严重、回填碾压的施工效率相对于砂低、回填碾压的压实效果较砂差且地基处理难度较大等问题。因此，填料库内的建筑废物需经筛分、处理后，才能用于填海工程，尤其是水上部分的回填碾压需要满足严苛的标准规范要求，并需要达到一定的压实度要求，以减少地基沉降变形，提高承载力。从未来的发展趋势看，面对砂石来源匮乏和造价高昂的压力，采用工程渣土作为填海及陆域大面积回填工程填料和软基处理硬壳层等方法将得到越来越广泛的应用。

## 10.2　工程渣土资源化、减量化、无害化目标实现展望

### 10.2.1　基于市场导向，加强工程渣土综合利用

#### 10.2.1.1　完善法律法规

建筑垃圾的处置需要建筑企业和当地政府部门共同努力、协作处理。地方政府应完善各

项管理制度,加大巡查力度,做好垃圾的分类处理监管工作;健全和完善体制机制,坚持统筹规划与自求平衡结合、部门管理与公众参与互动;细化政府与设计单位、建设单位等其他参与方之间的决策过程,强化源头管理,狠抓责任落实;发挥政府的约束力和影响力,促使各部门积极主动配合,信息互通共享,逐步建立市区建筑垃圾消纳处理长效管理机制。

(1)强化宣传贯彻,使拟开工和开工项目的建设单位、施工单位、渣土运输单位、工程车驾驶员提前掌握相关政策、法规、规定和标准流程要求,使各个主体真正把建筑垃圾管理作为硬任务来完成。通过行业协会率先进行推广,充分发挥部门、企业、社会等各方力量,共同参与和监督城市建筑垃圾管理工作,实行共建、共管、共规范。

(2)完善相关规划管理,不断提高管理工作的计划性和前瞻性。一方面,抓紧编制市区建筑垃圾消纳处置布点规划;另一方面,还要适时启动市区建筑垃圾永久消纳场建设,以满足区域内项目之间和临时消纳点的平衡需求。

(3)完善年度建筑渣土消纳平衡计划。地方政府应全面预测并掌握年度市区所有拟开工和在建项目建筑渣土供需状况,科学合理制订市区建筑渣土平衡调剂方案,做到有规划、有计划、有方案。政府部门也要结合实际调整好处置费,不断完善建筑垃圾管理的配套制度建设,比如建立黑名单制度,对违反规定的行为严厉打击。同时,建筑企业内部也要健全管理制度,推动建筑垃圾处理方案得到切实的推行。

### 10.2.1.2　强力推行政策标准

通过与欧美、日本等发达国家和地区建筑垃圾相关政策法规对比,我国可以从建筑垃圾产生的源头加强控制,加强相关方责任,减少建筑垃圾产生量并提高资源化利用率。将建筑垃圾资源化利用目标纳入节能减排考核目标,建立责任考核体系,提高各级政府对建筑垃圾资源化利用工作的重视程度。明确政府各部门的职责,推动建立建筑垃圾资源化利用的合作机制。同时,利用并深入开发网络大数据平台,对建筑垃圾全程进行数据采集及过程监管,有效提高建筑垃圾资源化利用率,推动智慧城市的建设。在实际过程中,需要政府主导、多方协作、共同努力,积极推动建筑垃圾的精细化分类及分质利用,推动建筑垃圾生产再生骨料等建材制品、筑路材料和回填利用,推广成分复杂的建筑垃圾资源化成套工艺及装备的应用,完善收集、清运、分拣和再利用的一体化回收系统。

### 10.2.1.3　提高公民的绿色意识

建筑垃圾来源广泛,不仅来源于各个工程阶段,也来源于居民的随意丢弃。因此,既要加强建筑行业从业人员的绿色施工意识,也要提高公众参与度,在平常的生活和建筑装修、使用中减少建筑垃圾的产生。鼓励并落实市区建筑垃圾临时堆场设置及管理等相关规定,促进小区内装修垃圾临时堆放场所的规范化。

## 10.2.2　创新多元化工程渣土资源化处理模式

我国建筑垃圾资源化利用产业将朝着更加创新与多元化的方向发展。要高效处理和利用建筑废弃物、发展循环经济,就必须形成完整的建筑废弃物处理产业链。建筑垃圾综合利用产业具体有以下几种发展模式。

### 10.2.2.1　多种固废协同利用和区域产业协同发展减量模式

目前,水泥等建材行业已经利用本行业设施开展固体废物利用协同处理实践,其他行业也已经取得很好的效果。我们可以期待,未来建筑垃圾及其他多种固废协同处理将有长足的发展,实现固废产生者、处理者和处置设施拥有者的三赢局面,并推动建筑垃圾综合利用产业向纵深发展,从而在模式上减量。该模式以固废协同利用为核心,以整体利用和高附加值利用为手段,着力推进固废综合利用与各行业基础设施建设的深度融合,建立固体废弃物跨行业跨区域优化利用和循环利用的市场体系。

### 10.2.2.2 综合利用产品的高技术加工、高性能化、高值化减量模式

创新生产技术,提高建筑垃圾再生制品原料的品质,提高再生建筑材料的市场竞争力,是促进建筑垃圾循环、实现整体减量的根本。鼓励大学、企业界、研究机构协同合作,共同研究开发建筑废弃物处理技术,为企业开展废弃物再生、循环利用提供技术支持。从业人员还可借助全生命周期评价等分析方法对建筑垃圾进行全产业链分析,分析产业链上不同主体之间的物质流、信息流、价值流、资金流关系,以及行业发展初期、成熟期、衰退期的产业结构特征,识别现阶段产业发展问题,从而促进产业链内延伸合作、提高建筑垃圾再生产品使用比例、建立建筑垃圾回收回用产品认证推广体系,让固废综合利用的技术方案评价有更科学的方法。随着绿色制造、绿色建筑理念的发展,产品标准和绿色建筑评价标准要求将会越来越高,市场需求将倒逼建筑垃圾综合利用产业的创新发展和转型升级,促进该产业向高性能化、高值化方向发展。

### 10.2.2.3 精细化利用、促进产业融合和拓宽应用范围减量模式

随着新材料和新技术的不断应用,一些更加先进的垃圾处理方式也可以运用到建筑垃圾处置中,例如,对建筑垃圾进行统一回收,并运送到资源一体化处理工厂,在工厂分拣、筛选、分类和处置,采用高度智能化和自动化技术进行垃圾处理,实现回收效率的提升。对于建筑垃圾的综合利用应该分层次,分配好"低级利用"(即现场分拣利用,一般性回填等)、"中级利用"(即用作建筑物或道路的基础材料,经处理厂加工成骨料,再制成各种建筑用砖等)、"高级利用"(如将建筑垃圾加工成水泥、沥青等再利用)的占比。明确再生产品质量检验执行标准,细化应用工程部位,保障建设工程质量安全。规范现有市场,增加消费者对现有建筑垃圾资源化产品的认可度。

### 10.2.2.4 促进产业融合和拓宽应用范围

建筑垃圾资源化产业需要和住宅产业化、建筑工业化、装配式建筑融合。在设计、施工方面考虑将来材料的拆除和资源再利用,不仅要考虑装配式建筑如何方便安装,也要考虑将来如何拆除、如何尽可能利于资源回收利用。拓宽建筑垃圾再生建筑材料的应用范围,例如结合海绵城市建设,研制和应用透水砖等透水、蓄水的建材;结合装配式建筑,考虑再生建筑材料在建筑预制构件中的应用。通过推行环境标志,引导公众的购买行为;促进企业自觉采用清洁工艺,生产对环境有益的产品;通过对再生节能建筑材料企业扩大产能贷款贴息,对再生节能建筑材料推广利用给予奖励等做法来推广再生品的应用。

## 10.2.3 推进工程渣土减量、分类和全过程管理

### 10.2.3.1 结合 BIM 技术,提高区域建筑垃圾特征的定量预测数据

BIM 即"建筑信息模型",可将工程项目在全生命周期中各个不同阶段的工程信息、过程和资源集成,方便工程各参与方使用,通过三维数字技术模拟建筑物所具有的真实信息,为工程设计和施工提供相互协调、内部一致的信息模型。废物产量特征是进行定量分析和评价废物减量化的基础数据,利用 BIM 技术建立单一信息源模型并指导现场施工,可确保所

使用信息的准确性和一致性,降低设计修改造成的资源浪费,制定和完善设计阶段减量化的规则制度,同时辅助控制工程垃圾的产生量。工程各参与方还可借助 BIM 计算结果,从经济、环境、社会效益等方面进行多方案比选,达到设计阶段方案的最优化。

### 10.2.3.2 结合 DEM(数字高程模型)数据提高"天、空、地"一体化监测的精度

GIS(地理信息系统)作为获取、处理、管理和分析地理空间数据的重要工具,可为建筑垃圾监管、处理人员提供准确定位。人们可以使用 GIS 总览建筑垃圾发生源地理位置,查询建筑种类、产量,调阅建筑垃圾消纳场实时监控影像,直观地了解全市或某个单体建筑物产生建筑垃圾信息的同时,还可以对建筑垃圾后续的清运、处置进行在线监督与管理。随着航天技术的持续发展和遥感观测系统性能的不断改进,将遥感多种空间技术手段,即"天、空、地"一体化监测融合应用于建筑垃圾减量是未来建筑垃圾精准管控的方向。然而,目前利用遥感手段对建筑垃圾减量化进行验证也有一定的局限性,例如,无法精准监测到垃圾堆的高度,单纯依靠平面面积进行统计会对垃圾量的估算造成一定偏差。如果能够获取到多时相、高精度 DEM 数据,就可以精确计算出垃圾体积,甚至可以准确估算出垃圾体积的年度变化。

### 10.2.3.3 发展建筑垃圾的智能管控

智能化管控云平台能有效实现各部门信息共享,接受社会公众监督,统筹管理建筑垃圾源头企业,规范运输行为,合理规划消纳设施及资源化处置设施布局,促进资源化产品再利用。为进行建筑垃圾减量化的精准管控,政府宜大力发展云平台模式进行垃圾分类管控,特别是装修垃圾、工程垃圾、工程渣土和工程泥浆的在线管控。数字城市管理平台的建设和应用,为政府监管提供有效的支撑;平台为用户提供信息化工具,可提升清运企业的运行效率;利用平台的标准化流程,城管部门可同步建立源头核准和特许经营资质的发放,促进政府、社会、企业的有机融合、协同共治。企业通过在线的商务活动,根据市场要素相互制约,形成企业自管和政府监管的双效治理生态。

## 10.3 结语

城市化浪潮推动建筑业空前增长,对遏制全球气候变化构成挑战。作为能源消费端,建筑业的二氧化碳排放量约占人类温室气体排放总量的 $30\% \sim 50\%$,建筑业减排已成为低碳经济发展的关键一环,建筑业实现节能减排,对全方位迈向低碳社会,实现全社会高质量发展具有重要意义。

建筑垃圾被认为是最具开发潜力的、永不枯竭的"城市矿藏",是"放错地方的资源"。建筑垃圾资源化利用行业是一项低碳、环保、可持续发展的朝阳行业,渣土作为建筑垃圾中体量较大的一种,其资源化利用成效直接决定建筑垃圾整体的资源化利用效率。对工程渣土进行再利用,既可降低渣土运输成本,还能提高资源利用效率,符合国家发展循环经济、建设环境友好型社会的需求,也是国家完成"碳达峰、碳中和"的战略需要。

如本书所述,渣土类建筑垃圾资源化与减量化利用的研究正在持续进行,在墙体、道路材料以及回填、绿化、围填海工程中的应用,从科学研究到市场推广都还有巨大的发展潜力。作为新兴产业,工程渣土资源化的相关研究与实践在未来还将不断发展,助力我国尽早实现"碳中和"与可持续发展目标。